仪器分析测试前沿理论与应用实践系列

场发射扫描电镜的理论与实践

李永良　徐　驰　李文雄　张月明　著

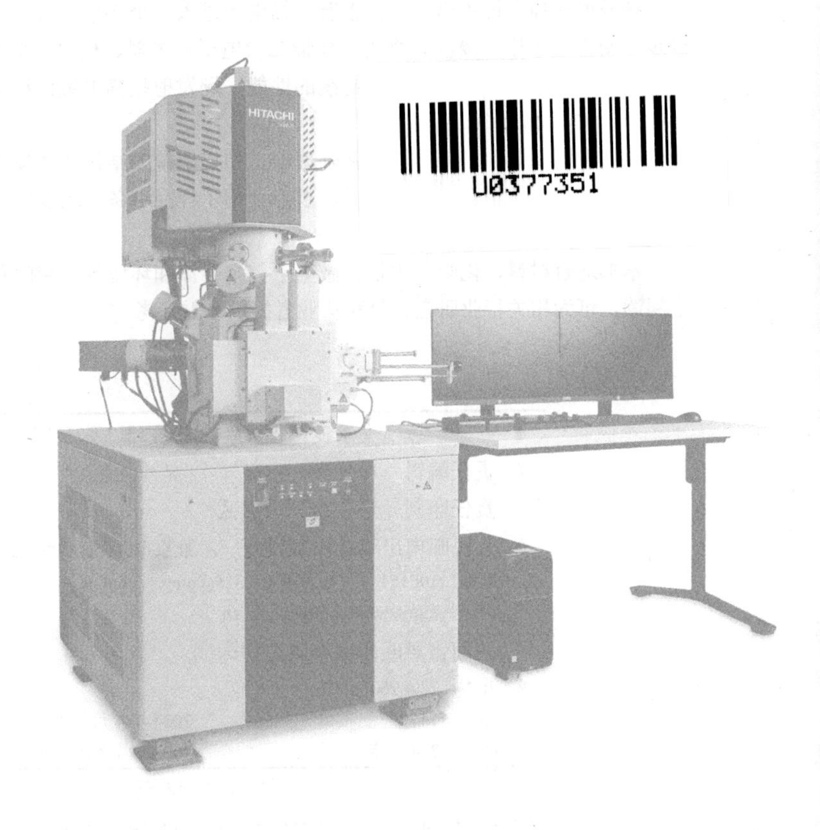

人 民 邮 电 出 版 社
北　京

图书在版编目（CIP）数据

场发射扫描电镜的理论与实践 / 李永良等著. -- 北京 : 人民邮电出版社, 2024.4
（仪器分析测试前沿理论与应用实践系列）
ISBN 978-7-115-63195-4

Ⅰ. ①场… Ⅱ. ①李… Ⅲ. ①扫描电子显微镜 Ⅳ. ①TN16

中国国家版本馆CIP数据核字(2023)第225723号

内 容 提 要

场发射扫描电镜的出现，标志着扫描电镜进入一个崭新的时代，扫描电镜技术取得了巨大进步，新型电子枪、浸没式物镜、穿镜二次电子探测器、模拟背散射、E×B和电子束减速等新技术的应用，极大地提高了扫描电镜的性能，场发射扫描电镜已经成为各类分析测试实验室必备的仪器。

本书系统地论述了扫描电镜基础理论、扫描电镜的结构和成像原理，通过实操案例详细地介绍了扫描电镜的调试和参数选择，重点介绍了样品制备及场发射扫描电镜在生物、环境和材料领域中的应用。

本书适合材料、化学、生物、微电子、半导体和环境等领域的科研院所和高校相关专业师生阅读，可为相关行业研究人员和从业者提供有益参考。

◆ 著　李永良　徐　驰　李文雄　张月明
责任编辑　邓昱洲
责任印制　李　东　马振武

◆ 人民邮电出版社出版发行　北京市丰台区成寿寺路 11 号
邮编　100164　电子邮件　315@ptpress.com.cn
网址　https://www.ptpress.com.cn
三河市君旺印务有限公司印刷

◆ 开本：720×960　1/16
印张：14　2024 年 4 月第 1 版
字数：234 千字　2025 年 1 月河北第 4 次印刷

定价：69.80 元

读者服务热线：(010)81055410　印装质量热线：(010)81055316
反盗版热线：(010)81055315
广告经营许可证：京东市监广登字 20170147 号

前言

人类对自然的探索永无止境，为了了解和研究自然，人类最初通过肉眼来观察自然中的各种现象。但是人眼的观察能力有限，在正常情况下，人眼可分辨的最小尺寸约为 0.2 mm。为了把人眼的观察范围拓展到微观领域，就必须借助显微镜，将微观形貌放大，来满足人眼观察的需要。

随着科学技术的进步，显微镜的类型和用途也不断更新和发展，相继出现了光学显微镜和电子显微镜（扫描电镜和透射电镜）。不管哪种类型的显微镜，其工作原理都相似，一束极细的照明光束（电子束）以一定的方式照射到样品上，照明光束（电子束）和样品间的相互作用产生带有样品信息的信号，将这些信号收集、放大和成像，形成样品的放大图像，最后被记录介质记录。扫描电镜以聚焦电子束为照明源，聚焦电子束以周期性方式逐点逐行扫描样品，产生带有样品信息的各种信号，包括背散射电子、二次电子和特征 X 射线。信号接收装置收集、放大和处理这些信号，从而获得微区放大图像和微区元素组分信息。

自从 1965 年第一台商用扫描电镜问世以来，经过近 60 年的不断改进，从早期的钨灯丝扫描电镜发展到现在的场发射扫描电镜，扫描电镜的分辨率也从最初的几十纳米提高到现在的 0.4 ～ 0.6 nm。通过与能量色散 X 射线谱（X-Ray Energy Dispersive Spectrum，EDS）和电子背散射衍射（Electron Backscattering Diffraction，EBSD）相结合，扫描电镜已经成为一种对样品表面微观形貌进行全面分析的多功能电子显微设备，被广泛地应用在材料、化学、生物、微电子、半导体和环境等领域，对各领域的发展起到重要的作用。

笔者从事扫描电镜的教学和测试工作 30 多年，从最初的钨灯丝扫描电镜到现在的场发射扫描电镜，深刻感受到扫描电镜技术进步带来的巨大变化。很多新技术的出现，如新型场发射电子枪、浸没式物镜、穿镜二次电子探测器、模拟背散射、E×B 和电子束减速等，大大提高了扫描电镜整体性能，但目前国内介绍场发射扫描电镜操作与分析技巧的专著较少。本书从理论与实践的辩证关系出发，系统论述了场发射扫描电镜的理论与实践。第 1 章和第 2 章分别介绍了扫描电镜基础理论、结构和成像原理。仪器的调试和工作参数对扫描电镜的最终图像影响很大，第 3 章通过实操案例介绍了扫描电镜的调试过程及不同工作参数对图像的影响。第 4 章总结了一些常见样品的制备方法，包括粉末样品、截面样品、磁性材料样品和生物样品的制备。扫描电镜应用非常广泛，第 5 章分别选择扫描电镜在植物花粉、纳米材料、$PM_{2.5}$ 颗粒物、建筑材料、沉积膜、磁性粉末和纳米催化剂等方面的应用，列举了大量的实例和图片，希望为读者正确理解扫描电镜提供帮助。

本书力求简洁明了，突出实用性和应用性，以满足不同专业、不同层次的读者使用，在充分阐明原理的基础上，尽可能介绍实际操作技巧以帮助读者解决实际问题。希望读者读完本书后，能对扫描电镜有一个全新的认识。书中使用的扫描电镜图片均来自实际操作，图片的标尺均为仪器系统自动生成。由于扫描电镜技术发展非常快，仪器的更新日新月异，书中难免存在一些疏漏和不足，恳请各位读者和同行批评指正。

目　录

第 1 章 扫描电镜基础理论

扫描电子显微镜（Scanning Electron Microscope，SEM），简称扫描电镜，是一种分辨能力介于光学显微镜（Optical Microscope，OM）和透射电子显微镜（Transmission Electron Microscope，TEM）之间的微观分析仪器。它利用高能聚集电子束扫描样品表面，通过电子束与样品之间的相互作用，激发出各种带有样品信息的信号，收集信号并放大和成像，以达到对样品表面微观形貌和元素成分进行表征的目的。

1.1 电子束与物质的相互作用

高能聚焦电子束射入样品表面，电子束和样品发生相互作用，不仅能与样品表面原子的原子核发生弹性碰撞，产生背散射电子，而且能与核外电子发生非弹性碰撞，产生二次电子和特征 X 射线。

1.1.1 电子束成像

扫描电镜是一种以聚焦电子束进行成像的多功能表面分析仪器。那么，我们为什么要使用电子束而不是光束进行成像呢？答案是分辨率的限制，不管使用光束还是电子束进行成像，衍射（光传播途中遇到不透明障碍物，在其边缘发生传播方向改变的现象）是限制分辨率的主要因素。

受光的衍射影响，以可见光为光源的光学显微镜，其分辨率 d 可以用式 1.1 来表示，

$$d = \frac{0.61\lambda}{n\sin\alpha} \quad (1.1)$$

式中，d 为光学显微镜的分辨率，λ 为光的波长，n 为折射率，真空中 $n = 1$，α 为

孔径角的一半。可见光的波长约为几百纳米，因此光学显微镜分辨率很难小于0.1 μm。而能量为几 keV 的电子束的波长为 1 nm 的几十分之一，如 1 keV 电子束的波长约为 0.04 nm。由于微束衍射与其波长密切相关，波长更短的电子束比可见光更加适合进行高分辨率的显微分析。一台扫描电镜可以观察纳米到微米尺度的物体，不会受到电子衍射的影响。

小贴士

分辨率的值越小，分辨率越高。钨灯丝扫描电镜分辨率低，约为6 nm；场发射扫描电镜分辨率高，可达1 nm甚至更小。

如今，扫描电镜分别由产生电子束的电子枪、对电子束进行调节和聚焦的电磁光学组件、样品室和各类信号探测器等分析组件构成。早期的扫描电镜电子枪是采用钨灯丝或六硼化镧（LaB_6）灯丝的热发射电子枪，通过加热灯丝发射电子束；而当前高性能扫描电镜的电子枪则较多采用场发射电子枪（Field-Emission Gun，FEG），这是一种基于量子隧穿效应的电子发射源，它提供了直径更小的电子束束斑和更高的电子枪本征亮度。电子束束斑直径和电子枪本征亮度影响扫描电镜分辨率、图像信噪比以及清晰度。

1.1.2 电子束照射样品

扫描电镜如何观察样品？扫描电镜通过一系列部件（包括电子枪、电磁透镜和光阑等）的调节，产生一束极细的聚焦高能电子束照射到样品表面。聚焦高能电子束对于扫描电镜成像至关重要。如果使用场发射电子枪，电子束束斑直径能够轻易达到 1 nm（有时甚至更小）。这是什么概念呢？如果我们观察的样品材料是金（Au）单晶，其原子直径约为 0.288 nm，那么电子束照射区域的表层大约有 12 个 Au 原子。

为了便于维护扫描电镜和满足实验需要，扫描电镜内部需要保持高真空（$<10^{-3}$ Pa），在这样的高真空环境中，入射电子束从电子枪出发在到达样品表面之前，几乎不会遇到残存的空气分子。而到达样品表面时，样品的原子密度急剧增大，从而导致入射电子与样品表面原子发生一系列碰撞的物理过程，这些过程统称为散射。

小贴士

散射（Scattering）与衍射（Diffraction）都是指电子束行进方向的改变，但是散射一般指粒子行进路径的改变，而衍射一般指波的行进方向的改变。二者对于电子束都适用，因为电子束具有波粒二象性。

图 1.1 所示为高能电子束与厚样品的相互作用，产生的信号包括如下几种。

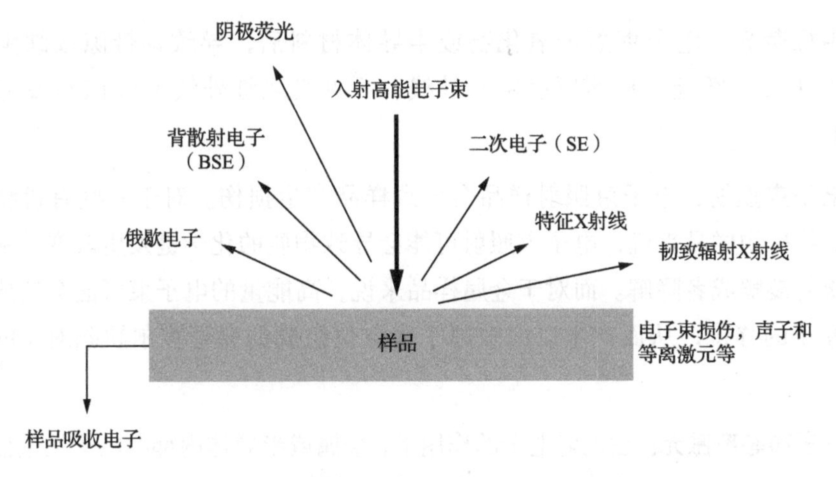

图 1.1 高能电子束与厚样品的相互作用

背散射电子（Back Scattered Electron，BSE）：背散射电子本质上来源于弹性散射。入射电子与样品原子的原子核相互作用并发生入射路径的改变，从而在样品表面射出。这一类电子叫背散射电子，具有较高的能量，是扫描电镜成像的主要电子信号来源之一。

二次电子（Secondary Electron，SE）：二次电子是由入射电子发生非弹性散射而产生的，由入射电子激发样品表层原子的核外电子，并使其逃逸。这一类电子能量很低，通常需要在探测器前加上 +10 kV 高电压才能检测到。其中由入射电子束直接激发产生的二次电子形成的图像具有较高分辨率，是扫描电镜最基本的成像信号。

特征 X 射线与俄歇电子：当样品原子的内层电子被激发，外层电子向内层跃迁，跃迁过程中产生特征 X 射线与俄歇电子。这两种信号的能量由原子核外各个电子壳层的能量差决定，因此二者均携带样品元素的特征信息（即化学信息），是扫描电镜进行成分分析的主要信息来源。俄歇电子能量较低，往往只有样品表面几层原子产生的俄歇电子能够逃逸出样品表面，它反映了样品浅表层的信息。

韧致辐射 X 射线：与特征 X 射线不同，韧致辐射 X 射线的能量具有连续分布的特点，因此也叫连续 X 射线。它是由入射电子在行进过程中连续损失动能而产生的 X 射线。韧致辐射 X 射线构成了 X 射线能谱信号的背底信号。

阴极荧光：电子束轰击氧化物或半导体材料后，导致其带隙或缺陷位置中的电子发生跃迁，从而辐射出紫外线、可见光或红外线（与 LED 发光原理类似）。

电子束损伤：电子束照射样品会导致样品产生损伤。对于一些有机物和水化无机物矿物样品来说，电子束照射可能会导致物质的化学键发生改变，从而导致物质的裂解或者降解。而对于金属样品来说，高能量的电子束可能会造成样品表面原子的移位，从而产生以间隙原子和空位组成的弗伦克尔缺陷对（Frenkel Pair）。

声子和等离激元：在入射电子的作用下，金属或半导体内部的电子发生位移，产生极化电场，极化电场促使金属内部的电子发生震荡，产生的震荡波叫等离激元。而声子是量子化的晶格震动能量。声子和等离激元产生的加热效应是广泛存在的。

样品吸收电子：入射电子束除了与样品相互作用外，很大一部分入射电子被样品直接吸收，形成样品电流。样品电流也能形成扫描电镜的图像。

接下来，我们将具体介绍入射电子束与样品相互作用产生的各种信息，它们构成了扫描电镜的理论基础。电子束与样品的相互作用大致分为两类：弹性散射（弹性碰撞过程）和非弹性散射（非弹性碰撞过程）。

1.1.3 弹性散射

物质是由原子组成的，而原子由原子核和核外电子组成。一个原子中，原子核带正电，具有整个原子 99% 以上的质量；带负电的核外电子在不同的轨道上高速绕原子核旋转形成电子云。不同轨道上电子的电离能是不同的，内层电子的电离能高，电离它们需要较高的能量，故被称为强束缚电子；而外层电子的电离能低，电离它们需要较低的能量，因此也被称为弱束缚电子。以碳原子为例，内层电子的电离能高达 284 eV，而外层电子的电离能仅为 7 eV。一束 1 keV 能量的入射电子束，既能电离外层电子，也能电离内层电子。

入射电子照射样品发生散射，如果散射过程中没有损失能量，则为弹性散射，其典型代表是卢瑟福散射（Rutherford Scattering）。卢瑟福散射是指入射电子在原子核库仑场中的弹性散射，弹性散射概率在电子束入射方向上达到峰值，该概率随着散射角的增大而显著降低，并且入射电子的轨迹也从一些小角度偏移变为大角度偏移。在这种情况下，部分入射电子可以横向运动，而部分入射电子甚至可以反向运动。有些入射电子最终会离开样品表面形成背散射电子，而正是这一类电子的存在，提供了一种重要的成像方式，即背散射电子像。

弹性散射发生的概率通常用散射截面来表示，它与靶原子核电荷数（原子序数 Z）和入射电子束能量（E）有关，具体的表达式如下，

$$Q = 1.62 \times 10^{-20} \times \frac{Z^2}{E^2} \times \cot^2\left(\frac{\varphi_0}{2}\right) \tag{1.2}$$

式中，Q 为散射角大于 φ_0 时的散射截面，φ_0 为散射角，Z 为原子序数，E 为入射电子束能量。式 1.2 表明，弹性散射发生的概率与样品原子序数的平方成正比，与入射电子束能量的平方成反比，能量越小，散射截面越大，越容易发生弹性散射。

小贴士

物理学中通常用反应截面（Reaction Cross-section）来表示粒子之间相互碰撞的概率。散射截面即入射电子与靶原子碰撞发生散射的概率。其数值受散射角、电子束能量和靶原子种类等多种因素影响。从式1.2中可以知道，能量较小的电子束散射截面大，在样品中因为弹性散射，这种电子束很快就会四处发散，而能量较高的电子束则能深入样品之后才发生弹性散射，其发散过程比前者晚得多。

通过式 1.3 可以计算入射电子平均需要走多远才能发生一次弹性散射，物理学有一个专门的物理量——平均自由程来衡量这一距离。

$$\lambda = 10^7 \times \frac{M}{N_0 \cdot \rho \cdot Q} \tag{1.3}$$

式中，λ 为入射电子的平均自由程，M 为摩尔质量，N_0 为阿伏伽德罗常数，ρ 为材料密度。不同元素的样品，发生弹性散射时，入射电子平均自由程与入射电子束能量的关系如图 1.2 所示。入射电子的平均自由程大约为几纳米，而一个入射电子在样品中的总行程（即贝特射程，Bethe Range）可以达到几百纳米，甚至几千纳米，所以入射电子在整个行程中可能发生了成百上千次的弹性散射。

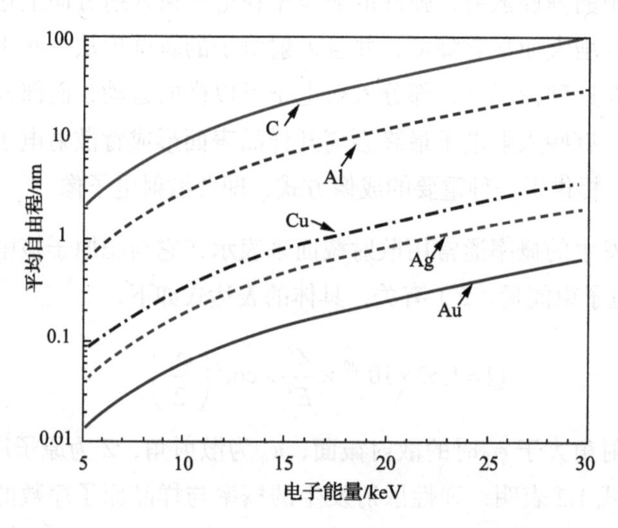

图 1.2　入射电子平均自由程与入射电子束能量的关系

1.1.4　非弹性散射

非弹性散射是指入射电子通过与样品原子的核外电子发生相互作用，将入射电子束能量部分转移到靶原子，从而降低入射电子束能量的各种物理过程，包括如下 4 种情况。

① 弱束缚的原子外层电子（电离能为几 eV 到十几 eV）的发射，从而形成的二次电子。

② 紧密结合的内壳层电子（电离能为数百至数千 eV）的发射，随后导致外壳层电子向内壳层跃迁产生俄歇电子和特征 X 射线。

③ 入射电子束在原子核外电子的负电场中减速，从而产生从几 eV 到电子束

初始能量（E_0）的连续 X 射线，即韧致辐射。

④ 在金属或半导体固体中产生声子和等离激元，以及由声子和等离激元产生的样品加热效应。

当入射电子束能量在这些非弹性散射过程中减少时，入射电子仅略微偏离其原始路径，而不会像弹性散射过程那样产生大角度的偏移。弹性散射和非弹性散射并不是两个孤立的事件，它们有时会同时发生，有时会相继发生。弹性散射促使入射电子运动方向产生大角度偏移，引起入射电子在样品中的横向扩散；非弹性散射则会轻微改变入射电子的运动方向，同时也使其能量不断衰减，直至被样品吸收，从而限制入射电子在样品中传播的距离，电子束最终会失去所有能量并被样品吸收。

为了解释非弹性散射对入射电子在样品中行进距离的限制，需要对入射电子束能量损失速率进行数学描述。尽管非弹性散射的能量损失过程是离散的和独立的，贝特（Bethe）在 1930 年提出将其近似看作连续能量损失，并得出贝特方程，

$$\frac{\mathrm{d}E}{\mathrm{d}s}=-7.85\times\frac{Z\cdot\rho}{M\cdot E}\times\ln\left(1.166\frac{E}{J}\right) \tag{1.4}$$

式中，E 是入射电子束能量，$\frac{\mathrm{d}E}{\mathrm{d}s}$ 为能量损失增量与距离增量的比值，Z 是原子序数，ρ 是密度，M 是摩尔质量，J 是平均电离能，由式 1.5 给出，

$$J=(9.76\cdot Z+58.5\cdot Z^{-0.19})\times10^{-3} \tag{1.5}$$

下面我们来估算一束电子束从入射样品到被样品吸收会接触多少个原子。假设能量为 20 keV 的电子束射入 Au 样品，其产生的贝特射程（表示为 R_{Bethe}）约为 1200 nm。假如电子束与样品的相互作用仅限于圆柱体范围内，在入射电子束直径为 1 nm 的情况下，以电子束在样品上表面入口处的圆形痕迹作为圆柱横截面，R_{Bethe} 为其高度。直径为 1 nm、高度为 1200 nm 的圆柱体体积约为 940 nm^3，大约包含 7.5×10^4 个 Au 原子，对应的入射电子束表面足迹中约有 12 个原子。

根据式 1.4，我们可以计算出在常规扫描电镜运行的能量范围（5 ～ 30 keV）

内，入射电子束在几种不同元素的样品中的能量损失速率以及最终的射程，如图 1.3（a）所示。该图表明，能量损失速率随着入射电子束能量的减少而增加，并随着靶原子序数的增加而增加。20 keV 的入射电子束在 Au 样品中能量损失速率约为 10 eV/nm。如果该速率保持恒定，则电子在样品中的总路程约为

$$\frac{20000\ \text{eV}}{10\ \text{eV}/\text{nm}} = 2000\ \text{nm} = 2\ \mu\text{m}$$

但是考虑到电子在样品中能量不断衰减以及 $\frac{\mathrm{d}E}{\mathrm{d}s}$ 对能量具有依赖性，我们从电子入射能量（E_0）到较低的截止能量（通常认为约 2 keV），对式 1.4 进行积分，就能够估算出电子行进的总路程，即贝特射程（R_{Bethe}）。基于此计算，图 1.3（a）所示为能量损失速率随入射电子束能量升高的变化，将图 1.3（a）积分得到图 1.3（b），展示出不同元素样品的贝特射程与入射电子束能量的关系。在特定入射电子束能量下，R_{Bethe} 随着靶原子序数的增加而减小。而对于某个特定元素的样品来说，R_{Bethe} 随着入射电子束能量的增加而增大。

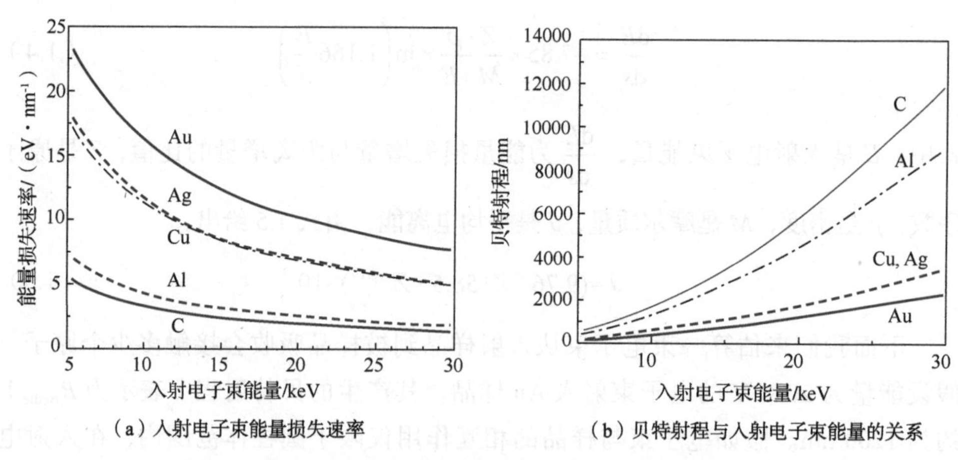

图 1.3　能量损失速率和贝特射程随入射电子束能量的变化

小贴士

入射电子束的能量越低，能量损失越快，能量聚集在越靠近样品的表层。入射电子束的能量越高，能量损失越慢，能量分散在整个入射范围的区域内。

1.1.5　电子束与物质相互作用体积的估算

我们在进行扫描电镜观察时，得到的信息来自电子束与样品表层物质的相互作用。当研究电子束产生的特征 X 射线信号时，对单束电子束作用体积的估算变得尤为重要，因为我们需要知道电子束照射的范围是否已经超出了我们所研究的尺度，例如我们在对纳米颗粒进行 X 射线能谱分析时，就需要知道电子束的作用范围是否已经超出了纳米颗粒的大小。很多扫描电镜的能谱软件都可以在进行能谱分析时显示出产生能谱信号的区域，这一区域并不一定直接代表电子束与样品相互作用的范围（注意，特征 X 射线的产生区域和电子束与样品发生作用的区域不相等），但与其是直接相关的。而更加精确的估算方法是使用公式计算或者使用基于蒙特卡洛方法（Monte Carlo Method）的计算软件计算。

小贴士

蒙特卡洛方法是一种基于马尔可夫链（Markov Chain）的随机分布算法，常用于模拟原子级别的随机过程。基于蒙特卡洛方法计算模拟电子散射的模拟软件包括Casino、Joy Monte Carlo 7、NISTDTSA-II 7。

虽然基于蒙特卡洛方法的模拟能够展示电子入射样品后的复杂轨迹和影响范围，但是计算相对复杂，我们还是希望找到一个快速估算入射电子作用范围的公式。1.1.4 节中提到的贝特方程（式 1.4）可以用来估算入射电子在样品中行进的最长距离，但是这个距离是电子行进的总路程，包括因弹性散射导致的各种转向和非弹性散射导致的各种移动，它是这些复杂轨迹的路径总和。为了估算入射电子的有效入射深度和相互作用体积，金谷（Kanaya）和冈山（Okayama）在其 1972 年的工作中推导出 K-O 射程（Kanaya-Okayama Range）公式，该公式考虑了入射电子的弹性散射和非弹性散射，电子轨迹以入射电子在样品表面入射点为球心，向样品内的半球形作用范围（包含至少 95% 的电子轨迹）。K-O 射程公式估算出电子的有效入射深度为

$$R_{\text{K-O}} = 27.6 \times \frac{M}{Z^{0.89} \cdot \rho} \times E_0^{1.67} \tag{1.6}$$

式中，M 是摩尔质量，Z 是原子序数，ρ 是密度，E_0 是入射电子束能量，$R_{\text{K-O}}$ 是 K-O 射程。

一些常见元素样品的 K–O 射程如表 1.1 所示。这些样品的 K–O 射程随入射电子束能量的变化关系如图 1.4 所示。从图中可以看到，不同元素样品的 K–O 射程随入射电子束能量的增加而增加，随着原子序数的增加而降低。

表 1.1 常见元素样品的 K–O 射程

元素	不同入射电子束能量下的 K–O 射程 /nm			
	5 keV	10 keV	20 keV	30 keV
C	450	1400	4500	8900
Al	413	1300	4200	8200
Fe	159	505	1600	3200
Ag	135	431	1400	2700
Au	85	270	860	1700

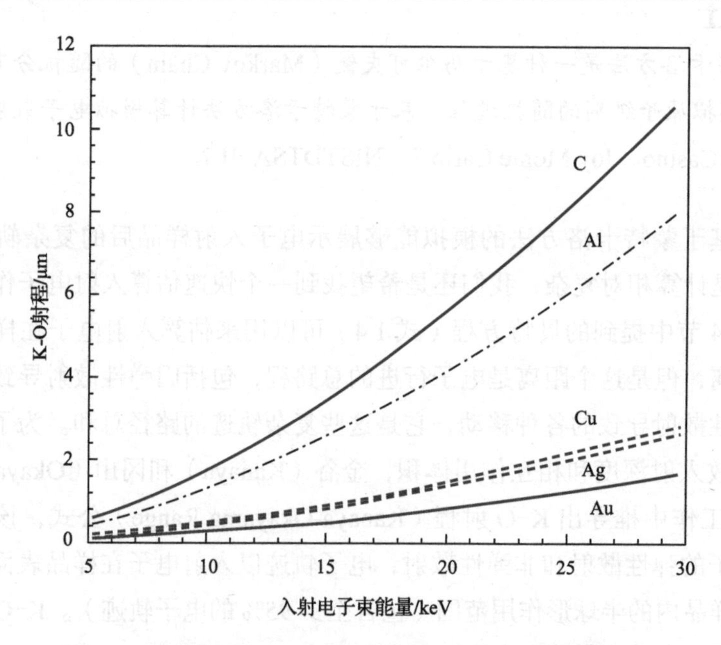

图 1.4 不同元素样品的 K–O 射程随入射电子束能量的变化

小贴士

贝特射程表示入射电子在样品中的总行程，K–O射程则表示入射电子的入射深度。K–O射程小于贝特射程。

1.2 背散射电子的产生与性质

背散射电子是指被样品原子核反弹回来的一部分入射电子，其能量接近入射电子的能量，它带有样品的很多信息，是扫描电镜的重要信号来源之一。

1.2.1 背散射电子的来源

当高能电子束入射样品表面时，有相当一部分入射电子与样品原子的原子核碰撞发生弹性散射，改变了原来的行进方向，向着与入射电子相反的方向从样品表面射出。这些被弹射回来的入射电子被称为背散射电子。背散射电子携带了样品的很多信息，包括样品原子序数、表面结构、立体衬度及晶体信息等。

小贴士

图像衬度（Contrast）是指图像上不同区域存在明暗程度的差异，正因为衬度存在，我们才能看到各种具体的图像。在电子显微学中衬度是指由样品表面激发出来的电子或其他信号的密度在空间上的差异。任何在扫描电镜中能够测量的信号，如二次电子和背散射电子等，当它与样品中的某个微观特征产生可预测的联系时，我们就能观测到相应的衬度。背散射电子信号和样品中的原子序数呈现出单调递增关系，就形成原子序数衬度，也叫Z衬度。二次电子信号和样品表面起伏存在单调的关系，形成二次电子形貌衬度。

每个入射电子平均产出的背散射电子数由背散射电子产额 η 来表示，其定义如下：

$$\eta = \frac{N_{\mathrm{BSE}}}{N_{\mathrm{B}}} \tag{1.7}$$

式中，N_{B} 指入射电子总数，N_{BSE} 指产生的背散射电子数。

1.2.2 影响背散射电子信号的因素

影响背散射电子信号的因素很多，样品的组成（原子序数）及样品的表面起伏（样品倾转角）是影响背散射电子信号的两个最重要的因素。我们分别对这两个因素进行讨论。

1. 原子序数的影响

背散射电子大多在弹性碰撞中产生，受样品原子核的影响很大，因此它们和样品元素的原子序数密切相关。如图 1.5（a）所示，设置入射电子束能量 E_0 = 20 keV，垂直入射样品表面，背散射电子产额随着样品原子序数（Z）的增加而单调增加，并且呈现类似抛物线曲线形式的增长。在低原子序数区间（$Z < 40$），背散射电子的产额随样品原子序数的增加出现了较大增加；而在高原子序数区间（$Z \geqslant 40$），背散射电子产额增加趋缓，不同元素样品的背散射电子产额差别已经没有低原子序数样品那么明显了。背散射电子产额与入射电子束能量关系不大，如图 1.5（b）所示，不同入射电子束能量（5 ～ 49 keV）条件下的背散射电子产额的拟合曲线相似。背散射电子产额与入射电子束能量的关系可以从两方面来理解：一方面，入射电子束能量越高，其穿透的深度也越深，因此能够逸出样品表面的背散射电子将减少，产生的背散射电子数也会减少；另一方面，根据贝特公式，入射电子束能量越高，它在穿透样品的过程中能量损失的速率也越慢，因此其背散射电子能量也越高，从而促使更多的背散射电子能够穿透样品表面而逃逸出来。两者相互抵消，显示出背散射电子产额与入射电子束能量的关系并不大。

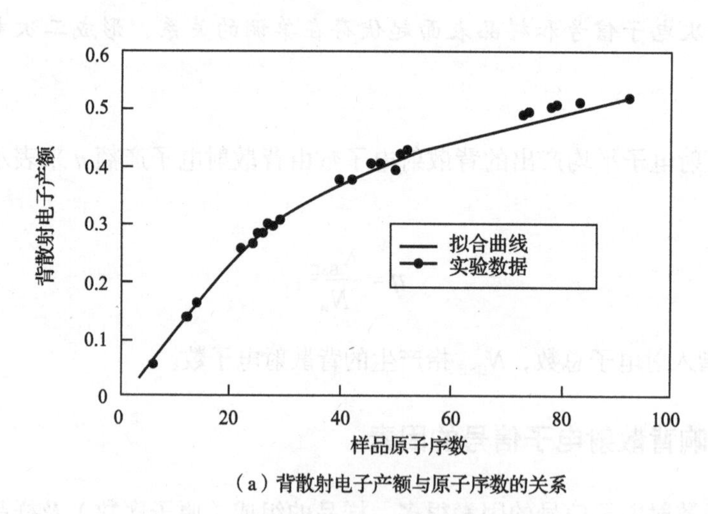

（a）背散射电子产额与原子序数的关系

图 1.5　背散射电子产额的变化曲线

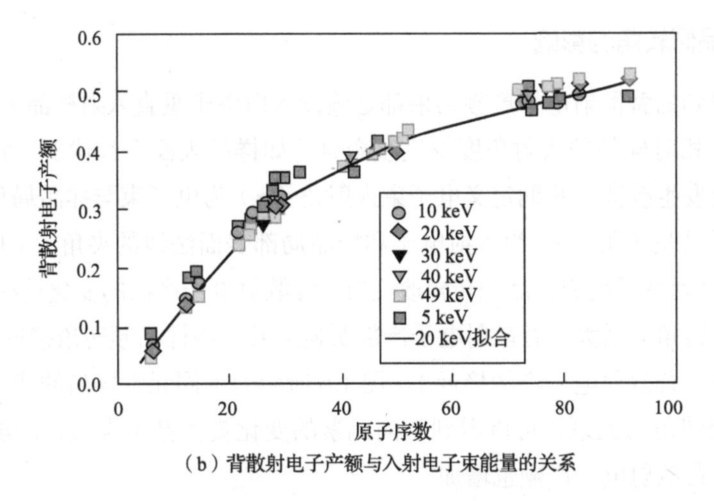

（b）背散射电子产额与入射电子束能量的关系

图 1.5　背散射电子产额的变化曲线（续图）

背散射电子产额与原子序数的关系可以用多项式拟合得到，如式 1.8 所示。

$$\eta = -0.0245 + 0.016 \times Z - 1.86 \times 10^{-4} \times Z^2 + 8.3 \times 10^{-7} \times Z^3 \tag{1.8}$$

对于单质样品，背散射电子产额可以直接使用上述公式计算。而对于均匀的混合样品，如金属合金、化合物、玻璃态混合物等，其背散射电子产额可以用各组成元素的加权平均来获得，即混合物的背散射电子产额 η_{mix} 可以表示为

$$\eta_{\mathrm{mix}} = \sum \eta_i C_i \tag{1.9}$$

式中，C_i 代表元素 i 的质量分数。

小贴士

背散射电子的 Z 衬度

背散射电子产额η与原子序数Z具有固定联系，见式1.8，由此我们可以推断出背散射电子的衬度与原子序数有关，即可以获得元素分布的衬度信息，又叫Z衬度。当我们观察一个表面完全平整的样品时，例如抛光的金相样品，就可以利用背散射电子密度差异呈现出样品表面的元素分布。含有高原子序数元素的区域，背散射电子产额高，反映在图像上更亮；含有低原子序数元素的区域，背散射电子产额低，反映在图像上则较暗。

2. 样品倾转角的影响

前文提到的背散射电子产额结果都是假设入射电子垂直入射样品表面的情况。当入射电子相对样品的入射角度发生改变时（如样品表面有起伏），背散射电子的产额也会发生改变。我们定义电子束入射角（α）为电子束与样品局部表面的夹角，定义样品倾转角（θ）为入射电子和样品局部表面法线的夹角，α 和 θ 为互补关系。表 1.2 列举了纯铝样品倾转角改变时，背散射电子产额的变化情况。很明显，随着样品倾转角的增大，背散射电子产额明显上升。当样品倾转角接近 90°，即发生掠入射时，背散射电子产额接近 1。图 1.6 所示为不同元素样品的背散射电子产额与样品倾转角的关系，可以看到不同元素的变化规律基本类似，即随着样品倾转角增大，背散射电子产额也增加。

表 1.2　背散射电子产额与样品倾转角的关系

样品倾转角 /°	背散射电子产额 η
0	0.129
15	0.138
30	0.169
45	0.242
60	0.367
75	0.531
80	0.612
85	0.706
88	0.796
89	0.826

注：入射电子束能量为 15 keV，样品为纯铝，结果通过蒙特卡洛方法拟合。

小贴士

背散射电子的立体衬度 I

背散射电子产额与样品倾转角的关系告诉我们，样品表面的高低起伏对背散射电子产额产生单调变化的影响，从而产生一种衬度机制。假设我们使用扫描电镜观察一个表面成分均匀，但有高低起伏的样品，在样品表面局部有陡峭坡度的地方，因为电子束发生掠入射，产生较多的背散射电子，在图像上显示出高亮衬度；若样品表面局部平整，则显示出较暗的衬度。这表明背散射电子可以反映出立体衬度。

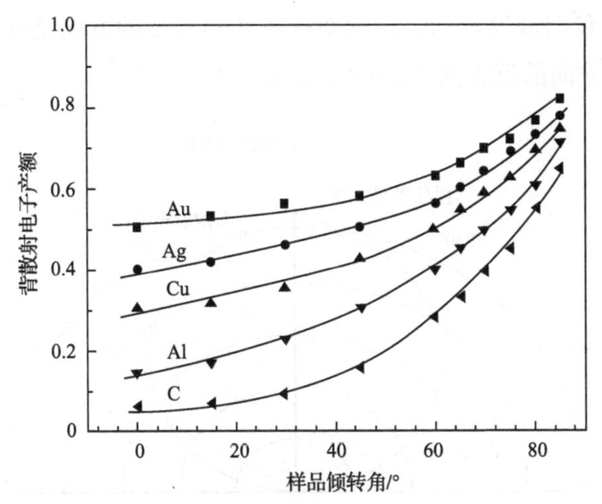

注：通过蒙特卡洛方法拟合数据。

图 1.6　不同元素样品的背散射电子产额与样品倾转角的关系

1.2.3　背散射电子的分布

背散射电子的信号强度不仅与样品的组成和样品的表面起伏有关，还和探测器的位置（即测量方向）有关。下面我们讨论探测器位置对背散射电子强度的影响。

1. 背散射电子的角分布

背散射电子产额除了与样品的表面起伏有关外，还与背散射电子的接收角有关。我们定义背散射电子的接收角（φ）为探测器和背散射电子出射位置的连线与样品局部表面法线的夹角。通俗来讲就是把探测器放在不同的角度接收背散射电子，背散射电子的强度随着接收角的变化也会发生明显的变化。我们从两个不同的情况来讨论。

（1）垂直入射

当入射电子束垂直于样品表面入射时，背散射电子产额在入射电子束两侧呈现对称分布，如图 1.7（a）所示。基于蒙特卡洛方法的模拟计算结果显示，沿着接收角（φ）方向出射的背散射电子产额与 φ 的余弦值成正比，即

$$\eta(\varphi) \sim \cos(\varphi) \quad (1.10)$$

从这个规律我们可以看到，背散射电子产额最高的方向是样品法线方向，也就是电子束入射方向的反方向（$\varphi=0°$，$\cos\varphi=1$）。

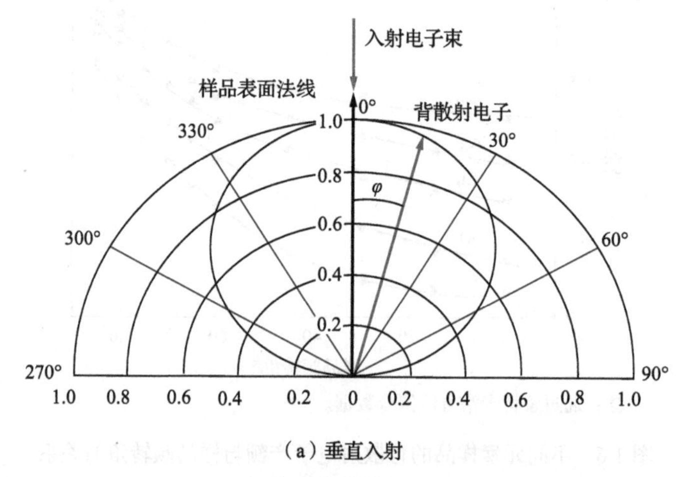

（a）垂直入射

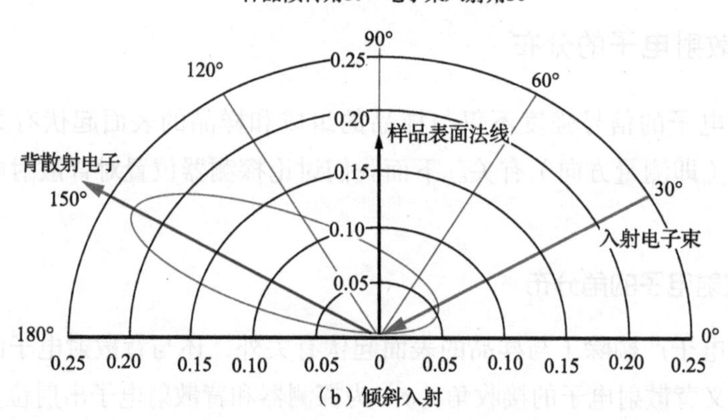

（b）倾斜入射

图 1.7 背散射电子产额的角分布

（2）倾斜入射

当入射电子束以一个较小的入射角入射样品表面时，出射的背散射电子产额的分布变为非对称分布，背散射电子产额在与入射电子法线对称的出射方向上最大，并且，背散射电子产额在该方向两侧的分布是不对称的，如图 1.7（b）所示。当电子束入射角从 90° 降到 60° 时，这一不对称性还不突出。但是当入射角继续变小时，这一不对称性变得越来越突出。图 1.7（b）显示的是入射角为 30° 的情况，在 150° 方向出射的背散射电子产额达到最大值，在 150° 方向两侧出射的背散射电子的不对称性十分明显。图 1.7（b）所示的出射背散射电子分布实际上呈现出扁橄榄球形状，在上半部分背散射电子产额衰减较慢（分散较开），而在下半部分产额迅速衰减（分布较窄）。这种情况在入射角越小时，背散射电子的不对称分布越明显。

小贴士

背散射电子的立体衬度 II

从上面的两种情况我们不难看出，当入射电子相对样品表面入射角较小（即掠角入射）时，出射的背散射电子有强烈的方向性。这就意味着，如果我们使用一个立体角很小的背散射电子探测器来采集背散射电子信号，探测器正对样品的斜坡方向会采集到很强烈的信号，而背对斜坡的方向，探测器几乎采集不到信号，这样就形成了一种因为探测器方向不同而导致的衬度差异，这种衬度即背散射电子的立体衬度Ⅱ，也称为阴影衬度。

2. 背散射电子的空间分布

前文的讨论没有考虑入射电子进入样品的深度，事实上，背散射电子在离开样品表面之前，可能已经在样品中穿行了不同的深度，接下来我们来探讨其中的规律。

（1）深度分布

我们使用蒙特卡洛方法统计了背散射电子产额和背散射电子在不同元素样品中的穿行深度的关系，得到如图 1.8 所示的曲线。该曲线反映了背散射电子在各个穿行深度上与背散射电子产额的关系。为了方便比较不同元素的样品，我们对背散射电子的穿行深度使用 K-O 射程进行归一化处理。从图中可以看出，背散射电子的穿行深度大多集中在 0.5 $R_{K\text{-}O}$ 以内，并且背散射电子产额的峰值随着元素原子序数增加而降低。这表明，越重的元素，背散射电子的穿行深度也越小。表 1.3 列出在两种倾转角的情况下 90% 的背散射电子的平均穿行深度。可见，在样品倾转角增大的情况下，背散射电子的平均穿行深度更小了。

也许通过前文的介绍，读者对背散射电子穿行深度的概念还没有深入的认识。事实上，背散射电子穿行深度不同，探测器采集的背散射电子信号就来自样品的不同深度。当我们提高入射电子束能量时，背散射电子的穿行深度会更深，其图像反映的信息也代表更深层的样品信息。例如，当我们用不同能量的入射电子束去扫描一块集成电路样品时会发现，随着入射电子束能量增加，集成电路内部的线路慢慢“浮现”出来。但是在较低入射电子束能量下，图像却无法显现集成电路的内部线路。

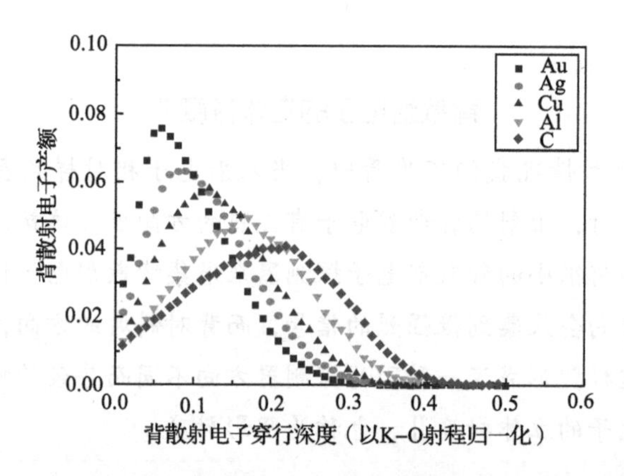

图 1.8　背散射电子产额和背散射电子在不同元素样品中的穿行深度的关系

表 1.3　两种倾转角的情况下 90% 的背散射电子的平均穿行深度

样品	平均穿行深度（以 K-O 射程进行归一化）	
	0°	45°
C	0.285	0.23
Al	0.250	0.21
Cu	0.205	0.19
Ag	0.185	0.17
Au	0.155	0.15

（2）径向分布

背散射电子的径向分布也有类似的特征。图 1.9 所示为累积背散射电子产额和背散射电子在不同元素样品中的径向穿行距离的关系。图中统计了 90% 的背散射电子对应的累积穿行半径（对应图中横线），对于较重的 Au 样品来说，背散射电子穿行半径为 $0.34R_{K\text{-}O}$；而对于较轻的 C 样品而言，穿行半径为 $0.61R_{K\text{-}O}$。很明显，越重的元素，背散射电子的平均径向穿行距离也越小。

那么，背散射电子的径向分布有什么实际意义呢？由不同元素组成的样品真实界面，其背散射电子像衬度过渡变得平滑，相当于进行了柔化处理。这个特征实际上降低了背散射电子像的空间分辨率，尤其对于低能入射电子束和元素原子序数小的样品，背散射电子像变得相对模糊。

背散射电子的径向分布范围大于深度分布范围，其空间分布近似为一个扁球体。以碳样品为例，背散射电子的平均穿行深度为 0.28 $R_{K\text{-}O}$，平均径向穿行距离为 0.6 $R_{K\text{-}O}$。径向穿行距离大于穿行深度，高原子序数样品也有相似的分布。

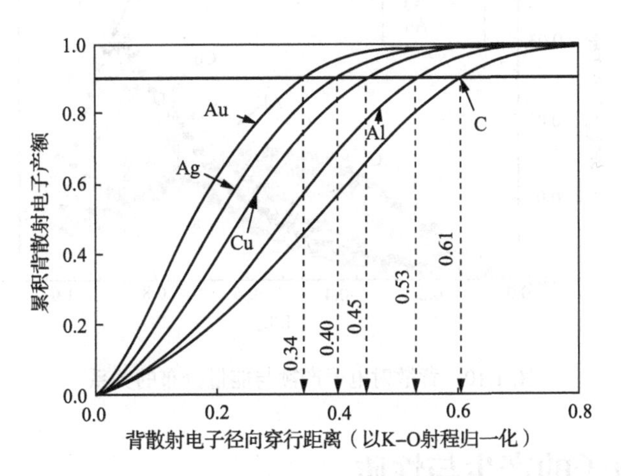

图 1.9　累积背散射电子产额和背散射电子在不同元素样品中的径向穿行距离的关系

3. 背散射电子的能量分布

随着入射电子在样品中穿行距离的增加，入射电子经非弹性散射损失的能量也越来越多，其中一部分入射电子作为背散射电子从样品表面射出，相比初始能量（E_0），背散射电子的能量也有一定的损失，而其损失的能量与其在样品中穿行的距离密切相关。图 1.10 所示为在入射电子束能量 E_0 相同的情况下，电子束射入不同元素的样品，背散射电子产额与能量分布的关系。从图中可以看出，背散射电子的平均能量随着样品元素原子序数的增加而增加。对于轻元素（如 C）样品，能量较高的背散射电子的占比明显低于重元素（如 Au）样品。这种现象的本质是相同能量的入射电子在轻元素样品中的穿行深度明显高于重元素，因此其损失的能量也明显高于后者。背散射电子的能量分布对于设计合理的背散射电子探测器、提升探测器效率有着重要的意义。

从图 1.10 中我们还可以得到如下结论：轻元素样品的背散射电子中，一半以上的背散射电子能量高于入射电子束能量的一半；而重元素样品的背散射电子中，大多数背散射电子能量高于入射电子束能量的 80%，可见重元素样品中，大多数背散射电子都是弹性散射背散射电子。

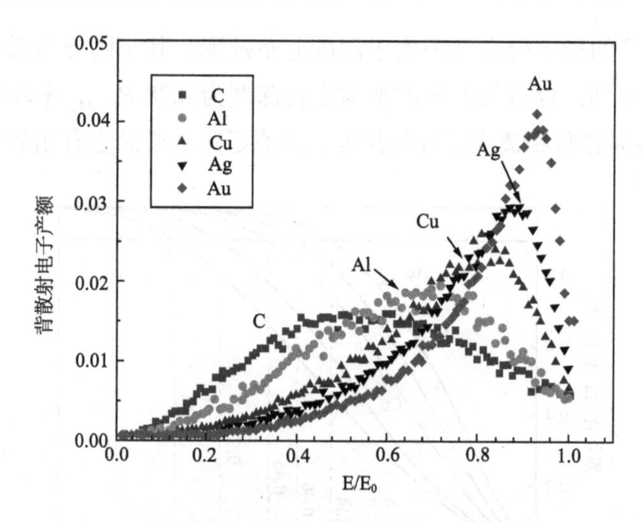

图 1.10　背散射电子产额与能量分布的关系

1.3　二次电子的产生与性质

我们将入射电子称为一次电子，与样品相互作用后被激发出来的核外电子称为二次电子。二次电子是扫描电镜主要的成像信号。

1.3.1　二次电子的来源

入射电子照射样品后，因非弹性散射导致样品原子弱束缚的核外电子被激发，这些被激发的核外电子就是二次电子。这一类电子可以是金属导带中的电子，也可以是离子键或共价键结合材料中弱束缚的价带电子（即最外层电子），其电离能通常为 1 ～ 15 eV。描述二次电子发射比例的参数为二次电子产额，用符号 δ 表示，其值是二次电子的数量（N_{SE}）在入射电子总数（N_B）中的占比。

$$\delta = \frac{N_{SE}}{N_B} \tag{1.11}$$

1.3.2　二次电子的能量分布

二次电子来自样品原子核外的弱束缚电子，它的一个重要特征就是具有极低的动能。由于入射电子束能量高（1 ～ 30 keV），样品原子最外层的弱束缚电子的能量低（1 ～ 15 eV），它们之间相对速度相差很大，入射电子传递给外层电子的动能相对较小，外层电子在获得较低的动能后就能从母原子逸出成为二次电子。脱离母原子束缚的二次电子还必须穿过逃逸层才能逸出样品，经历了非弹性散射的二次电子动能进一步降低。随着入射电子在样品内部的穿行，沿着入射电子的运动轨迹，二次电子仍在不断产生，但只有很小一部分离样品表面足够近，且具有足够高动能的二次电子才能到达样品表面，并跃过表面势垒逃逸出样品表面。逃逸出来的二次电子的能量仅为几 eV。图 1.11 所示为当入射电子束能量 E_0 为 1 keV 时，Cu 样品二次电子能量分布曲线。二次电子数量在 1 eV 处达到峰值，超过 1 eV，二次电子数量迅速下降。其中，67% 的二次电子能量小于 4 eV，90% 的二次电子能量小于 8.4 eV。由此可见，由入射电子激发产生的二次电子的能量远远小于入射电子或背散射电子的能量。

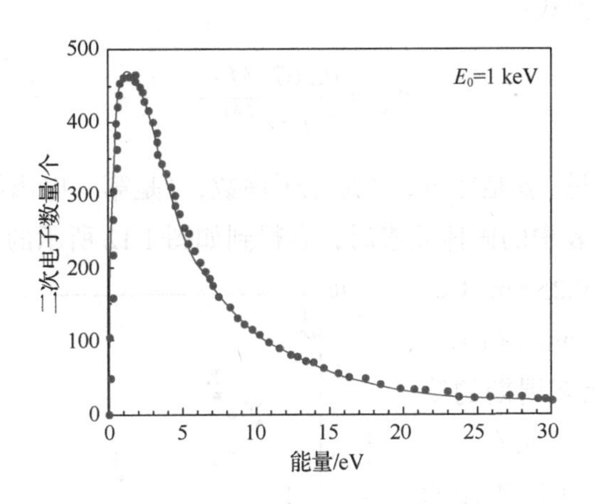

图 1.11　Cu 样品二次电子能量分布曲线

小贴士

二次电子来自样品原子的内层电子还是最外层电子？最外层电子的电离能低（1～15 eV），受入射电子激发容易摆脱原子束缚，90%以上的二次电子为最外层电子。能量为20 keV的入射电子束平均可以激发出1000多个二次电子，但只有表层10 nm以内的二次电子才能逸出样品表面，成为自由二次电子。二次电子的能量与入射电子束能量无关，10 keV入射电子束产生的二次电子能量不比1 keV入射电子束产生的二次电子能量高。

1.3.3 二次电子的逸出深度

二次电子的低动能很大程度上影响了二次电子的逸出深度。由于二次电子的动能低（1 ～ 50 eV），能够穿透的样品深度一般为几纳米，而不像入射电子和背散射电子那样，可以穿透数百乃至数千纳米。沿着入射电子的整个穿行轨迹，样品内部不断产生二次电子，但实际上，只有靠近样品表面的二次电子才有机会逸出。二次电子逸出的概率取决于其初始动能、形成深度和样品材料的性质。考虑到实验难度，研究人员采用蒙特卡洛方法模拟计算了 Cu 样品中逸出能量在 0 ～ 50 eV 的二次电子的相对强度与其在样品中生成深度的关系。计算结果表明，在距离表面约 8 nm 处区域内产生的二次电子几乎不可能逸出表面，67% 的逸出二次电子的生成深度小于 2.2 nm，而 90% 的逸出二次电子的生成深度小于 4.4 nm。1984 年金谷（Kanaya）和小野（Ono）根据各种物质参数建立了平均二次电子逃逸深度 d_{esc} 的模型，得到如下公式：

$$d_{\text{esc}} = \frac{0.267 \cdot M \cdot I}{\rho \cdot Z^{0.66}} \tag{1.12}$$

式中，M 是摩尔质量，ρ 是密度，Z 是原子序数，I 是第一电离能。当我们将该公式应用于元素周期表中的固体元素时，会得到如图 1.12 所示的复杂结果。平均逸出深度从最低值约 0.25 nm（Ce）变化到最高值约 9 nm（Li）。我们看到，每个元素周期的第一个元素（即碱金属元素），其平均逸出深度高于同周期的其他元素，这主要是由于这些元素的密度较小。而在每个周期中，密度最大的元素 d_{esc} 最小。对于 Cu，d_{esc} 计算值为 1.8 nm，与用蒙特卡洛方法模拟得到的 50% 逸出深度（1.3 nm）比较接近。

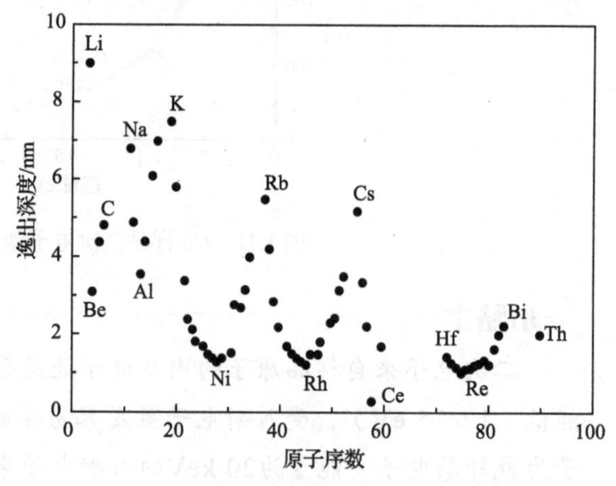

图 1.12　不同元素样品的二次电子平均逸出深度与原子序数的关系

1.3.4　二次电子产额与原子序数的关系

背散射电子产额和原子序数关系密切，我们从背散射电子产额与原子序数之间的关系得到了 Z 衬度，那么二次电子的产额与原子序数有没有关系呢？图 1.13 展示了入射电子束能量 E_0 为 5 keV 时，二次电子产额随原子序数变化的实测散点图。从图中可以看到，二次电子产额的测量值是比较混乱和不一致的。例如，在不同研究人员的报告中，Au 的二次电子产额测量值范围从 0.4 变化至 1.2。令我们难以理解的是，所有这些测量值都可能是“正确”的，因为它们都是在特定的样品上进行的有效的和可重复的测量。显然，产生这样的结果与样品表面积累的氧化物和污染物有关，从而使得测量结果不同于“理想的”纯元素或纯化合物的二次电子产额。在典型的扫描电镜真空条件下，真实材料的表面都会覆盖一层氧化物和污染层，因此其二次电子产额不太可能产生一致的和可预测的相对元素原子序数的变化结果。虽然我们偶尔也能观察到与元素成分相关的二次电子信号，但它们通常是不可预测和不可再现的。而这种与元素成分相关的变化规律是建立有用的衬度机制的关键基础，例如前面所描述的背散射电子的原子序数衬度机制。正因为二次电子的实际测量强度与原子序数的复杂关系，我们不可能通过二次电子和原子序数关系建立一个有效的与原子序数相关的 Z 衬度机制。因此，二次电子像目前只能作为形貌观察手段。

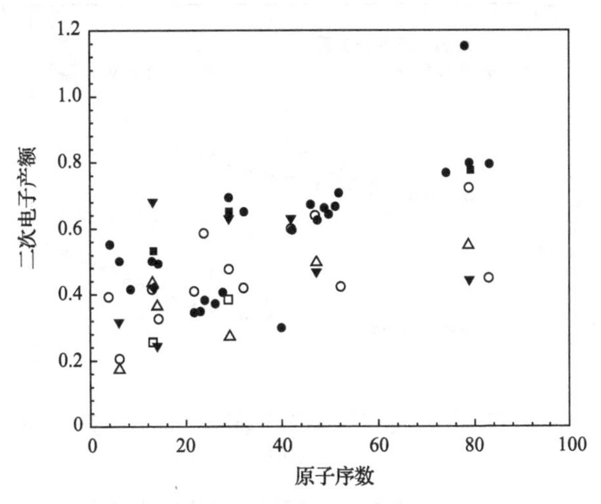

注：图中不同形状的数据点表示不同文献的数据。

图 1.13　在不同元素样品中的二次电子产额与原子序数的关系

1.3.5 二次电子产额与样品倾转角的关系

二次电子产额 δ 与样品倾转角 θ 有什么关系？图 1.14 所示为二次电子产额随样品倾转角的变化。可以发现，随着样品倾转角增大，二次电子产额单调递增。图 1.15 所示为 δ 随 θ 变化的几何解释，当电子束入射样品时，在二次电子逃逸深度（10 nm）以内，二次电子沿着入射路径上的产额是恒定的，因为这时的电子束尚未经历足够的散射以改变其能量或轨迹。从图中可以看到，主电子束路径长度 L 随着倾转角正割值（$\sec\theta$）的增加而增加。我们假设最终逃逸的二次电子数量与近表面区域中产生的二次电子数量成正比，那么二次电子产额也会随着倾转角正割值的增大而增大。即

$$\delta \sim \frac{1}{\cos\theta} \tag{1.13}$$

然而实际测量结果如图 1.14 所示，δ 的测量值对 θ 的依赖关系，并没有简单几何模型预测的正割关系那样上升得那么快。这是因为随着样品倾转角的增加，所测量的二次电子不仅包含由入射电子直接激发的二次电子，还包含背散射电子伴生激发的二次电子，这些二次电子遵循不同的轨迹穿过逃逸层，详细的过程将在接下来的分析中介绍。

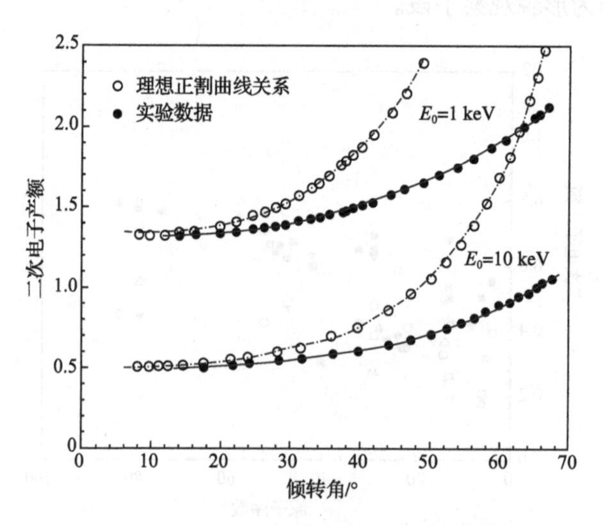

图 1.14 二次电子产额随样品倾转角的变化

总之，二次电子产额对样品倾转角呈现出单调递增的依赖性关系。当电子束垂直入射样品表面时（$\theta=0°$），产额较低；而电子束与表面掠角入射时（θ 接近 90°），产额较高。这样就形成能够反映样品形状或三维结构的衬度机制。通过这种单调递增的依赖关系，可以建立形貌衬度。

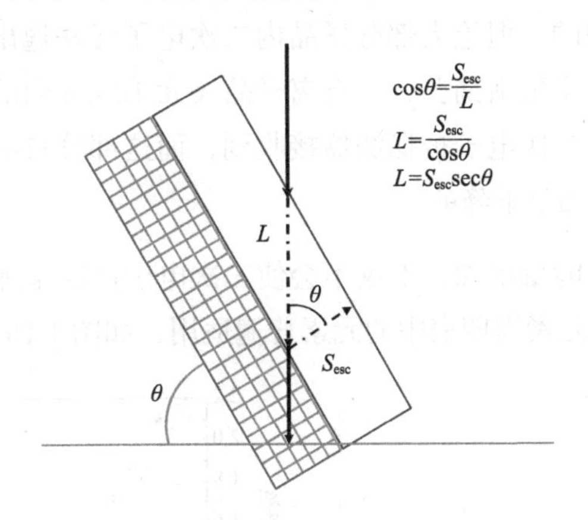

图 1.15　δ 随 θ 变化的几何解释

小贴士

二次电子的立体衬度

二次电子产额随样品倾转角的单调变化关系给了我们启示，样品表面的高低起伏影响二次电子信号产额的变化，从而产生了衬度。假如我们使用扫描电镜观察一个表面成分均匀，但有高低起伏的样品时，在样品表面有陡峭坡度的地方，电子束与样品局部表面成掠角入射，二次电子产额较高，显示衬度较亮；而在样品的水平平面上，二次电子产额较低，则显示较暗的衬度，这表明二次电子存在立体衬度。

1.3.6　二次电子产额与入射电子束能量的关系

二次电子产额与入射电子能量的关系如图 1.16 所示，对于常规电压和低电压，Cu 样品的二次电子产额均随入射电子束能量的增加而降低。这可能与大家的认识不一样，直觉上，入射电子束能量的增加，有利于激发更多的二次电子，但事实上，入射电子束能量增加，会减少二次电子的产生。产生这种现象的原因有 3 个方面：第一，随着入射电子束能量的降低，能量损失率 $\frac{dE}{ds}$ 增加，从而在入射电子束单位穿行路径长度内沉积更多的能量，导致单位穿行路径长度上产生更多的二次电子；第二，入射电子束能量降低，电子射程减小，使得更多的能量被沉积在二次电子可以逃逸的近表面区域中，从而产生更多的二次电子；第三，入射电子束能量增加，电子射程增加，沿着入射电子运动的轨迹，一路上都在产生二次电子，样品内产生的二次电子是增加的，但绝大部分样品内二次电子无法逸出样品表面，这些二次电子又会被样品原子重新捕获，只有离样品表面 10 nm 内的二次电子才有可能逸出表面，成为自由二次电子被探测器接收到，而这部分自由二次电子数量随着入射电子束能量的增加是下降的。

随着入射电子束能量增加，不仅不会使二次电子产额增加，还会降低二次电子产额。这种规律对元素周期表中的元素普遍适用，如图 1.16（c）所示。

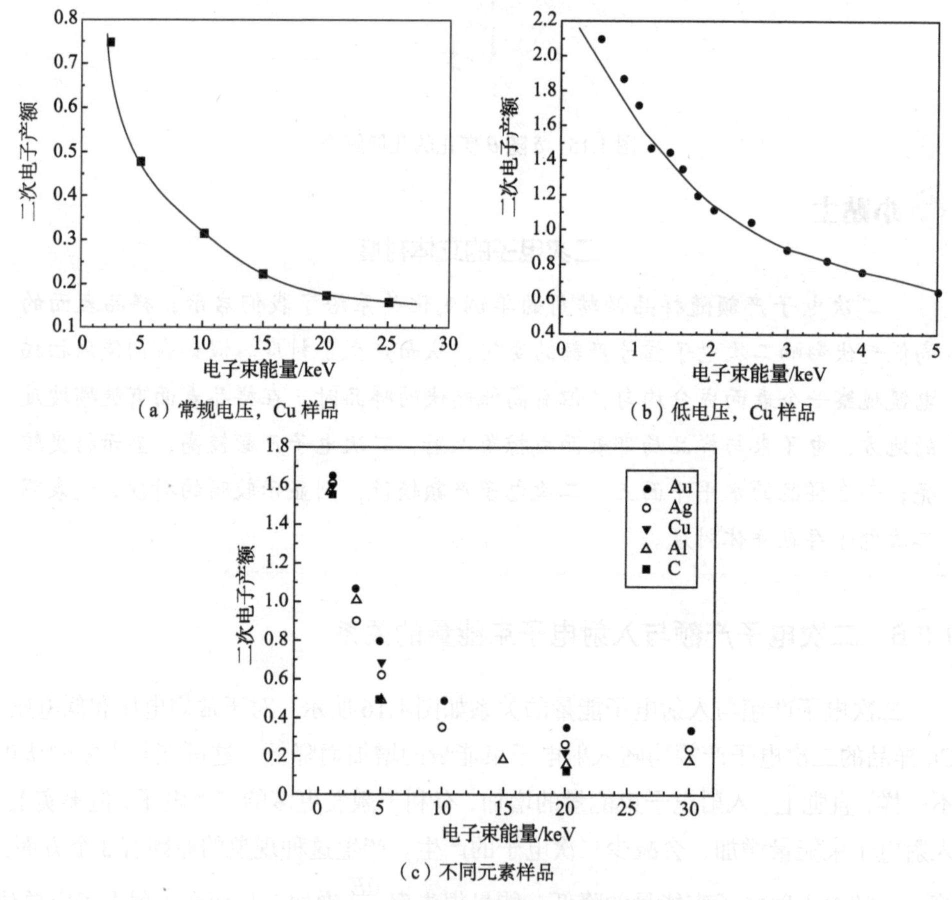

（a）常规电压，Cu 样品

（b）低电压，Cu 样品

（c）不同元素样品

图 1.16　二次电子产额与入射电子束能量的关系

小贴士

背散射电子产额与样品的原子序数和表面起伏有关，与入射电子束能量关系不大。二次电子产额与样品的表面起伏和入射电子束能量有关，与原子序数没有确定的关系。

1.3.7　二次电子的角分布

如果考虑到在不同的角度接收二次电子，二次电子产额随着接收角的变化是如何变化的？如图 1.17（a）所示，我们定义二次电子接收角（φ）为二次电子与样品局部表面法线的夹角。在样品表面下方的逸出深度范围内产生二次电子，沿着局部表面法线的方向到样品表面的最短路径为 S。对于与该法线成 φ 角度的任意其他轨迹，路径长度可以表述为 $L=\dfrac{S}{\cos\varphi}$。二次电子逸出的概率随着 L 的增大而降低，因此出射二次电子的角分布预计与 $\cos\varphi$ 呈正比例关系。蒙特卡洛模拟结果也证实，二次电子产额确实与接收角的余弦呈近似正比例关系。

$$\delta \sim \cos\varphi \tag{1.14}$$

即使样品表面相对于入射电子束高度倾斜，如图 1.17（b）所示，二次电子在样品表面下方的逸出路径长度与垂直入射电子束的情况相同。因此，二次电子的分布轨迹也遵循相对于局部表面法线的余弦分布。我们以出射点为起点，法线为直径画一个半圆形，如图 1.17（c）所示，二次电子的强度分布在法线方向最强，往两边逐渐降低，与样品本身的倾转角无关。当我们使用一个采集角很小的二次电子探测器来采集二次电子信号时，探测器正对样品的斜坡方向和背对斜坡的方向都能采集到很强的二次电子信号（注意，二次电子不会出现阴影衬度，这与背散射电子不一样）。

小贴士

二次电子产额和样品的表面起伏有关，还与探测器的位置有关。当样品表面有起伏时，在起伏表面产生的二次电子产额与 $\dfrac{1}{\cos\theta}$（θ为样品倾转角）成正比。而探测器接收到的二次电子强度与$\cos\phi$（ϕ为接收角）成正比。扫描电镜二次电子像的衬度和这两个产额有关。

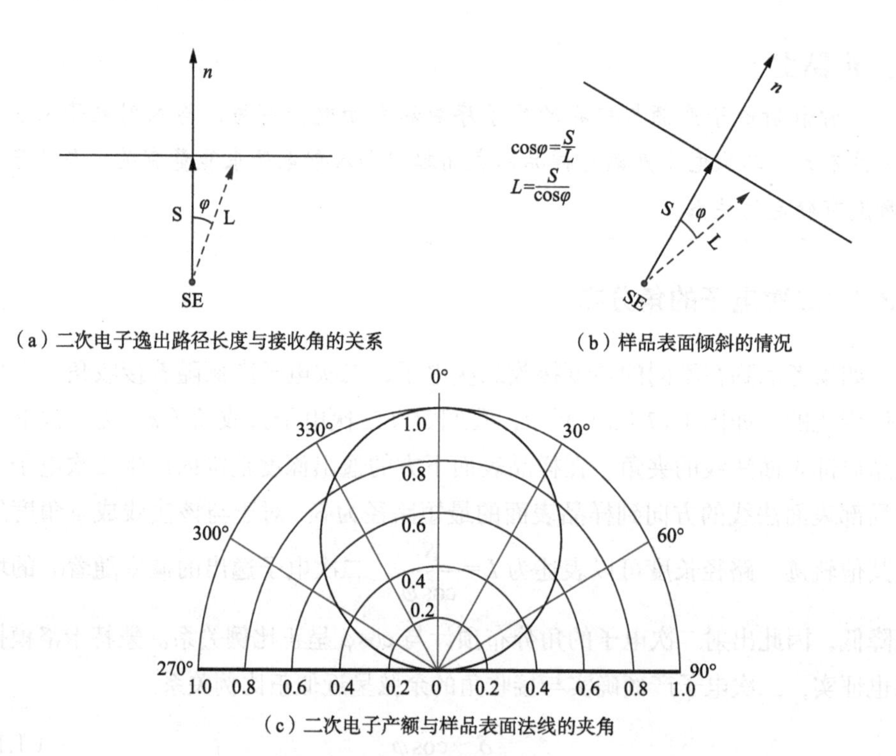

（a）二次电子逸出路径长度与接收角的关系

（b）样品表面倾斜的情况

（c）二次电子产额与样品表面法线的夹角

图 1.17　二次电子产额与接收角的关系

1.3.8　二次电子的空间分布特性

按照二次电子的产出特性，我们可以把二次电子分为如下几类。

当入射电子束射入样品表面时，在入射点以下圆柱体范围内产生二次电子。圆柱体的横截面由电子束在入射表面上的投影决定，其高度为二次电子的逃逸深度（约 10 nm），如图 1.18 所示。这一类二次电子被定义为第 1 类二次电子（SE_1），由于它在很浅的深度逸出，入射电子还没有来得及横向扩散，保留了由聚焦电子束定义的横向空间的高分辨率信息，并且对近表面区域的起伏特性同样也高度敏感。随着电子束深入样品内部，它们将继续产生二次电子，但这些二次电子迅速失去其较小的初始动能，并在极小的范围内被样品完全吸收。

对于那些随后出现的背散射电子，在接近样品表面区域时激发出二次电子，从而增加了二次电子的总产出量，这类二次电子被定义为第 2 类二次电子（SE_2）。从 SE_2 的能量和角分布来看，它们与 SE_1 很难区分。然而，由于其来源于背散射电子，SE_2 携带了衰减的背散射电子的横向空间分布信息，SE_2 的产额完全依赖于背散射电子，SE_2 信号包含了与背散射电子相同的样品信息。这也就是说，无论样品具备什么性质，只要是影响背散射电子产额的因素同样也会影响 SE_2 的产额。

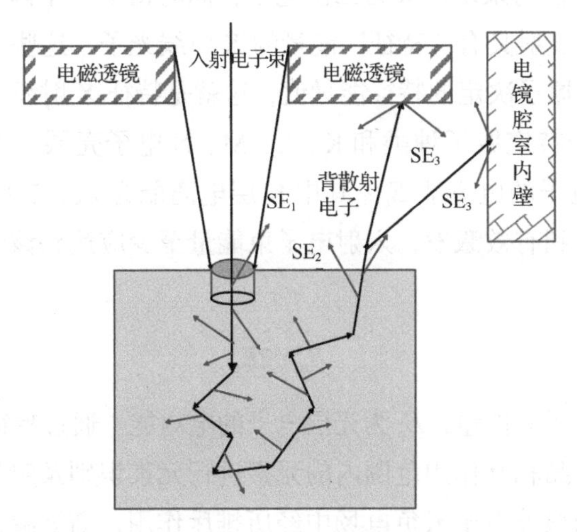

图 1.18　SE_1、SE_2 和 SE_3 的来源

离开样品的背散射电子仍然具有较高能量，在样品室中穿行毫米至厘米的距离后，这些背散射电子可能会撞击其他金属表面如物镜极靴、腔室内壁和样品台组件等，产生第 3 类二次电子（SE_3）。SE_3 也携带了背散射电子的信息，包括背散射电子的衰减空间分辨率。SE_1 和 SE_2 反映了样品的固有特性，而 SE_3 还取决于物镜极靴、腔室和样品室的细节。研究人员测量了电子束入射 Au 样品产生的 3 种二次电子的数量，并估计出每一种二次电子的相对占比，其中，SE_1（体现入射电子束足迹，分辨率高）占比 9%；SE_2（由样品内部的背散射电子产生，分辨率低）占比 28%；SE_3（由撞击透镜、腔室壁上的背散射电子产生，分辨率低）占比 61%。

对于 Au 样品来说，携带背散射电子信息的 SE_2 和 SE_3 的总和几乎是高分辨率和高表面灵敏度 SE_1 的 10 倍。这 3 类二次电子以复杂的方式影响着样品的形貌结构和成分分布。对于特定微观结构的二次电子像，取决于二次电子的发射特征和用于捕获信号的二次电子探测器的特性，这些将在第 2 章详细讨论。

1.4 特征 X 射线的产生与性质

高能电子束不仅能激发样品原子的最外层电子，而且能激发样品原子的内层电子。当入射电子束的能量高于内层电子电离能时，入射电子束就能激发内层电子，内层电子摆脱原子核的束缚，成为二次电子，同时留下一个内层空位。外层电子通过向内层跃迁，发射具有“特征”能量的 X 射线光子，这些 X 射线光子具有精确定义的、由样品原子决定的特征能量值，这就是特征 X 射线。产生特征 X 射线的临界条件是对于特定原子种类和 K、L、M、N 电子壳层，入射电子束的能量必须大于该壳层电子的电离能 E_c（其中 K 层电离能为 E_K，L 层电离能为 E_L，以此类推）。为了达到有效激发，入射电子束能量至少应达到该壳层电子电离能的两倍，即

$$E_0 > 2E_c \tag{1.15}$$

式中，E_0 为入射电子束能量，E_c 为壳层电子的电离能。通过特征 X 射线，我们可以对入射电子与样品相互作用范围内的元素进行元素识别及定量分析。同时入射电子在样品原子的核外电子云负电场中经历排斥作用，渐渐减速并失去动能，失去动能的过程中产生韧致辐射，韧致辐射属于连续 X 射线光谱。这个连续的 X 射线光谱成为特征 X 射线光谱的背景信号，它影响特征 X 射线的测量精度，并直接决定了能够检测元素的浓度极限。

1.4.1 特征 X 射线产生原理

我们以碳原子为例对产生特征 X 射线的过程进行说明，如图 1.19 所示。碳的原子序数为 6，共有两个壳层：K 层和 L 层。在初始基态下，碳原子 K 层中有两个电子与原子核结合，其电离能 E_k 为 284 eV。L 层共有 4 个电子，各有两个分别在 L_1 和 L_2 子层中，其电离能 E_L 为 7 eV。具有初始动能 E_{in}（$E_{in} > E_k$）的高能入射电子与 K 层电子发生非弹性碰撞，并导致其从原子中弹出。发生这个过程的前提条件是入射电子转移到 K 层电子的动能至少等于 K 层电离能 E_k，这是使 K 层电子被激发离开 K 层并脱离原子核束缚所需要的最小能量。一个入射电子经过一个碳原子的能量损失等于 K 层电离能 E_K 加上附加动能，

$$\Delta E = E_{in} - E_{out} = E_K + E_{kin} \tag{1.16}$$

式中，ΔE 为入射电子入射碳原子的能量损失，E_{in} 为入射电子入射碳原子的初始能量，E_{out} 为入射电子离开碳原子后的能量，E_K 为 K 层电离能（E_K=284 eV），E_{kin} 为附加动能。发生 K 层电离激发事件的碳原子，在 K 层中留下一个空位，从而使其处于高能量的激发状态。这种高能状态可以通过 L 层的电子跃迁来填充 K 层空位，从而降低系统能量，而系统能量降低的能量差将以下面两种可能的过程表现出来。

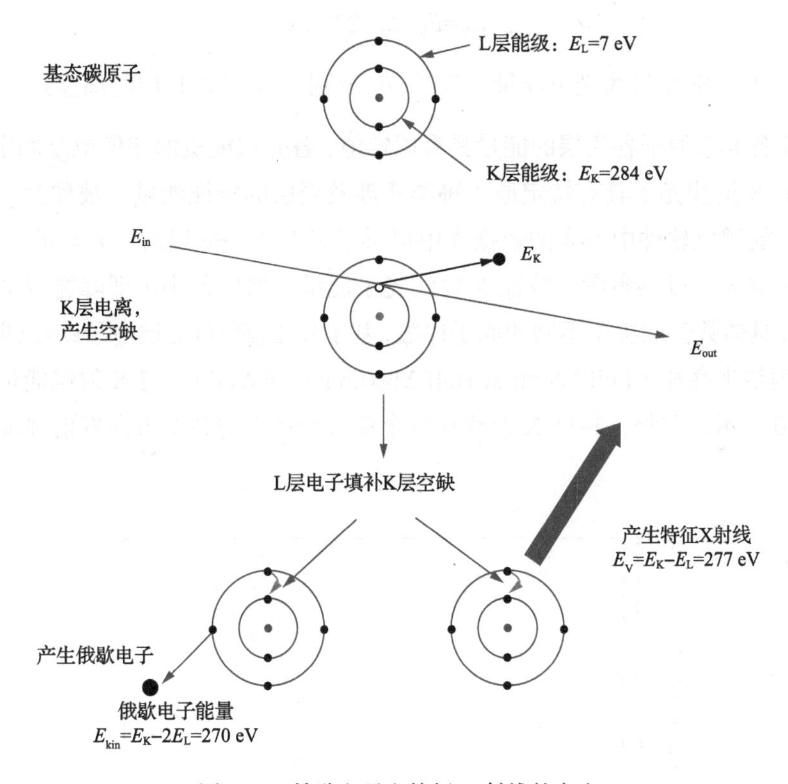

图 1.19　俄歇电子和特征 X 射线的产生

1. 俄歇电子激发过程

如图 1.19 左下分支所示，L 层电子跃迁填充 K 层空位产生的能量被转移到另一个 L 层电子上，然后该 L 层电子以特定动能从原子中射出，

$$E_{kin}= E_K-E_L-E_L=270 \text{ eV} \quad (1.17)$$

这种电子被称为“俄歇电子”，具有特征能量 E_{kin}，E_K 和 E_L 分别为 K 层和 L 层

电离能（E_K=284 eV，E_L= 7 eV），对其特征动能的测量可以确定其来源的原子种类，从而形成“俄歇电子光谱学”的物理基础。

2. 释放特征 X 射线

如图 1.19 右下分支所示，L 层电子跃迁填充 K 层空位释放的能量用于产生 X 射线光子，其能量由壳层间的电离能差值决定，

$$E_V=E_K-E_L=277\ \text{eV} \tag{1.18}$$

式中，E_v 为特征 X 射线光子能量，E_K 和 E_L 分别为 K 层和 L 层电离能。

由于各元素原子各壳层的能量具有固定值，各壳层能量的差值也是固定的，因此产生的 X 射线光子具有特定原子种类所涉及壳层的特征能量，被称为“特征 X 射线”。能谱仪软件中嵌入的数据库中提供了 $Z \geqslant 4$（Be 以后）元素的特征 X 射线能量扩展表，可供参考。特征 X 射线光子能量分散度很小（即峰宽很窄），仅为几 eV，具体数值取决于不同的原子序数，基于 K–L_3 跃迁（L 层电子跃迁到 K 层），特征 X 射线半高宽（Full Width at Half Maximum，FWHM）与 X 射线能量的关系如图 1.20 所示。此外，特征 X 射线在整个单位球体上向各个方向发射强度分布是均匀的。

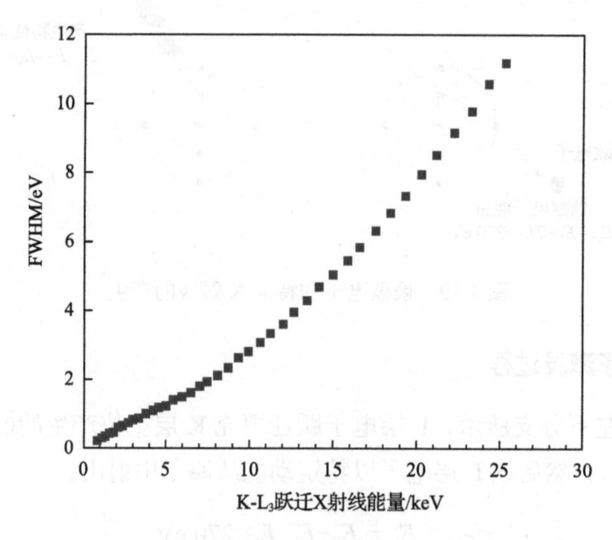

图 1.20 特征 X 射线 FWHM 与 X 射线能量的关系

1.4.2　荧光产额

图 1.19 中，俄歇电子分支和 X 射线分支发生的概率并不相同。对于碳原子，在所有 K 层电离事件中，特征 X 射线发射的概率仅占约 0.26%，在绝大多数情况下，碳原子的 K 层电离会导致俄歇电子发射。在所有电离事件中，我们将产生 X 射线光子的电离事件的占比称为荧光产额（ω）。荧光产额强烈依赖于原子序数。图 1.21 展示了 K、L 和 M 层电离的荧光产额随着原子序数增大的变化关系，可以看出 $Z < 80$ 时，荧光产额基本随着原子序数的增加而迅速增加。图 1.21（d）比较了 K、L 和 M 层电离的荧光产额，可以看出，当一个元素可以用两个不同壳层电离产生的荧光来测量时，$\omega_K > \omega_L > \omega_M$，这表明，当我们用能谱仪来测量样品成分时，尽量选用 K 层电离谱线（如果没有 K 层电离谱线，则选择 L 层电离谱线，以此类推）。

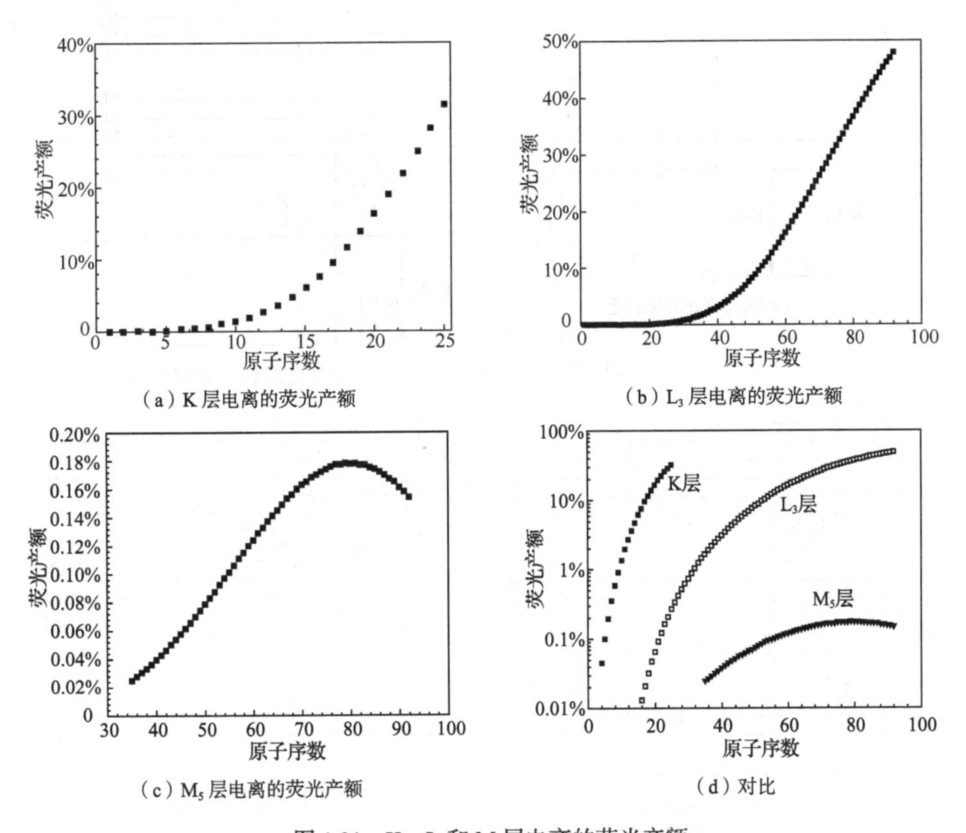

（a）K 层电离的荧光产额

（b）L_3 层电离的荧光产额

（c）M_5 层电离的荧光产额

（d）对比

图 1.21　K、L 和 M 层电离的荧光产额

1.4.3 特征 X 射线族

随着原子序数的增加，原子的核外电子数目也在不断增加，壳层结构变得更加复杂。以 Na 原子为例，Na 的原子序数为 11，最外层电子占据 M 层，因此 K 层电离的空位可以通过 L 层或 M 层电子的跃迁来填补，产生两种不同的特征 X 射线族，即 K–$L_{2,3}$ 族（K_α，$E_X = E_K - E_L = 1041$ eV）和 K–M_3 族（K_β，$E_X = E_K - E_M = 1071$ eV）。

图 1.22（a）展示了 C 原子的 K 层跃迁。由于 C 原子核外电子的数量较少（6 个），只有 K 层和 L 层，当 K 层电离一个电子时，只能发生 L 层电子向 K 层跃迁。

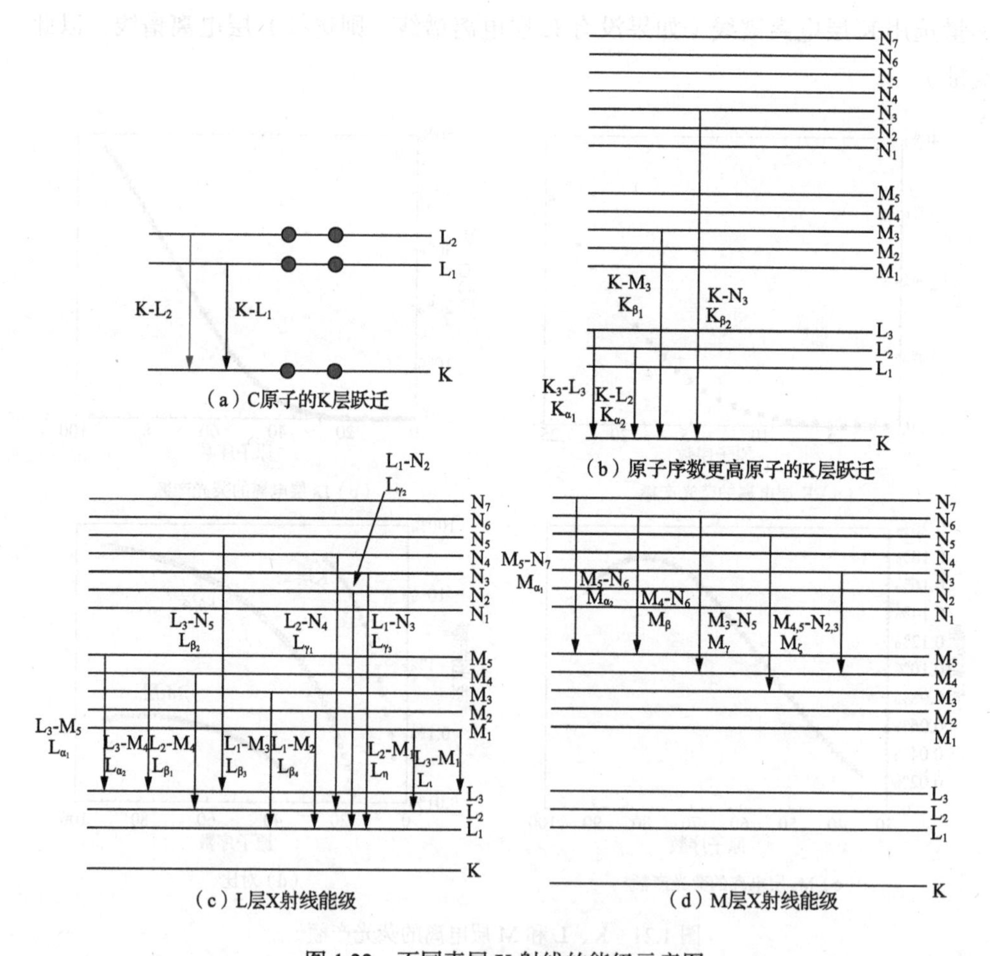

（a）C原子的K层跃迁

（b）原子序数更高原子的K层跃迁

（c）L层X射线能级

（d）M层X射线能级

图 1.22 不同壳层 X 射线的能级示意图

根据壳层跃迁的量子力学规则，从 L_1 子层到 K 层的跃迁是禁止的，即 K–L_1 的跃迁是禁止的，只有 K–L_2 的跃迁是允许的，因此 C 原子只有一个 277 eV 的特征 X 射线（K–L_2）峰。而对于其他原子序数更高的原子，还存在其他层间跃迁可能性。如图 1.22（b）所示，原来的 K–$L_{2,3}$ 族跃迁分裂为 K–L_3 和 K–L_2 两个族（即 K_α 分裂为 K_{α_1} 和 K_{α_2}）。K_β 跃迁也分裂为 K_{β_1} 和 K_{β_2}。当入射电子束能量 E_0 大于 20 keV 时，这两类 X 射线可以直接由能量色散 X 射线能谱仪（Energy-Dispersive X-ray Spectroscopy，EDS）检测到。

随着其他层间跃迁的增多，特征 X 射线的族也会越来越复杂。如图 1.22（c）中 L 层 X 射线能级和图 1.22（d）中 M 层 X 射线能级所示。图中仅展示出能够使用 EDS 测量出的产生 X 射线的电子跃迁（例如，对于 Au 等重元素，至少可能存在 25 个 L 层跃迁，但大多数都是低概率的，或与高概率的跃迁在能量上非常接近，以至于 EDS 无法检测到）。

在这些 X 射线族中，特征 X 射线的相对丰度（强度）并不相同，有的甚至相差很大。例如，对于 Na 原子，K–L 跃迁和 K–M 跃迁的丰度比例约为 150 : 1，而且这个比例与原子序数强烈相关，如图 1.23 所示。对于 L 层和 M 层，X 射线族的成员较多，其相对丰度与原子序数的变化关系更为复杂。

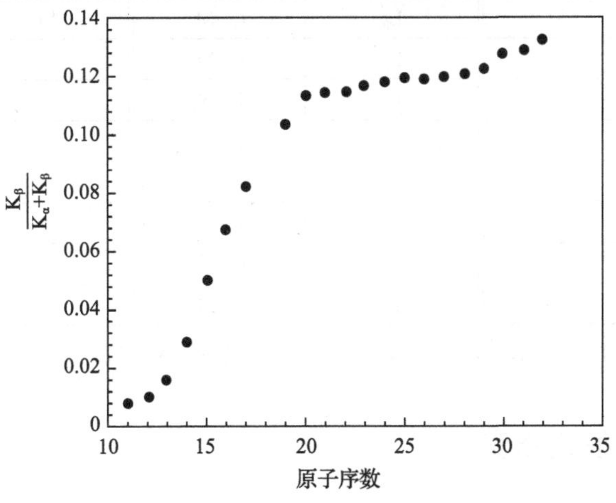

图 1.23 K_β 占比随原子序数变化关系

1.4.4 特征 X 射线的命名

X 射线的命名有两种系统。传统的西格巴恩（Siegbahn）系统首先列出了原始电离发生的壳层，其后是表示该成员在同族 X 射线中的相对强度顺序的希腊字母（α > β > γ > η > ζ），如 K_α 表示 K 层电离事件中，相对强度最高的特征 X 射线。对于相互关联的 X 射线族成员，使用附加数字标识，例如 L_{β_1} ~ $L_{\beta_{15}}$。此外，还会使用拉丁字母来标识一些复杂的次要 L 层家族成员。尽管很多商用 X 射线显微分析软件中仍然使用西格巴恩系统作为标记系统，但是西格巴恩系统已被国际纯化学与应用化学联合会（International Union of Pure and Applied Chemistry，IUPAC）标签系统正式取代。该系统的第一项表示电离发生的原始壳层或亚层，而第二项表示电子跃迁以填补空位发生的亚壳层。例如，对于从 L_3 亚层跃迁填充 K 层的电离，K_{α_1} 符号被 K-L_3 取代。表 1.4 给出了西格巴恩系统和 IUPAC 系统的对应关系。从中我们可以注意到，对于 M 层，可以测到多个 EDS 峰，但没有对应的西格巴恩次要 X 射线族成员。

表 1.4　西格巴恩和 IUPAC 系统的对应关系

西格巴恩	IUPAC	西格巴恩	IUPAC	西格巴恩	IUPAC
K_{α_1}	K-L_3	L_α	L_3-M_5	M_{α_1}	M_5-N_7
K_{α_2}	K-L_2	L_α	L_3-M_4	M_{α_2}	M_5-N_6
K_{β_1}	K-M_3	L_β	L_2-M_4	M_β	M_4-N_6
K_{β_2}	K-$M_{2,3}$	L_β	L_3-N_5	M_γ	M_3-N_5
		L_β	L_1-M_2	M_ζ	$M_{4,5}$-$N_{2,3}$
		L_β	L_1-M_2		M_3-N_1
		L_γ	L_2-N_4		M_2-N_1
		L_γ	L_1-N_2		M_3-$N_{4,5}$
		L_γ	L_1-N_3		M_3-O_1
		L_γ	L_1-O_4		M_3-$O_{4,5}$
		L_η	L_2-M_1		M_2-N_4
		L_ι	L_3-M_1		

注：仅限于使用 EDS 观察到的能量为 100 eV 至 25 keV 的特征 X 射线。

1.4.5　特征 X 射线强度

1. 孤立原子

对于一个孤立原子，我们可以用电离截面 Q_I 来表示能量为 E 的高能入射电子束使该原子的内层电子发生电离的概率。

$$Q_{\mathrm{I}} = 6.51\times10^{-20}\times\frac{n_{\mathrm{s}}\cdot b_{\mathrm{s}}}{E\cdot E_{\mathrm{c}}}\times\ln\left(\frac{c_{\mathrm{s}}\cdot E}{E_{\mathrm{c}}}\right) \tag{1.19}$$

式中，Q_{I} 为电离截面，n_{s} 是壳层或子层中的电子数（例如 $n_{\mathrm{K}}=2$），b_{s} 和 c_{s} 是给定壳层的常数（例如 $b_{\mathrm{K}}=0.35$、$c_{\mathrm{K}}=1$），E_{c} 为电离能，E 为入射电子束能量。其中，Si 的 K 层电离截面与入射电子束能量的变化关系如图 1.24 所示。其值从 $E=1.838$ keV 的零值开始迅速增加到峰值，然后随着电子束能量的进一步增大而缓慢减小。

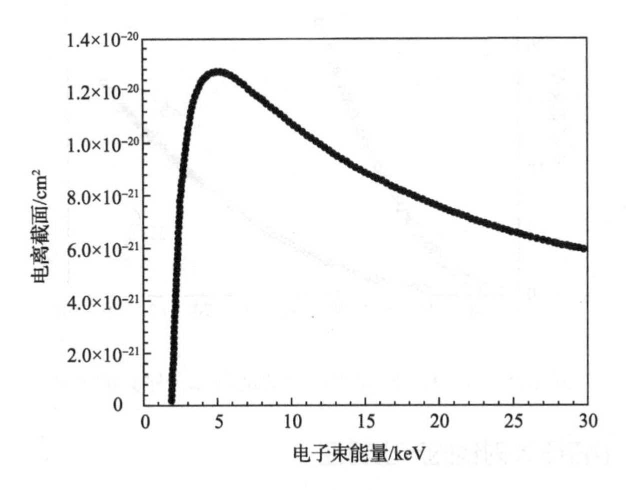

图 1.24　Si 的 K 层电离截面与入射电子束能量的变化关系

入射电子束能量与被激发原子壳层电子的电离能之间的比值是一个重要参数，我们称之为过电压，用 U 表示，

$$U = \frac{E}{E_{\mathrm{c}}} \tag{1.20}$$

式中，E 为入射电子束能量，E_{c} 为电离能。因为入射电子束在穿过样品时由于非弹性散射而不断损失能量，所以与入射电子束初始能量 E_0 相对应的过电压是过电压的最大值，标记为 U_0，

$$U_0 = \frac{E_0}{E_{\mathrm{c}}} \tag{1.21}$$

而原子激发并释放 X 射线的阈值条件是 $U>1$。把这里定义的 U 代入式 1.19 中可以得到：

$$Q_{\mathrm{I}} = 6.51\times10^{-20}\times\frac{n_{\mathrm{s}}\cdot b_{\mathrm{s}}}{U\cdot E_{\mathrm{c}}^{2}}\times\ln(c_{\mathrm{s}}\cdot U) \tag{1.22}$$

原子各壳层电子的电离能（电离阈值）与原子序数以及壳层种类关系密切，如图 1.25 所示。因此，对于由多种元素组成的样品，每个元素组分的初始过电压 U_0 都不相同，这将影响不同元素组分产生的 X 射线相对强度。

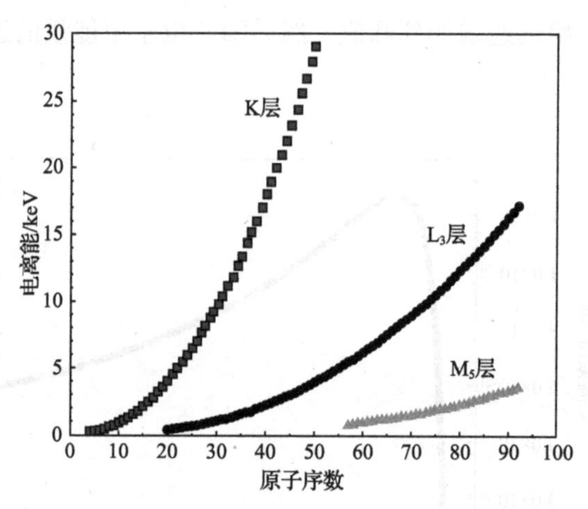

图 1.25　K、L、M 层电子电离能与原子序数的关系

2. 厚样品中特征 X 射线的产出特征

厚样品是指样品厚度能够覆盖全部入射电子作用范围，通常情况下需要至少几微米的厚度，如 Au 样品在入射电子束能量为 30 keV 时，厚度至少为入射电子的入射深度（约 1.7 μm）才能称为厚样品。在厚样品中会发生完整的弹性散射和非弹性散射。根据实验测量，发现厚样品产生的特征 X 射线强度遵循以下表达式，

$$I \approx i_{\mathrm{p}}(U-1)^{n} \tag{1.23}$$

式中，I 为厚样品中产生的 X 射线强度，i_{p} 是入射电子束电流，n 是一个常数，取决于元素种类和其对应的电子壳层，U 为过电压。n 的值通常在 1.5 ～ 2.0。根据式 1.20 和式 1.23 绘制的 $n = 1.7$ 时的特征 X 射线强度与过电压的关系如图 1.26 所示。特征 X 射线强度在 $U = 1.0$ 时从零开始快速上升。从图 1.26 中我们可以看到，入射电子束初始能量对于特征 X 射线强度有较大的影响。这一规律指导我们在实验时，为了获得较强的特征 X 射线信号，通常针对样品中感兴趣元素的 E_{c}（电离能）最高值选择 E_0，使 U 满足 $U_0 > 2$。

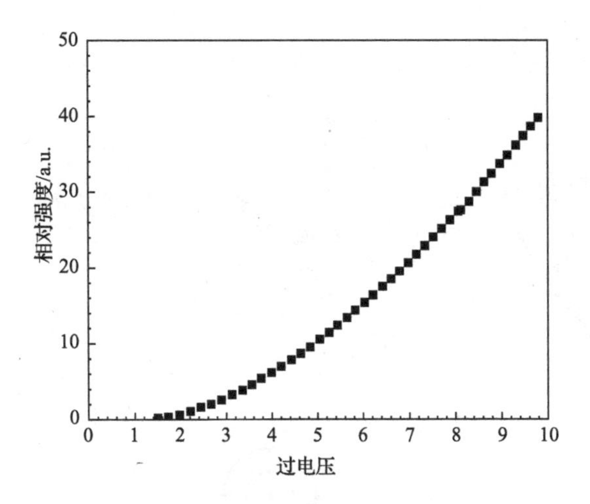

图 1.26　$n = 1.7$ 时的特征 X 射线强度与过电压的关系

1.5　连续 X 射线的产生与性质

高能电子束激发样品中的原子，除了产生具有特征能量的 X 射线，还能发射连续 X 射线，即韧致辐射（Bremsstrahlung）。如图 1.27 所示，入射电子在样品靶原子的核外电子形成的负电场中受到排斥，从而减速并失去动能，失去的动能以电磁辐射 X 射线光子的形式释放，即产生连续 X 射线。入射电子以这种方式损失的能量，并没有特征 X 射线那样具有固定的能级差，而是在一定的范围内连续变化，从而使韧致辐射 X 射线的能量范围，从实际阈值（约几 eV）到入射电子束能量 E_0。E_0 是韧致辐射 X 射线的最高能量，又称为杜安 - 亨特（Duane–Hunt）极限，它对应于入射电子的所有能量在样品原子核外电子形成的负电场中减速并全部损失的情形。因此，韧致辐射过程形成了连续能量谱，也称为 X 射线连续谱。X 射线连续谱形成了特征 X 射线的背底信号，决定了能够检测出的样品元素最低含量。

小贴士

韧致辐射是由于电子运动动量发生改变产生的X射线。Bremsstrahlung为德语词汇，“Bremsen”在德语里面是制动、刹车的意思，“Strahlung”是辐射的意思。

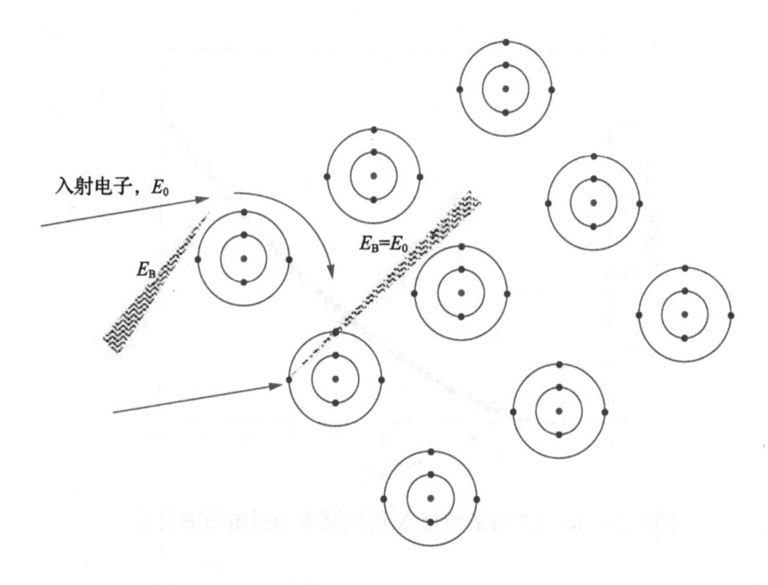

注：E_B 为韧致辐射 X 射线能量。

图 1.27　韧致辐射产生连续 X 射线的示意图

1.5.1　韧致辐射强度

连续 X 射线的强度 I_{cm} 随 X 射线的能量分布关系可以由式 1.24 所描述，

$$I_{cm} \approx i_p \cdot Z \cdot \frac{E_0 - E_B}{E_B} \tag{1.24}$$

式中，i_p 是入射电子束电流，E_B 为连续 X 射线能量，E_0 入射电子束能量，Z 是原子序数。对于特定的入射电子束能量值 E_0，当 E_B 接近 E_0（即杜安－亨特极限）时，连续 X 射线的强度也迅速降低。

"峰背比"是 EDS 能谱分析中的一个重要参数，表示电离能和背底能量相同时（$E_c = E_B$），特征 X 射线与韧致辐射 X 射线强度的比值（$\frac{P}{B}$ 值）。峰背比可以通过式 1.23 和式 1.24 估算。由于我们近似 $E_c \approx E_B$，因此式 1.24 可以改写为

$$I_{cm} \approx i_p \cdot Z \cdot \frac{E_0 - E_c}{E_c} \approx i_p \cdot Z \cdot (U-1) \tag{1.25}$$

取式 1.23 和式 1.25 的比值可以得到

$$\frac{P}{B} \approx \frac{1}{Z} \cdot (U-1)^{n-1} \tag{1.26}$$

图 1.28 所示为 $n=1.7$ 时峰背比与过电压的关系，我们从图中可以看出，峰背比随着过电压升高而升高。而当我们采用较低过电压时（$U<2$），峰背比升高的速度比 X 射线强度升高的速度更快，但此时 X 射线强度并不高。而 X 射线强度在高过电压区域（$U \geqslant 2$）迅速升高，峰背比上升速度则比较缓慢。由此可见，我们在进行能谱分析时，过电压要大于 2。

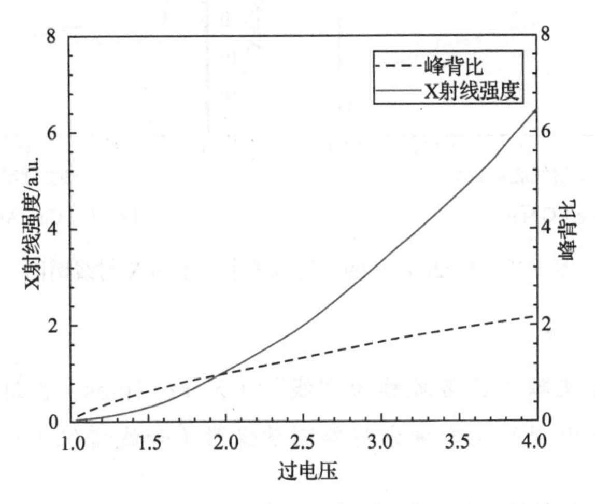

图 1.28　$n=1.7$ 时的厚样品的峰背比与过电压的关系

1.5.2　X 射线的完整能谱

从前文的介绍中我们可以知道，入射电子激发样品原子产生的 X 射线光谱，包含特征 X 射线和连续 X 射线两部分。图 1.29（a）所示为 E_0=20 keV 的入射电子束在 C 样品中产生的 X 射线谱图，该谱图由模拟计算得出。连续 X 射线光子能量最低时其强度最高，在 X 射线光子能量较高时强度减小，当 X 射线光子能量接近 E_0 时强度降为零。相比之下，特征 X 射线则分布在非常窄的能量区间内。C 的 K 特征峰位于 0.277 keV 处，自然峰宽仅为 1.6 eV，这与激发的 K 层空位的寿命有关。事实上，我们在图 1.20 中展示了 K 层自然峰宽随 X 射线能量的变化关系。对于入射电子束能量在 25 keV 以内产生的 X 射线，K、L 和 M 层的特征 X 射线峰的自然峰宽均小于 10 eV。在图 1.29（a）中，C 的 K 峰被绘制为一条窄线。我们在图 1.29（b）中对 C、Cu 和 Au 靶中产生的 X 射线谱图进行比较，可以看出，连续 X 射线的强度随原子序数 Z 增加而增加，其结果符合式 1.23。此外，对于 Z 越高的元素，特征 X 射线的复杂性也更加明显。

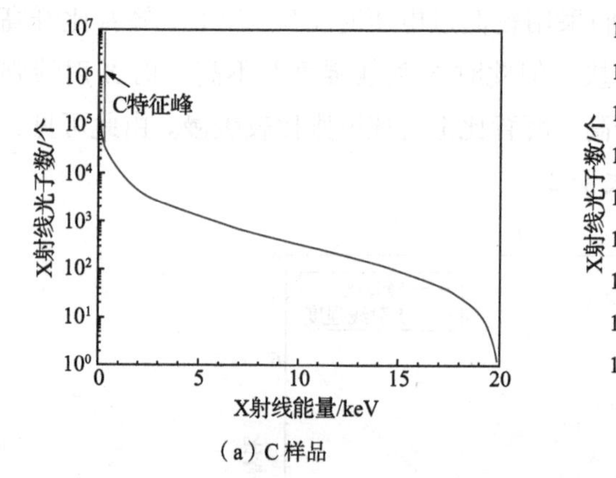

（a）C 样品

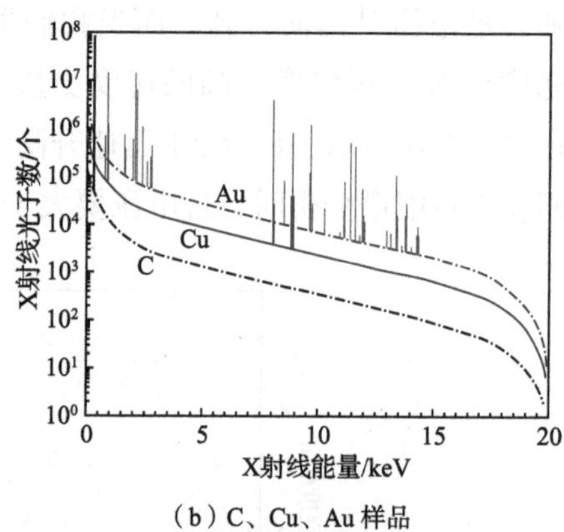

（b）C、Cu、Au 样品

图 1.29　E_0=20 keV 的入射电子束产生的 X 射线谱图

小贴士

X射线峰在文献中通常被称为“线”（X-ray lines），这主要是由于它们在基于X射线衍射的高能量分辨率测量仪器（如波谱仪）中显示的峰形为线状。

1.5.3　产生 X 射线的电子射程范围

入射电子在样品内部穿行的过程中，不断发生非弹性散射，并损失能量，从初始过电压 U_0 降低到 $U = 1$ 的整个过程中均可以发生内壳层电子电离。根据入射电子束能量 E_0 和样品中各元素的电离能 E_c，X 射线将在入射电子相互作用的大部分范围内产生。我们对 K-O 射程方程进行简单修改后，就可以得到产生 X 射线的电子射程粗略估计，

$$R_{\text{K-O}} = 27.6 \cdot \frac{M}{Z^{0.89} \cdot \rho} \cdot (E_0^{1.67} - E_c^{1.67}) \qquad (1.27)$$

式中，$R_{\text{K-O}}$ 是产生特征 X 射线的电子射程，M 是摩尔质量，Z 是原子序数，ρ 是密度，E_0 是入射电子束能量，E_c 是电离能。表 1.5 列出了不同元素样品产生的特征 X 射

线（Cu 靶，E_c = 8.98 keV）的电子射程。注意，这里列举的样品中，Cu 元素含量均很低（例如 C 样品中含有少量 Cu），因此对整个 K-O 射程的影响可以忽略不计。从表中可以看到，当入射电子束能量降低到 E_0 =10 keV 时，由于极低的过电压（U_0 = 1.11），各样品中产生特征 X 射线的电子射程深度减少到只有几十到几百纳米。随着基体元素原子序数的增加，入射电子束能量的降低，特征 X 射线的电子射程也减小。

表 1.5　不同元素样品产生特征 X 射线的电子射程

元素	不同入射电子束能量下的射程			
	25 keV	20 keV	15 keV	10 keV
C	6.3 μm	3.9 μm	1.9 μm	270 nm
Si	5.7 μm	3.5 μm	1.7 μm	250 nm
Fe	1.9 μm	1.2 μm	570 nm	83 nm
Au	1.0 μm	630 nm	310 nm	44 nm

小贴士

在所有电子射程中，入射电子射程最大，产生的特征X射线的电子射程次之，背散射电子射程为第三，二次电子射程最小。

第 2 章

扫描电镜的结构和成像原理

扫描电镜分为镜体和电源供给系统两部分。镜体部分由电子光学系统、信号收集系统、图像显示系统及真空系统组成。镜体部分承担着扫描电镜的所有功能。接下来我们将介绍扫描电镜的结构和成像原理。

2.1 扫描电镜的结构

不管是什么类型的扫描电镜，一台高性能扫描电镜都包含如下组件。

电子光学系统： 产生高能电子束的镜筒，包含电子枪、电磁透镜（聚光镜和物镜）、扫描线圈、消像散器和样品室等。

信号收集系统： 接收并处理各种信号的系统，包含扫描信号发生器、二次电子探测器和背散射电子探测器等。

图像显示系统： 用于显示图像，包含显示器等。

真空系统： 包含真空阀门、机械泵、油扩散泵、离子泵和真空检测装置等。

电源供给系统： 包含不间断电源、变压器、稳压器、安全控制线路和接地导线等。

其中镜筒部分是扫描电镜的主体结构，高能电子束从电子枪出发，通过第一和第二聚光镜对电子束进行会聚，电子束在入射样品之前再次由物镜会聚，物镜负责将电子束聚焦在样品的表面。在扫描电镜的光路系统中，扫描线圈的作用是拖动电子束在样品表面进行光栅化扫描。孔径光阑结合会聚透镜用于控制电子束束斑直径。

2.1.1 电子光学系统

现代扫描电镜结构大致相同，图 2.1 为扫描电镜结构示意图。电子光学系统主要为扫描电镜的镜筒部分，由电子枪、电磁透镜、扫描线圈、消像散器和样品室等部件组成。其作用是产生一束高能聚集电子束，用于逐行逐点扫描样品表面，通过电子束和样品的相互作用，激发出各种带有样品信息的信号，包括背散射电子、二次电子和特征 X 射线。信号收集系统和图像显示系统对这些信号进行收集、放大和成像，以获得放大的图像，以及成分和晶体学结构等信息。为获得较高的信号强度和分辨率，电子束必须具有较高的亮度和尽可能小的束斑直径。

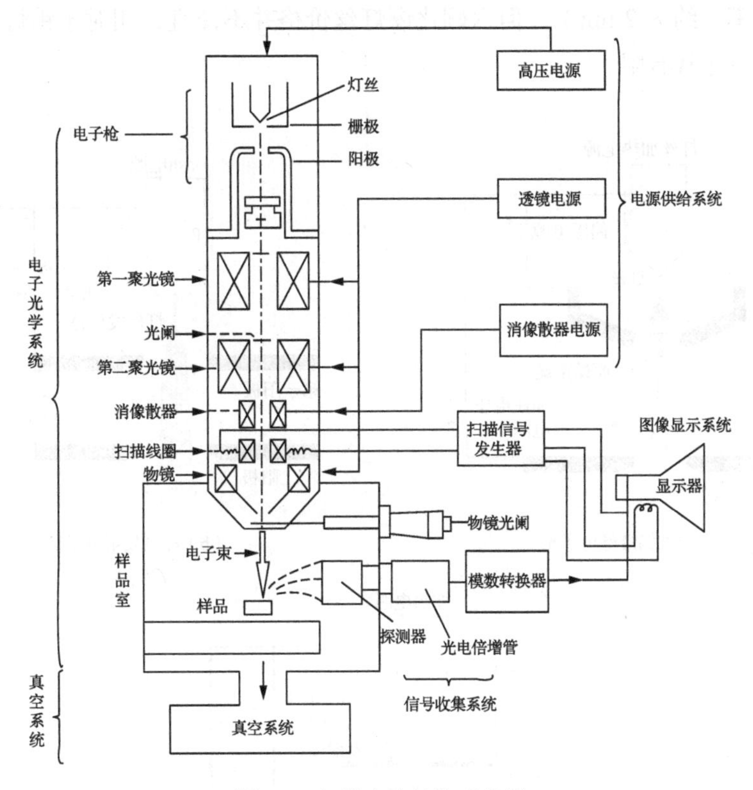

图 2.1　扫描电镜结构示意图

1. 电子枪

常用的扫描电镜电子枪有 3 种：钨灯丝电子枪、六硼化镧（LaB_6）电子枪和场发射电子枪。钨灯丝电子枪和六硼化镧电子枪都属于热发射电子枪，由阴极（即灯丝）、栅极和阳极组成，见图 2.2（a），通过加热钨灯丝（2800 K）或六硼化镧灯丝（1900 K）发射电子，由栅极聚焦和阳极加速后，形成一个 10 ~ 100 μm 的交叉束斑（也叫原始束斑）。钨灯丝电子枪的最大优点是灯丝价格便宜，且对真空度要求不高，但钨灯丝电子枪发射电子效率较低，单色性又不好，要想达到实用的灯丝亮度，需要较大的钨灯丝发射面积，一般情况下钨灯丝电子枪的直径为几十微米，这样就大大限制了钨灯丝扫描电镜的分辨率，目前钨灯丝扫描电镜的最高分辨率约为 3 nm。如要进一步提高扫描电镜的分辨率，就必须进一步提高电子枪的亮度，电子枪亮度是制约扫描电镜分辨率的主要因素。六硼化镧电子枪亮度要比钨灯丝提高约一个数量级，因此六硼化镧电子枪具有比钨灯丝电子枪更高的分辨率（约为 2 nm）。但六硼化镧灯丝价格并不便宜，相对于钨灯丝，它的性能提升也非常有限。

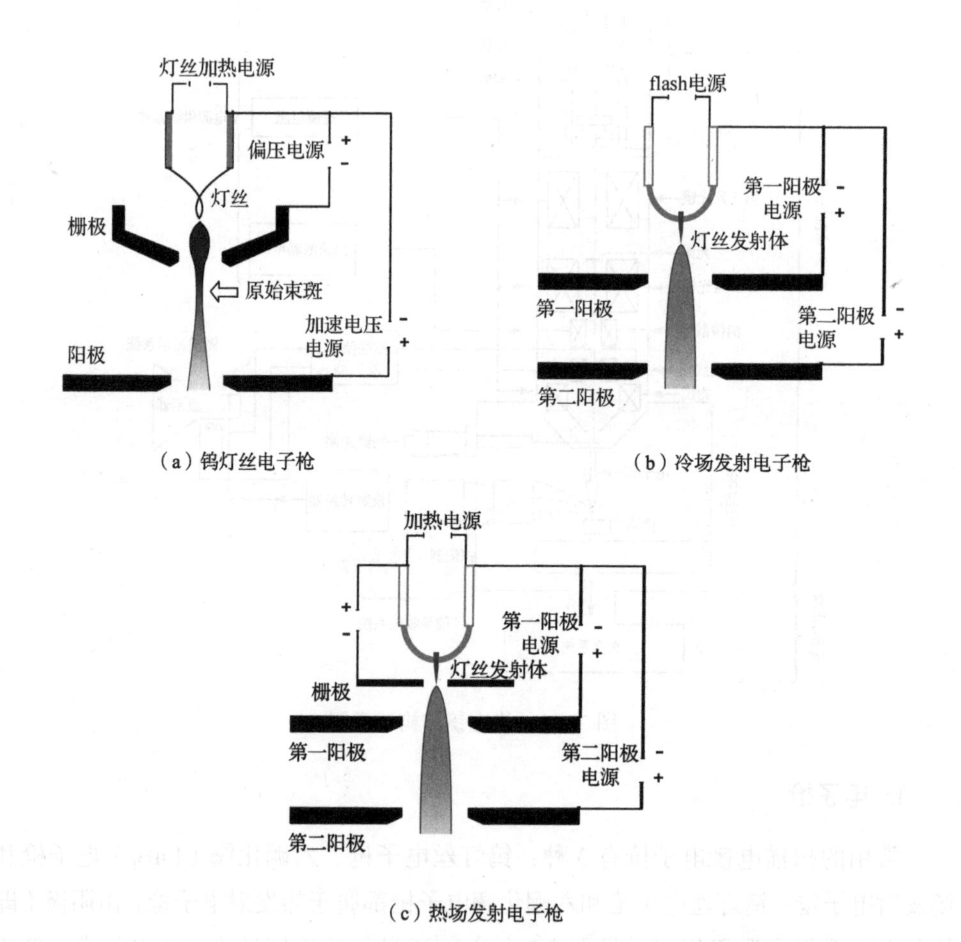

（a）钨灯丝电子枪

（b）冷场发射电子枪

（c）热场发射电子枪

图 2.2　扫描电镜电子枪结构

20 世纪 70 年代初，一种拥有更高亮度、更小电子束斑直径的场发射电子枪实现了商品化，将扫描电镜的分辨率推向一个新的高度。基于量子隧道效应的场发射扫描电镜的出现，大大提高了扫描电镜电子枪的亮度（比钨灯丝提高 1000 倍以上），从而大大提高了扫描电镜的整体性能（包括分辨率、信噪比和低电压性能等）。场发射电子枪的发射体（即阴极灯丝）采用钨单晶，它有一个极细的尖端，曲率半径不到 100 nm，通过在钨单晶的尖端加上强电场，利用量子隧道效应促使其发射电子。场发射电子枪的结构和钨灯丝电子枪不同，它有两个阳极，分别为第一阳极和第二阳极，见图 2.2（b）和（c）。钨单晶为阴极，加上较高的负电压，第一阳极也称为取出电极，它的电压比阴极高几千伏，用以从阴极拉出电子，第二阳极为零电位，用以加速电子并形成一个直径为 10 nm 左右的电子束。场发射电子枪分为冷场发射和热场发射电子枪。热场发射电子枪的钨阴极需要加热到 1800 K 左右，尖端的发射面为（100）晶面，并在钨单晶表面涂有一层氧化锆，以降低电子发射时的功函数。冷场发射电子枪则不需要加热灯丝，室温下就能发射电子，其钨单晶发射面为（310）晶面，因为这个晶面电子逸出功最小。冷场发射电子枪的电子束直径、电子枪亮度和能量单色性都优于热场发射电子枪，所以冷场发射扫描电镜在分辨率上也比热场发射扫描电镜更具优势。但早期的冷场发射扫描电镜的探针电流较小（一般小于 2 nA），稳定性也较差，每过几小时（约 8 小时）就需要加热一次灯丝，用于去除吸附在灯丝尖端的气体分子，这对需要长时间和大束流分析的检测工作（如 EBSD）带来不良影响。但随着冷场发射技术的不断改进，这些缺点大多已经解决，新一代的冷场发射扫描电镜也能进行长时间和大束流工作，如新一代冷场发射扫描电镜的“mild flash”技术解决了定时加热灯丝的问题，束流更加稳定，并且探针电流也能达到 20 nA。热场发射电子枪虽然电子束直径、能量单色性不及冷场发射电子枪。但随着技术的进步，热场发射扫描电镜的分辨率越来越接近冷场发射扫描电镜的水平。场发射扫描电镜已经成为很多分析实验室必备的仪器，有着广阔的应用前景。表 2.1 为钨灯丝电子枪、热场发射电子枪和冷场发射电子枪性能的比较。

表 2.1　不同电子枪性能的比较

对比项	钨灯丝电子枪的参数	热场发射电子枪的参数	冷场发射电子枪的参数
阴极温度	2800 K	1800 K	室温
能量扩展范围	3 ～ 4 eV	1 ～ 0.7 eV	0.2 eV 左右
电子枪大小	15 ～ 20 μm	15 ～ 30 nm	5 nm 以下

续表

对比项	钨灯丝电子枪的参数	热场发射电子枪的参数	冷场发射电子枪的参数
本征亮度	5×10^5 A/（cm^2·sr）	5×10^8 A/（cm^2·sr）	2×10^9 A/（cm^2·sr）
探针电流	1000 nA	20 ～ 100 nA	2 ～ 20 nA
灯丝寿命	100 h	1 ～ 2 年	3 年以上
分辨率	3 nm	＜ 1 nm	＜ 1 nm
维护性	不怕断电，更换方便	怕断电，更换麻烦	不怕断电，更换方便

2. 电磁透镜

扫描电镜通常有 3 个电磁透镜，见图 2.1，靠近电子枪的两个透镜分别为第一聚光镜和第二聚光镜，它们都是强励磁透镜，用于将电子枪发射出来的原始电子束束斑进行充分会聚。第三个透镜靠近样品，因此常被称为物镜（或末级透镜），它是一个弱励磁透镜，焦距长，这样便于在样品室和物镜之间装入各种信号探测器。第一和第二聚光镜仅用于会聚电子束，将电子束会聚到几微米（钨灯丝扫描电镜）或几纳米（场发射扫描电镜），而物镜负责将电子束进一步聚焦到样品表面。照射到样品上的电子束束斑直径越小，其分辨率也就越高。

3. 扫描线圈

在扫描电镜中，扫描线圈使入射电子束在样品表面进行光栅化扫描。扫描线圈产生的交变磁场拖动聚焦电子束沿着样品表面进行逐行逐点扫描。扫描线圈采用上下两对偏转线圈。当电子束进入上偏转线圈时，电子束方向发生偏转（纵扫），随后又由下偏转线圈使它的方向发生二次偏转（横扫），发生二次偏转的电子束通过物镜系统将聚焦电子束聚焦到样品表面。电子束依次轰击样品表面的各个离散点，产生的各种信号由相应的信号探测器接收，并通过图像显示系统显示在显示器上。由于扫描线圈和图像显示系统由同一扫描信号发生器控制，因此样品表面扫描和图像扫描完全同步，显示器上显示的图像为样品表面的实时放大图像。

4. 消像散器

在扫描电镜中，对图像影响最大的畸变就是像散。扫描电镜的像散是由透镜磁场的非旋转对称引起的。当透镜磁场呈现完美的轴对称时，电子束束斑也呈现完美的圆形，此时图像没有像散。当透镜磁场不能呈现完美的轴对称时，聚焦电子束的磁场在一个方向上往往比在与其正交的方向上更强，从而产生具有椭圆截面的电子束斑，图像就会在一个方向上拉长，产生像散。消像散器由消像散线圈组成，它通过产生一个与像散方向相反、大小相等的磁场来抵消像散磁场，为了能更好地抵消各个方向的像散，消像散线圈一般都有两组共八级线圈，构成一个米字形。

5. 样品室

扫描电镜的样品室中有样品台和安装在侧壁的各种信号探测器，信号探测器包括二次电子探测器、背散射电子探测器和 X 射线探测器等，信号的收集效率和探测器的安放位置有很大关系。将一定尺寸的样品固定在样品台上，样品台可以在样品室内进行平移、倾斜和转动，如果扫描电镜配备相关的附件，样品还可以在样品台上进行加热、冷却和热力学性能试验（如拉伸测试和疲劳测试）等。

2.1.2 信号收集系统

样品在高能聚焦电子束的作用下产生各种信号，这些信号带有样品的不同信息。不同的信号需要不同的探测器来检测，常见的探测器有背散射电子探测器、二次电子探测器和 X 射线探测器等。背散射电子能量高，闪烁体计数器探测器或半导体探测器就能直接检测，不需要对背散射电子进行加速赋能。在扫描电镜中，二次电子探测器是最常见的探测器，通常为埃弗哈特 - 索恩利探测器（Everhart-Thornley Detector），也叫 E-T 探测器，它由闪烁体、光导管、光电倍增管和放大器等组成。闪烁体的前端加工成半球形，另一端与光导管相接，并在半球形的接收端喷镀几十纳米的薄金属涂层，作为高压电极施加 10 kV 的正电压，用以加速二次电子穿越薄金属涂层。同时闪烁体内置于一个带有几百伏正电位的“法拉第笼”中，一方面用于隔离闪烁体的 10 kV 高电位对入射电子的影响，另一方面又能高效吸引低能的二次电子到达“法拉第笼”，以增加二次电子信号的接收效率。穿过薄金属涂层的二次电子不断撞击闪烁体，产生光信号，这些光信号沿光导管进入光电倍增管进行放大，并通过光电转换器转变成电流信号输出，电流信号经视频放大器放大后成为调制信号。

2.1.3 图像显示系统

镜筒中的电子束和显示器由相同的扫描信号发生器控制，两者进行同步扫描，显示器上显示的亮度又由信号强度来调制，它随着样品表面的起伏而变化，这样就在显示器上出现一幅与样品表面特征一致的放大扫描电镜图像，供我们观察和照相记录。早期（2000 年以前）的钨灯丝扫描电镜，图像信号为模拟信号，采用胶片记录图像；而 2000 年以后的扫描电镜，特别是场发射扫描电镜，普遍使用计算机辅助操作，图像信号为数字信号，由计算机直接存储图像，将电镜操作者从繁重的暗室工作中解放出来。

2.1.4 真空系统

真空系统的作用是提供确保电子光学系统正常工作及防止样品污染所需要的真空度。如果仪器的真空度不足，就会产生样品被污染、灯丝寿命下降及镜筒内极间放电等问题。

不同类型的扫描电镜对真空度的要求也不尽相同，通常情况下，钨灯丝电子枪要求的真空度优于 10^{-4} ～ 10^{-5} Pa，机械泵和油扩散泵的组合就能满足钨灯丝枪的真空要求。场发射电子枪通常要求 10^{-7} ～ 10^{-8} Pa 的高真空度，样品室的真空度由机械泵和涡轮分子泵来提供，而电镜镜筒和电子枪部分的真空度则由离子泵来提供。

2.1.5 电源供给系统

电源供给系统由稳压、稳流及相应的安全保护电路组成，其作用是提供扫描电镜各系统所需要的电源。

2.2 扫描电镜探测器

早期的钨灯丝扫描电镜一般只配备一个探测器即二次电子探测器，安装在样品室的侧壁，接收二次电子和少量背散射电子信号。而 2000 年以后的新型扫描电镜，特别是高性能场发射扫描电镜常配备两个或两个以上的探测器，这些探测器安装在不同的位置，用于接收背散射电子、二次电子和特征 X 射线信号。通过测量这些信号的强度与电子束位置的函数关系，即可在扫描电镜图像中显示包括形貌、成分、晶体取向及磁场和电场在内的各种特性。

2.2.1 背散射电子和二次电子的特性

背散射电子和二次电子是扫描电镜中最常见的两种信号电子，当高能入射电子照射样品表面时，直接被样品原子的原子核反弹回来的入射电子就是背散射电子，二次电子则是被入射电子激发出来的样品原子的核外电子。

1. 产额

信号的强度用产额来描述，每个入射电子平均产出的背散射电子（BSE）或二次电子（SE）的数量（产额）由样品性质直接决定，例如平均原子序数（影响 BSE）、化学状态（影响 SE 和 BSE）、样品局部倾斜度（影响 BSE 和 SE）、晶体取向（影响 BSE）和入射电子能量（影响 SE）等。然而扫描电镜成像所用的大多数探测器所测得的电子信号并不是所有的电子信号，而是一些特定条件下特定的电子信号。因为这些探测器都只在特定的接收角范围内接收特定信号，它只对特定能量范围的被探测信号电子具有敏感性，如背散射电子探测器主要接收背散射电子，二次电子探测器主要接收二次电子。

2. 角分布

充分了解背散射电子和二次电子离开样品后的轨迹，对于合理放置探测器以获取最大探测效率非常重要。在绝大多数情况下，电子束垂直入射样品表面，背散射电子和二次电子会以相同的角分布发射，其强度与入射角的余弦函数近似成正比例关系。因此，产额最高的方向是沿着样品表面法线的方向（也就是与电子束入射方向相反的方向），而在接近样品表面的方向上，接收到的背散射电子或二次电子相对较少（例如，当沿表面上方 1° 的方向接收信号，即和表面法线成 89°，cos89°=0.017，其产额仅占沿法向接收信号的 1.7%）。当样品表面起伏不平，样品表面相对入射电子束倾斜时，二次电子的角分布仍然与其入射角的余弦函数成正比例关系，而背散射电子的角分布随着倾斜变得不对称。

小贴士

背散射电子和二次电子的角分布给我们的启示是在入射电子的反方向产额最高，因此放置探测器时，应尽量放置在和样品表面夹角较大的位置。

3. 动能

背散射电子和二次电子在动能上有很大差异。当一束高能入射电子束入射样品表面时，那些被样品原子散射回来的入射电子就是背散射电子，它保留了入射电子束的大部分能量。通常，大多数背散射电子的能量大于入射电子束能量的一半。背散射电子产额和背散射电子峰值能量都随样品原子序数的增加而增加。因此，对于 $E_0 = 20$ keV 的入射电子束，大部分背散射电子将以 10 keV 或更大的动能从样品表面逸出。相比之下，二次电子来自样品原子的核外电子，它的动能要低得多，在大多数情况下，二次电子的能量小于 50 eV，而且大多数二次电子以低于 10 eV 的能量离开样品，其动能为 2 ～ 5 eV 的电子占比最多。

4. 穿行深度

背散射电子能量高，它保留了入射电子的大部分能量，因此在样品中穿行深度较大，一般约为电子射程的一半（达到微米量级）；二次电子能量低，只有样品表面 10 nm 范围内产生的二次电子才能逸出样品表面。

2.2.2 背散射电子探测器

常见背散射电子探测器包括闪烁体计数器探测器和半导体探测器两种类型。

闪烁体计数器探测器：闪烁体计数器探测器的基本原理是高能电子撞击一些对电子敏感的材料时发光，这些材料包括一些无机化合物（如 CaF_2 掺杂 Eu）、某些含有稀土元素的玻璃和有机化合物（如塑料等）。将它们发出的光信号通过光电转换装置转变为电信号，进而被系统收集处理。

半导体探测器：半导体探测器的基本原理是高能电子在半导体的灵敏体积内产生电子空穴对，电子空穴对在外电场作用下漂移从而输出信号。

无论是无机化合物中的电子闪烁，还是半导体中的电子空穴对，都要求信号电子具有较高的动能，通常为几千 eV 以上才能启动信号电子的检测过程。实际检测效果和产生的信号强度都随着信号电子动能的增加而增强。因此，在常规电子束能量范围内（10 ～ 30 keV），产生的大部分背散射电子能量高，都可以直接使用闪烁体计数器探测器或半导体探测器进行检测，而不需要对信号电子进行加速或赋能，因此这两种探测器也常被称为无源探测器或被动探测器。而二次电子动能低，无法被这些探测器检测到，这两种探测器对二次电子都不敏感。为了能够检测到二次电子，必须在二次电子离开样品后施加适当的加速电压，提高其动能以达到可检测的范围。

1. 闪烁体计数器探测器

闪烁体计数器探测器用于探测背散射电子，其基本原理是借助高能电子撞击某些光学活性材料产生闪烁发光。选用的光学活性材料具有快速衰减和较高的信号响应能力，从而实现高带宽操作。闪烁发射的光被收集，并通过全内反射光导材料传递到光电倍增管，然后通过模数转换器将光信号转换为具有高增益和高衰减的电信号，从而保持原始探测器信号的高带宽响应。根据设计，闪烁体计数器探测器在立体角上可以有很大的变化。图 2.3 所示为一种小立体角设计，该设计由一个小面积闪烁体（例如 $A = 1\ \text{cm}^2$）组成，该闪烁体计数器位于距离电子束和样品相互作用的入射点 4 cm 的光导管顶端，立体角 $\Omega = 0.0625$ sr，几何效率 $\varepsilon = 0.01$。

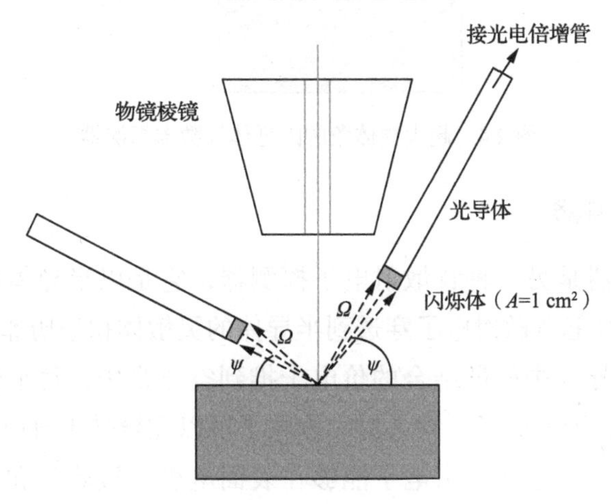

图 2.3　用于探测背散射电子的闪烁体计数器探测器

带有固定光导管的背散射电子闪烁体计数探测器几乎没有可供我们调节的参数。光电倍增管和模数转换器分别将光信号放大并转换成数字信号，在实际操作中，我们直接输入图像的亮度和对比度的参数范围，就可以对数字信号进行处理。采用可调光导管的背散射电子闪烁体计数探测器则可以改变探测器的仰角、方位角和立体角。实际操作中，超大立体角的闪烁体计数器探测器也是可以实现的，见图 2.4。该设计几乎使样品完全置于探测器中间。对于垂直于电子束的平面样品，该探测器跨越了很大的仰角，闪烁体与光导体合为一体，由此可以检测到撞击探测器表面任何地方的背散射电子。由于其面积大且靠近样品，立体角接近 2π sr，几何效率达到 0.9 以上。这种大立体角背散射电子闪烁体计数器探测器通常安装在外部控制的电动伸缩臂上，从而可以将探测器完全插入镜筒，以获得最大的立体角和几何效率。

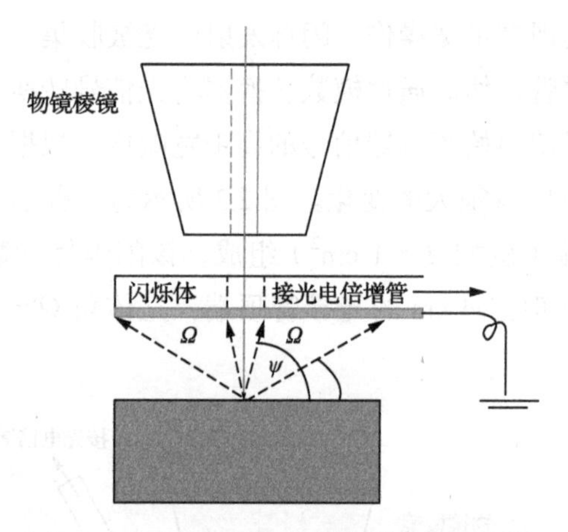

图 2.4　超大立体角的闪烁体计数器探测器

2. 半导体探测器

半导体探测器是另一种背散射电子探测器，它是以半导体材料为探测介质的探测器。利用高能背散射电子穿透到半导体的灵敏体积经历非弹性散射。高能背散射电子将半导体中松散结合的价电子推到空导带中，每个价电子的离开都会留下一个空穴，形成电子 - 空穴对。价电子可以在导带中自由地穿行。通过施加适当的外加电场，这些自由电子能够在表面电极上被收集和测量。对于硅半导体来说，每产生一个自由电子需要消耗入射电子 3.6 eV 的能量，因此，一个 15 keV 的背散射电子将产生大约 4000 个自由电子。如果进入探测器的背散射电子电流为 1 nA，将能产生大约 4 μA 的收集电流，作为下一级放大器的输入信号。收集电极位于平面晶片探测器的入口和背面。图 2.5 所示为一个典型环形半导体探测器，半导体探测器的优点是该探测器很薄，可以轻易地安装在物镜下面，而不会干扰其他探测器。由于探测器尺寸较大、更靠近样品，提供了较大的立体角和较高的仰角。半导体探测器可以由多个部分组装而成，每个部分都可以作为单独的探测器，通过使用单独的探测器提供具有“照明”方向的图像视感，或者可以以任何其他组合形式收集探测器信号。半导体探测器也可以放置在样品周围的不同位置，类似于图 2.3 中闪烁体计数器探测器的布置。

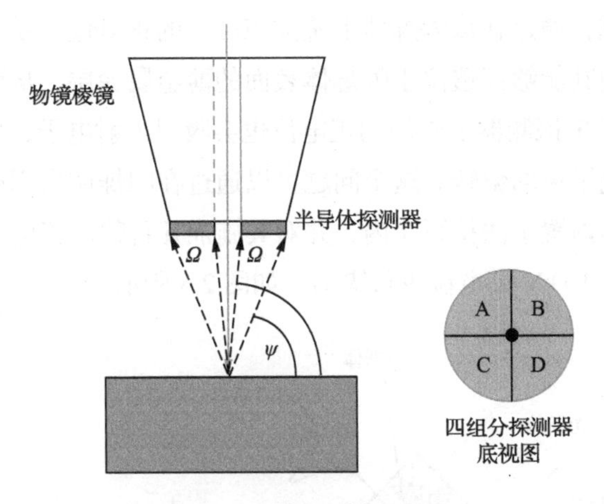

图 2.5　环形半导体探测器

半导体探测器能检测的背散射电子能量最低阈值通常为 1 keV，因为背散射电子在穿过探测器入口表面电极时会损失能量。高于此阈值时，探测器的响应随着背散射电子能量的增加而线性提高。因此，此类探测器能够对背散射电子中的高能部分提供更大的增益。

在半导体探测器上，也没有可供我们调节的参数。对于某些复合半导体探测器而言，我们可以选择不同探测器组件的组合：可以选择单个探测器，或者选择半象限的探测器组合，也可以同时使用所有探测器。

2.2.3　二次电子探测器

二次电子探测器是扫描电镜中最常见的信号探测器，早期的钨灯丝扫描电镜大多采用单个二次电子探测器，安装在样品室侧壁上。新型扫描电镜特别是高性能的场发射扫描电镜，除了安装在样品室侧壁的二次电子探测器（或称为低位探测器）外，在物镜的上方又增加了一个（有时多个）镜筒内二次电子探测器（或称为高位探测器）。这两类探测器分别检测不同的二次电子信号，获得的图像信息也不一样。

1. 埃弗哈特 – 索恩利探测器（E–T 探测器）

扫描电镜中最常用的二次电子探测器就是埃弗哈特 – 索恩利探测器。1957 年，埃弗哈特和索恩利使用带有薄金属涂层的闪烁体计数器探测器，彻底解决了低能二次电子的检测问题，通过在该闪烁体上施加 10 kV 的正电位，赋予低能的二次电子足够高的动能，使其能够穿透位于闪烁体表面的薄金属涂层，从而在闪烁体材料中引起发光。但在 E-T 探测器上施加的正电位也会吸引入射电子，使入射电子偏向探测器，从而引起电子束的偏转。这个问题可以通过在闪烁体周围放置一个绝缘的法拉第笼，使闪烁体内置于法拉第笼内，并对其施加几百伏的正电位来解决，法拉第笼用于对探测器的 10 kV 高电位进行隔离，如图 2.6 所示。

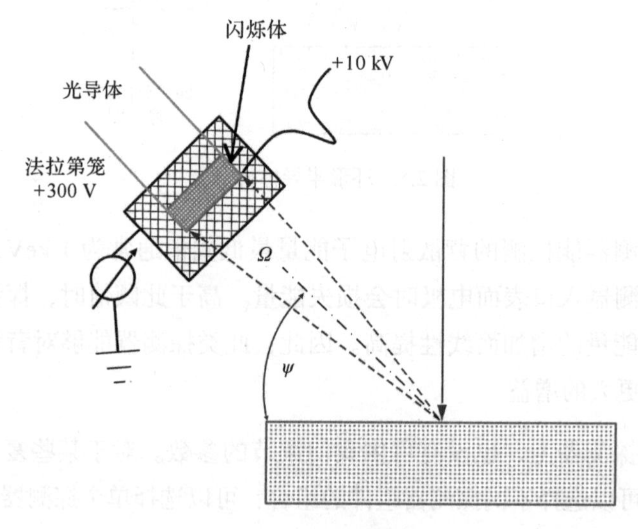

图 2.6　E-T 探测器

在常规电子束能量范围下（10～30 keV），施加在法拉第笼上的正电位（300 V）对入射电子束的影响可以忽略不计，而产生的二次电子仍然可以被高效地收集到法拉第笼附近，进一步通过在闪烁体上施加高电位获得加速并被检测到。但是，对于高性能场发射扫描电镜而言，高位探测器是镜筒内二次电子探测器，距离镜筒的中心光轴很近，当入射电子加速电压低至 5 kV，特别是低至 1 kV 时，入射电子的运动速度很慢，入射电子束在经过高位探测器时，施加在法拉第笼上的 300 V 正电位也能使电子束偏向探测器的方向，从而影响扫描电镜的性能，这时候可以通过一个外加磁场来抵消法拉第笼电场施加给入射电子的电场力（即 E×B 技术）。

虽然二次电子探测器可以有效检测到从样品发射出来的二次电子，但由于二次电子的来源不同，所收集到的总信号相当复杂，如图 2.7 所示。当入射电子入射到样品表面时，在入射电子束与样品入射点的足迹范围内，入射电子与核外电子发生散射，产生高分辨率和高形貌敏感的第 1 类二次电子（SE_1）。背散射电子在离开样品表面时，伴生激发核外电子产生第 2 类二次电子（SE_2）。这两类二次电子的性质非常接近，二者均在一个十几纳米的空间范围内产生，并且具有相同的能量分布和角分布，很难将其分开。我们知道，SE_2 的产生依赖于背散射电子，其产额随着背散射电子信号的增减而增减，因此 SE_2 信号是携带背散射电子信息的二次电子信号。此外，由于背散射电子具有足够高的动能，在通过探测器的法拉第笼时不会发生偏转而被法拉第笼收集，反而会沿着其发射轨迹继续前进，直到碰到物镜极靴、样品台组件或样品室腔壁。在那里背散射电子通过撞击物镜极靴、样品台组件或样品室腔壁，产生更多的二次电子，即第 3 类二次电子（SE_3）。虽然 SE_3 远离入射电子束入射点，但它们仍然可以被二次电子探测器的法拉第笼高效收集。SE_3 的数量也依赖于背散射电子的数量，从而再次构成携带背散射电子信息的信号。最后，仍有少部分背散射电子直接发射到 E-T 探测器闪烁体立体角范围内，也能被 E-T 探测器检测到。这些复杂的信号组合在一起，构成了二次电子像。

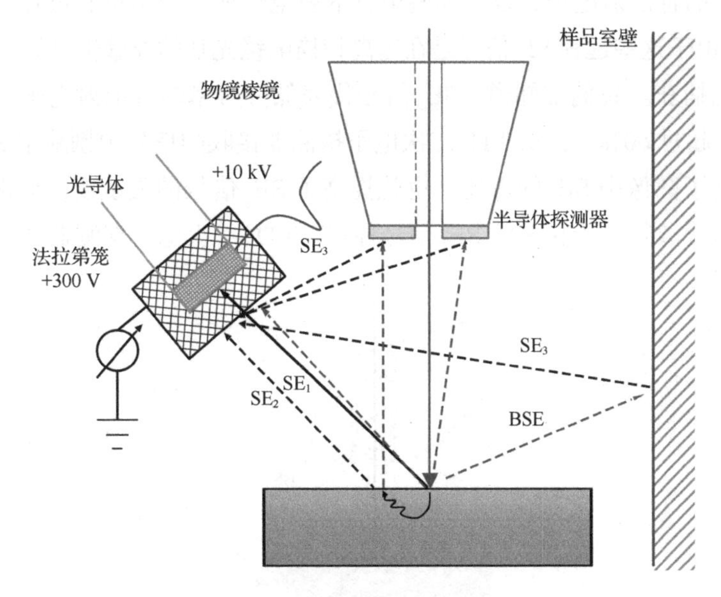

图 2.7　二次电子探测器的信号收集示意图

在某些扫描电镜上，施加在 E-T 探测器法拉第笼的偏压是可以调整的，通常

为 -50 ～ +300 V。当法拉第笼电位设置负电压时，低能量二次电子的收集几乎完全被抑制，此时只能用作收集直接产生的背散射电子，这时的 E-T 探测器实际上已经转变成一个立体角相对较小，且不对称放置在样品一侧的闪烁体计数器探测器。当法拉第笼电位设置为正电位时，此时收集到的是完整的 SE_1、SE_2、SE_3 和少部分背散射电子，从而获得含有背散射电子信息的二次电子像，实际上它是一个复合图像。

2. TTL 二次电子探测器

高性能的场发射扫描电镜一般采用穿镜（Through The Lens，TTL）二次电子探测器，在物镜磁场全部或部分覆盖样品室的扫描电镜（其物镜称为浸没式物镜或半浸没式物镜）中，可以实现“穿镜”探测，如图 2.8 所示。TTL 二次电子探测器也被称为镜筒内二次电子探测器，一般安装在物镜的上方。在入射电子束轨迹中产生的 SE_1 信号，和由背散射电子伴生的 SE_2 信号被物镜磁场覆盖并捕获，通过物镜磁场螺旋上升，从物镜顶部出来后，被高位 E-T 探测器吸引而被检测到，这就是 TTL 二次电子探测器的检测原理。TTL 二次电子探测器的优点是几乎排除了直接产生的背散射电子，以及那些由背散射电子撞击腔室壁和极片产生的大量 SE_3 信号。由于这些远程 SE_3 信号是在远离扫描电镜光轴的腔壁生成的，因此无法被物镜磁场捕获。我们都知道，SE_3 信号代表低分辨率的背散射电子信息，并且占比很高（超过 60%），从 TTL 二次电子探测器接收的信号中剔除了 SE_3 信号，实际上提高了图像中 SE_1 的占比，也就提高了 SE_1 信号的灵敏度，但真实 SE_1 信号仍然被与背散射电子相关的 SE_2 信号稀释。TTL 二次电子探测器的进一步改进

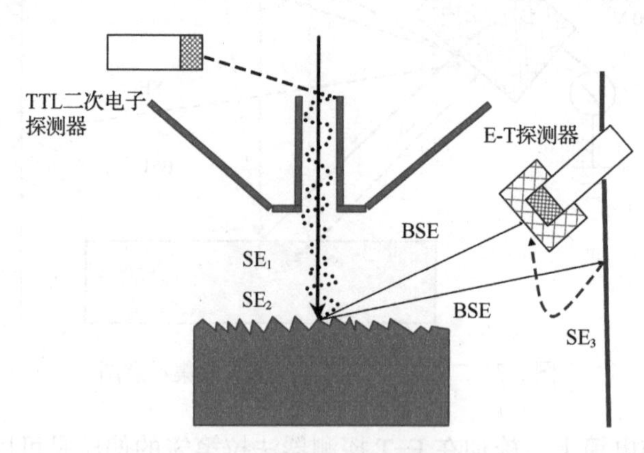

图 2.8　TTL 二次电子探测器示意图

是引入了能量过滤器，过滤掉因背散射电子产生的 SE_2 信号。TTL 二次电子探测器的另一个优点就在于它位于物镜上方，根据二次电子的角分布，二次电子信号强度呈余弦分布，沿样品表面法向的二次电子产额最高，TTL 二次电子探测器可以最大限度地收集二次电子信号，提高图像信噪比。

3. TTL 背散射电子探测器

对于垂直于电子束的平面样品来说，背散射电子信号强度也呈余弦分布，导致大量的背散射电子沿着电子束入射的反方向穿过物镜的中心，这就有利于通过穿镜的方式收集背散射电子。TTL 背散射电子探测器可以通过两种途径实现：第一，直接安装一个背散射电子的闪烁体计数器探测器或半导体探测器；第二，在物镜内壁上安装一个单独表面，用于将背散射电子转换成二次电子（即模拟背散射），随后使用 E-T 探测器进行检测。

4. 浸没式物镜

高性能场发射扫描电镜的物镜普遍采用浸没式（in-lens）或半浸没式（semi in-lens）设计。浸没式物镜来源于光学显微镜，在物镜前透镜和标本盖玻片之间的空隙中填充浸没液体，增大折射率以提高物镜的分辨率。在扫描电镜中，将样品台完全或部分浸没在物镜磁场里，这就是浸没式或半浸没式物镜。由于样品台浸没在物镜磁场中，因此电子束和样品相互作用产生的信号也被物镜磁场覆盖。图 2.9（a）为浸没式物镜，样品已完全浸没在物镜磁场中。实验过程中，可以在极短的工作距离下工作，从而达到仪器的最高分辨率（仪器分辨率与工作距离有关）。同时，将样品完全包围在物镜磁场中，可以减少外磁场的影响，发挥仪器的最高性能。浸没式物镜是一个极端的情况，它牺牲了仪器的绝大部分其他性能，以保证仪器最高的分辨率。浸没式物镜对样品的尺寸要求很严，不能大于 5 mm × 5 mm × 3 mm，并且样品不能带有磁性，微弱磁性也可能损坏仪器。

图 2.9（b）为半浸没式物镜，物镜极靴的开口向着样品台方向，导致物镜磁场向样品台泄漏，泄漏的物镜磁场覆盖了部分样品。入射电子束和样品相互作用产生的部分信号也被物镜磁场覆盖。这样设计的优点就在于减少磁性样品带来的风险，但同时也能保证仪器的高分辨率。事实上，半浸没式和浸没式物镜的最大优点就在于物镜磁场覆盖了样品台，从而在样品到高位二次探测器之间提供一条

信号通道（磁场通道），低能二次电子信号被物镜磁场捕获，从物镜下端进入物镜磁场并螺旋上升，再从物镜顶部出来，到达高位二次电子探测器，被高位二次电子探测器（TTL 二次电子探测器）吸引并被检测到。

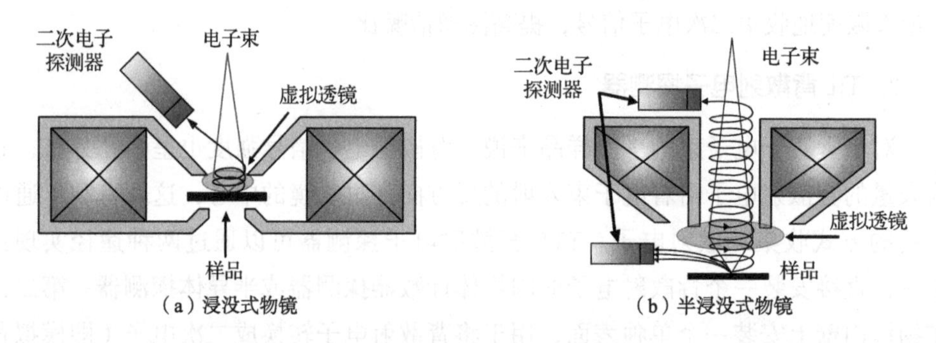

（a）浸没式物镜　　（b）半浸没式物镜

图 2.9　浸没式物镜和浸没式物镜

5. E×B 技术

高性能场发射扫描电镜大多配备高位和低位二次电子探测器，高位探测器位于物镜的上方，它是一个 TTL 二次电子探测器，见图 2.8。在探测器的闪烁体上施加了 10 kV 的正电位，用于加速二次电子，同时将闪烁体内置在一个绝缘的法拉第笼内，法拉第笼上施加几百伏（300 V）的正电位。在大多数情况下，法拉第笼上的正电位对入射电子几乎没有影响，但它仍可以高效地吸引二次电子到法拉第笼附近，进而被探测器检测。但由于 TTL 二次电子探测器是镜筒内二次电子探测器，距离入射电子束很近，当我们选择加速电压低至 5 kV，特别是低至 1 kV 或以下时，入射电子的运动缓慢，入射电子在通过高位探测器时，仍然受法拉第笼电场的影响，入射电子会产生偏转，偏向高位探测器，导致入射电子偏离光轴。这个问题如何解决?

可以通过在法拉第笼静电场上外加一个垂直磁场来解决这个问题，见图 2.10，磁场的方向为垂直纸面向里，这就是 E×B 技术。当一个入射电子由上往下移动经过 E×B 区域时，它既受到法拉第笼电场力作用，指向高位探测器，又受到外加磁场的磁场力作用，指向高位探测器的反方向。通过调整磁场强度，使得

$$F_E=F_B \tag{2.1}$$

式中，F_E 为法拉第笼电场力，F_B 为外加磁场的磁场力，这两个力，大小相同、方向相反，又作用在同一电子上。入射电子由上往下运动通过 E×B 区域，同时受

这两个力的作用，他们相互抵消，从而保证入射电子束在运动过程中始终沿着光轴运动。

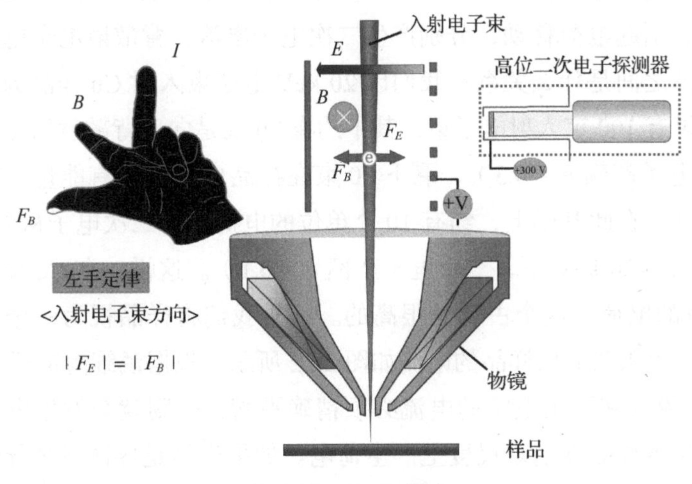

图 2.10　E×B 模式

反观二次电子，见图 2.11，受法拉第笼电位的吸引，由样品表面通过物镜磁场向高位探测器移动，二次电子在物镜磁场中螺旋运动，当二次电子离开物镜进入 E×B 区域时，也同时受到电场力和磁场力的作用，F_E 指向高位探测器，F_B 也指向高位探测器，磁场力和电场力方向相同，从而增强了二次电子向高位探测器方向的移动，增加了高位探测器接收二次电子的效率。

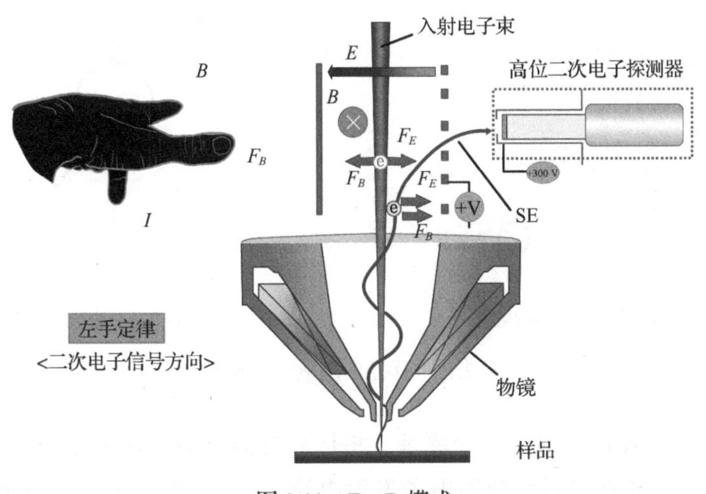

图 2.11　E×B 模式

2.2.4 样品本身作为探测器

高能入射电子束轰击样品，产生二次电子和背散射电子，同时部分入射电子被样品捕获，引起电荷移动，分别产生二次电子电流、背散射电子电流和样品电流，这些电流之间是什么关系？我们以 20 keV 电子束入射 Cu 样品为例来说明这个问题。如果有 100 束入射电子束，其中约有 30 束是向后背散射的（因为 20 keV 下，背散射电子产额 $\eta = 0.3$），剩下 70 束在样品中失去所有能量，被转化为热能，并被捕获。在此基础上，约有 10 个单位的电荷作为二次电子从 Cu 样品表面发射出来（因为 20 keV 下，二次电子产额 $\delta = 0.1$）。这样，在 Cu 样品中总共留下 60 个单位的电荷，这个占比是很高的。如果我们将样品视为一个"电流结点（电结）"，流入和流出样品的电流如图 2.12 所示。根据戴维南定理（Thevinin's Theorem），流入和流出电结的电流必须精确平衡，否则就会发生电荷的净积累或净损失，导致样品在宏观尺度上产生荷电。如果样品是导体或半导体，并且有一条从样品接地的路径，流入样品的电流将通过背散射电子和二次电子的发射，以及从接地路径流出的"样品电流"（也称"吸收电流"）进行平衡以维持电中性。

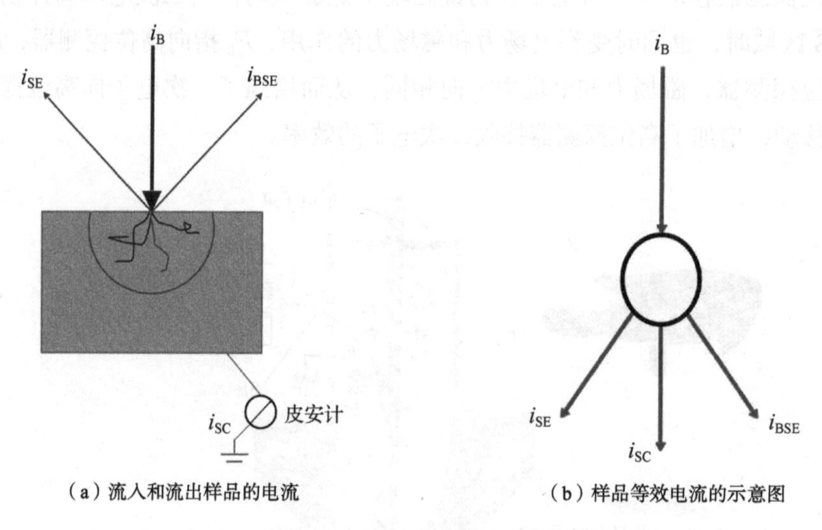

（a）流入和流出样品的电流　　（b）样品等效电流的示意图

图 2.12　样品中的电流示意图

下面我们用公式来描述这个原理。将样品视为电结，流入电结的电流为束流 i_B，流出电结的电流包括背散射电子发射电流 i_{BSE}、二次电子发射电流 i_{SE} 和样品

电流 i_{SC}。为了实现电流平衡，样品电流 i_{SC} 由式 2.3 给出，

$$i_B = i_{BSE} + i_{SE} + i_{SC} \tag{2.2}$$

$$i_{SC} = i_B - i_{BSE} - i_{SE} \tag{2.3}$$

对于 Cu 样品，背散射电子电流为 $i_{BSE} = \eta \times i_B = 0.3\ i_B$，二次电子电流为 $i_{SE} = \delta \times i_B = 0.1\ i_B$。代入式 2.3 中，得出样品电流为 $i_{SC} = 0.6\ i_B$，它是背散射电子电流的两倍。可见，如果没有有效的接地路径来导出样品电流，则样品将快速积累电荷并产生荷电现象。在式 2.3 中，并没有考虑背散射电子和二次电子携带的能量的巨大差异，这是因为电流与单位时间内通过的电荷量有关，而与电荷所带的能量无关，从样品中射出的 1 eV 二次电子与 10 keV 背散射电子，在影响样品电流方面具有相同的效果。此外，样品电流与背散射电子和二次电子的发射方向，以及它们在扫描电镜样品室中的后续演化过程关系不大，只与离开样品的背散射电子和二次电子的总数相关。

通过上述描述我们看到，样品本身可以被用作其样品电流的收集器。通过测量流过接地导线的样品电流，即可获得样品电流值。样品电流对于解释某些扫描电镜图像（如半导体缺陷、PN 结等）非常有用，并且对于 X 射线显微分析也相当重要。通过测量每个扫描点的样品电流与电子束位置的函数，就可以获得样品电流图像。从衬度形成机制和式 2.3 可以知道，样品电流与背散射电子和二次电子的总发射强度有互补关系，因此它们的图像也存在互补关系。并且，与背散射电子或二次电子不同的是，样品电流对电子的能量和方向性等特征都不敏感，因此我们可以从其他独特视角给出样品的形貌信息。如果将二次电子像看作明场像，样品电流像则相当于暗场像。

2.2.5　探测器参数

电子信号的采集与探测器放置的位置有关，不同的位置接收到的信号强度也不一样。探测器的参数包括探测器位置、探测器响应和探测器带宽。

1. 探测器位置

了解探测器的位置对于正确解释扫描电镜图像，尤其是一些立体特征非常重要。当我们在观察扫描电镜图像时，样品似乎被从探测器发出的“光”照亮，

而观察者的视线似乎沿着入射电子束向下，这些细节将在后面图像形成机理中进行详细讨论。

（1）探测器的仰角 ψ 和方位角 ζ

探测器的有效位置分别由两个角度确定，即仰角 ψ 和方位角 ζ。将入射电子束入射点和探测器中心连接起来形成的向量与垂直于入射电子束的水平面之间的夹角就是仰角 ψ，如图 2.13（a）所示。探测器的方位角 ζ 是指探测器以电子束为轴心相对于一个任意确定且固定的基准方向（例如样品室的正面）的旋转角度，如图 2.13（b）所示。通俗来讲，仰角就是探测器与水平面夹角，而方位角是探测器在水平面上的投影与基准方向夹角。当我们在观察扫描电镜图像时，了解探测器在图像中的相对位置是很有必要，因为图像显示的“照明”方向与探测器方向一致。需要注意的是，有些扫描电镜软件的“扫描旋转”功能允许操作人员在显示屏上以任意角度方向显示图像，改变了探测器的即视角度位置。因此，我们在解释图像时，有必要知道扫描电镜处在什么样的扫描旋转设置下，以便与探测器方位角的正确值相对应。

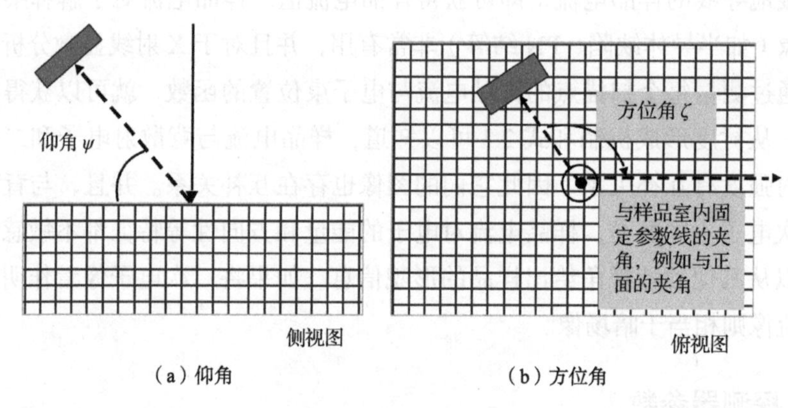

（a）仰角　　（b）方位角

图 2.13　仰角和方位角

（2）探测器立体角 Ω

如图 2.14 所示，一个有效探测面积为 A，放置在距离入射电子束入射点 r 处的探测器，有效尺寸可以由其立体角 Ω（单位为 sr）来定义。

$$\Omega = \frac{A}{r^2} \tag{2.4}$$

式中，A 为探测器的有效探测面积，r 为探测器探测面的中心到电子束入射点的距离。立体角的大小与探测器到样品表面入射点距离的平方成反比，其值会随着该距离的增加而迅速减小。为了表示探测器实际的探测效率，我们将其立体角与表面半球体立体角（2π sr）的比值定义为探测器的几何效率。

$$\varepsilon = \frac{\Omega}{2\pi} \tag{2.5}$$

几何效率并没有考虑电子信号在整个球面上分布的不均匀性，只能作为一个粗略的估计。

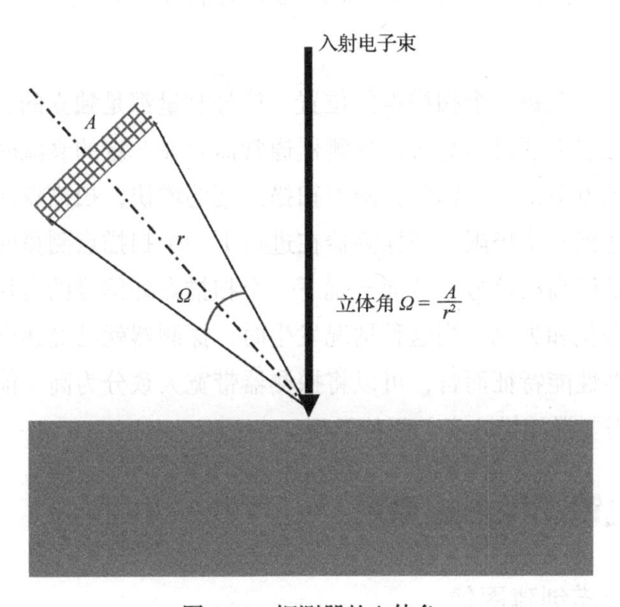

图 2.14　探测器的立体角

2. **探测器响应**

一般探测器对撞击它的电子的动能比较敏感。所有探测器都有一个能量阈值（如闪烁体计数器探测器为几 eV，半导体探测器为 1 ～ 3 keV），低于该阈值时没有响应。这通常是由于探测器表面有一层不敏感涂层（如金属涂层），信号电子需要消耗能量才能通过该涂层被探测器接收。因此信号电子动能高于此阈值时，信号电子才能被探测到，探测器响应通常随着信号电子能量的增加而提高。探测器输出的信号对信号电子的高能部分更加敏感。

3. 探测器带宽

在扫描电镜图像的创建过程中，聚焦电子束在空间上以周期性的方式扫描样品表面，使其停留在样品表面的一系列离散位置上，探测器测量每个位置的信号。因此，探测器采集的信号流随着电子束扫描位置的变化而不断变化，其变化频率由扫描电子束的最大空间频率来定义。我们通常用带宽来描述这个性能参数。带宽指的是可以通过信号放大系统测量和传输，从最低空间频率到最高空间频率变化的频率范围。扫描电镜为了实现足够快的扫描成像，为观察者提供连续无闪烁的图像观感，成像系统必须每秒至少产生大约 30 个不同的图像帧。

理想情况下，在每一个扫描点的位置，信号测量都是独立的，探测器在测量下一个扫描点之前需要返回静态，探测器通常需要在一定的衰减时间内消除上一个扫描点积累的电荷信号。因此，随着扫描速度的增快，扫描点测量的时间间隔减少，最终将达到一个极限，即探测器在进行下一个扫描点测量时还保留来自上一个扫描点的足够高的信号，从而干扰下一个扫描点处信号的有用测量，导致图像出现可见的退化和失真。当这种情况发生时，探测器就已经达到了带宽通过的极限。就探测器性能特征而言，可以将探测器带宽大致分为高（能够实现无闪烁成像）和低（需要慢扫描速度）两种类型。

2.3 扫描电镜图像形成原理

2.3.1 通过扫描创建图像

电子束离开电子枪后沿着电磁透镜系统的中心光轴依次通过束斑限定光阑、聚光镜和物镜会聚，并由物镜将电子束聚焦在样品的表面上，然后通过扫描线圈系统将聚焦电子束定位在样品的某个特定位置。图 2.15 所示为单偏转扫描示意图，在某一特定时间点上，只有一条电子束路径（如图中实线）穿过扫描系统，聚焦电子束仅到达样品表面一个确切位置，如图中的位置 3。通过将聚焦电子束聚焦到样品上一系列离散位置（图中 1 ～ 9），并通过相应探测器测量每个位置的电子束与样品相互作用产生的信号强度，在计算机控制下，创建扫描电镜图像。

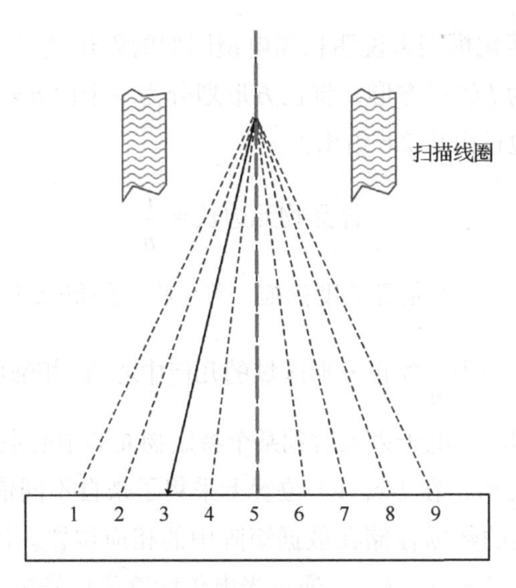

图 2.15　单偏转扫描示意图

对于单一的扫描电镜图像，当电子束照射某个特定位置时，所记录的信号是单个探测器的输出。事实上，扫描电镜可以同时输出多个探测器的测量结果，它可以同时输出二次电子探测器、背散射电子探测器和特征 X 射线探测器的测量结果。这样，在扫描过程中就会同时生成多个不同的结果，如二次电子像、背散射电子像和特征 X 射线结果。而这些不同的结果并不是在多次测量中完成，而是在单次扫描中产生的，不需要重复扫描。这表明图像采集具有并行性质，一次扫描就能够完成所有信号的采集，这样可以大大节约扫描电镜单次测试的时间，提高仪器的使用效率。此外，扫描电镜的图像不同于光学显微镜创建的“真实图像”。在光学显微镜中，光线将样品上的每个点通过透镜成像系统，记录到图像介质（如观察者的眼睛，或数码相机探测器）的对应点，物和像之间建立了具体的映射路径联系，像是物的真实反映。而在扫描电镜中，通过入射电子束扫描样品的每个位置产生信号，并利用相关探测器测量，并转换为数字信号，通过计算机绘制形成图像，物和像之间并没有直接的映射路径，但是存在一一对应的关系。电子束的位置（x，y）和感兴趣信号的强度（I_j）共同组成数据流（x，y，I_j），其中下标 j 表示可检测的各种信号，包括背散射电子、二次电子、吸收电流、X 射线和阴极发光等。

扫描电镜都采用双偏转扫描系统，以确保聚焦电子束进行横向和纵向扫描。

我们可以通过一个简化模型来说明扫描电镜图像的创建过程，如图 2.16 所示。样品扫描区域是边长为 l 的正方形，将正方形划分为一个由 $n \times n$ 个方形物元组成的网格，其中物元的边长由式 2.6 给出。

$$样品物元边长 = \frac{l}{n} \tag{2.6}$$

假如电子束在 x 和 y 方向上是等长度扫描，单个物元的形状为正方形。严格地说，这里的物元应该是边长为 $\frac{l}{n}$ 的正方形区域的几何中心点，相邻中心点的间距为 $\frac{l}{n}$。在创建扫描电镜图像时，电子束入射到某个特定物元的中心点，标记为（x，y），停留一段测量时间 t_p 后，在（x，y）位置上采集了来自不同信号源“j”发出的信号强度 I_j，并将采集的数据存储在数据矩阵中的相应位置。注意，这里每个数据点至少包含 3 个维度（x、y、I_j）。通过光电倍增管将信号放大后，又通过模数转换器（Analog-to-Digital Converter，ADC）将光信号转化为电信号用于调节显示器上像元点的亮度，像元是一个放大的物元，像元和物元存在着一一对应的关系。通过将所有存储的数据矩阵都显示在屏幕上，就能获得边长为 L 的显示图像，并根据测量信号的相对强度调整显示亮度，从而创建扫描区域的最终图像，这就是扫描电镜的成像原理。

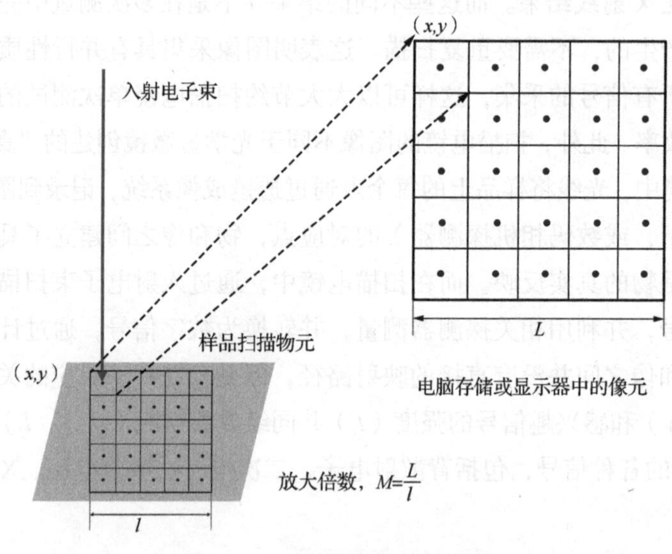

图 2.16　扫描电镜图像的创建过程

为了保证图像能够实时反映样品的细节，样品表面的电子束扫描和显示器上图像的扫描必须同步。它们的扫描由同一个偏转扫描系统（即扫描信号发生器）控制，图像反映了样品表面的实时形貌。

2.3.2　分辨率

分辨率是指扫描电镜能够分辨的最小尺寸，分辨率是扫描电镜最为重要的性能指标。旧型号的钨灯丝扫描电镜的分辨率通常在 6 nm 左右，而新一代的场发射扫描电镜分辨率可以达到 1 nm 甚至更小，如日立 SU8600 冷场发射扫描电镜的分辨率为 0.6 nm。那么，扫描电镜的分辨率和什么因素有关呢？

受到光衍射的影响，光学显微镜的分辨率计算公式如式 2.7 所示。

$$d = \frac{0.61\lambda}{n\sin\alpha} \tag{2.7}$$

式中，d 为光学显微镜分辨率，λ 为光波长，n 为折射率，α 为孔径角的一半。可见光的波长为 400 ～ 800 nm，因此光学显微镜的分辨率大约为 200 nm（0.2 μm）。式 2.7 不仅适用于光学显微镜，也适用于其他类型的显微镜，包括电子显微镜。如要大幅提高显微镜的分辨率，就必须大幅度降低入射光的波长，波长是限制分辨率的最主要因素。

根据量子理论，电子是一种基本粒子，运动的电子既具有粒子性质，又具有波的性质。电子波的波长与电子束能量有关。

$$\lambda = \frac{h}{\sqrt{2m_0E\left(1+\dfrac{E}{2m_0c^2}\right)}} \tag{2.8}$$

式中，λ 为电子波长，h 为普朗克常数，m_0 电子静态质量，E 为入射电子束能量，c 为光速。对于数 keV 能量的电子束，其波长约为光波长的十万分之一，例如 1 keV 电子，λ 为 0.0388 nm；而 10 keV 电子，λ 为 0.0122 nm。入射电子束能量越高，波长越短，相应仪器的分辨率也就越高，能分辨的细节也就越细。

扫描电镜分辨率还与扫描电镜的成像过程有关，从扫描电镜的图像形成原理可知，通过电子束逐点扫描样品表面的一系列物元中心点，以获取每一个物元的位置信息（x，y）和信号强度信息（I_j），形成数据流（x，y，I_j），光电倍增管将信号放大，又通过ADC将光信号转化为电信号用于调节显示器上像元点的衬度，像元是一个放大的物元。在创建扫描电镜图像过程中，一个物元对应一个像元。物元越小，扫描电镜的分辨率也就越高，分辨的样品细节也就越精细。但物元不可能无限地缩小，当物元的尺寸小于电子束束斑直径时，入射电子束就会同时入射在几个相邻物元上，导致图像模糊，因此物元的最小尺寸不能小于电子束照射在样品上的束斑直径。由此可见，扫描电镜的分辨率和入射电子的束斑直径有关，束斑越小，扫描电镜的分辨率就越高；反之，束斑越大，扫描电镜的分辨率就越低，入射电子束照射到样品表面的束斑直径是扫描电镜的分辨极限。

扫描电镜分辨率还需要考虑入射电子束和样品相互作用区的影响，随着入射电子束能量的提高，入射电子在样品内的射程增加，它们在样品内的相互作用区（也叫激发体积）也在增大，图2.17所示为用蒙特卡洛方法模拟入射电子在Au和C样品的相互作用区。对于相同的样品，相互作用区随着电子束能量的增加而增大；而在相同入射电子束能量下，相互作用区随着样品原子序数的增大而减小。如C样品在1 keV入射电子束入射时，相互作用区半径为20 nm，15 keV入射电子束入射时，相互作用区半径达到2 μm，而同样15 keV入射电子束入射时，Au样品的相互作用区半径只有200 nm。相互作用区越大，分辨率越小。

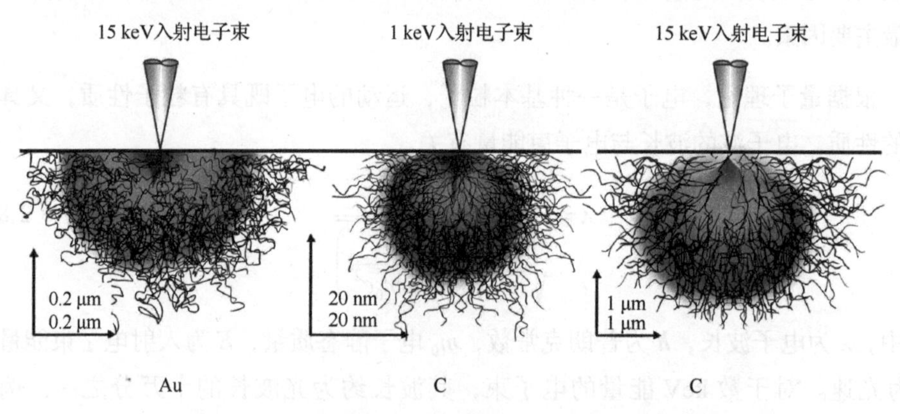

图2.17　用蒙特卡洛方法模拟入射电子在Au和C样品的相互作用区

影响扫描电镜的分辨率的主要因素有以下3种。

入射电子束能量：随着入射电子束能量的增加，电子波长减小，扫描电镜的分辨率提高，但进一步提高入射电子束能量会导致入射电子束和样品的相互作用区增大，从而降低扫描电镜分辨率。

入射电子束束斑直径：扫描电镜分辨率和入射电子束束斑直径有关，入射电子束束斑直径为扫描电镜分辨率的极限。

成像信号：当扫描电镜以二次电子为成像信号时，由于二次电子能量低，只有表层 10 nm 深度范围内的二次电子才能逸出样品表面，相应的入射电子发生散射次数有限，并且还未横向扩散，因此，二次电子像分辨率等于聚焦束斑直径。但当以背散射电子为成像信号时，背散射电子能量较高，穿透能力强，可从样品中较深的区域逸出。在此深度范围，入射电子和样品已有较大的相互作用区，所以背散射电子像分辨率要比二次电子像低。

2.3.3　放大倍数、图像尺寸和标尺

我们在观察样品时，一个非常重要的信息就是我们所观察到的感兴趣特征物的大小。图 2.16 所示的放大倍数可以由显示区域边长和样品区域边长之比得到。

$$M = \frac{L}{l} \tag{2.9}$$

式中，M 代表放大倍数，L 和 l 分别表示显示器和样品上扫描区域的边长。扫描电镜通常会在图像或照片的底部嵌入一条记录扫描电镜观察显示器的标称放大倍数，如图 2.18 所示的图像底端的仪器信息。这段仪器信息同时也记录了电镜的其他状态信息，包括加速电压、工作距离和信号源等。需要注意的是，这里显示的放大倍数仅对原始图像的显示器具有实际意义，这是因为式 2.9 中 L 只有在这台原始图像的显示器严格有效。如果图像被传输到另一个具有不同 L 值的显示器，例如，投影到大屏幕上，则图像标注中的放大倍数值将变得毫无意义。事实上，对于实验人员来说，更有实际意义的是图像在 x 和 y 方向的实际尺寸，它们是样品上扫描正方形区域的边长，即图 2.16 中的 l。虽然对我们来说图像的实际尺寸是一个非常具体的物理量，但它的数值可以随着图像的缩放而自动变化，实际操作过程中，很容易引起误差，例如，当图像被以数字或手动方式裁剪，并且没有修正 l 的数值，这样就会丢失图像的真实尺寸信息而产生误差。所以，就图像尺寸记录的完整性而言，最可靠的测量方法是使用一个尺寸标尺。它显示了与特定毫米、微

米或纳米测量值相对应的长度。由于标尺通常被直接嵌入到图像中，这样的标尺会跟随图像尺寸的缩放而自动缩小或放大，除非图像被严重裁剪，否则不会丢失标尺。

图 2.18　二次电子像

2.4　扫描电镜图像

背散射电子像和二次电子像是扫描电镜最常见的两种图像。背散射电子像更多地用于表征样品成分原子序数的变化，而二次电子像则更多地反映样品表面形貌的起伏。

2.4.1　背散射电子像

电子束入射样品表面发生散射，被样品原子反弹回来的入射电子就是背散射电子，它保留了入射电子的大部分能量。背散射电子产额 η 和原子序数关系密切，它随着原子序数的增加而增加。背散射电子产额与原子序数的关系如式 2.10 所示。

$$\eta = -0.0245 + 0.016 \times Z - 1.86 \times 10^{-4} \times Z^2 + 8.3 \times 10^{-7} \times Z^3 \tag{2.10}$$

式中，η 为背散射电子产额，Z 为原子序数。显而易见，背散射电子产额随原子序数的增加单调增加。如果样品是由不同元素组成的，当入射电子束照射样品表面时，不同元素产生的背散射电子信号量也会不同。在高原子序数区域，η 值大，反映在图像上更亮，而在低原子序数区域，η 值小，图像较暗，从而产生衬度，这个衬度与原子序数有关，也被称为 Z 衬度。

图 2.19 所示为锂电池正极材料截面的二次电子像和背散射电子像，样品已进行离子抛光，其中背散射电子探测器采用半导体探测器。图 2.19（a）为二次电子像，锂电池材料和导电剂之间的衬度差异并不大；图 2.19（b）为背散射电子像，锂电池材料和导电剂之间的衬度差异更大。锂电池的正极由三元材料（镍钴锰酸锂）和导电剂（导电石墨 + 导电浆料）组成，三元材料的平均原子序数为 16.5，而导电剂中的石墨原子序数为 6，两者相差较大，反映在图像上三元材料显得很亮，导电剂则显得较暗。

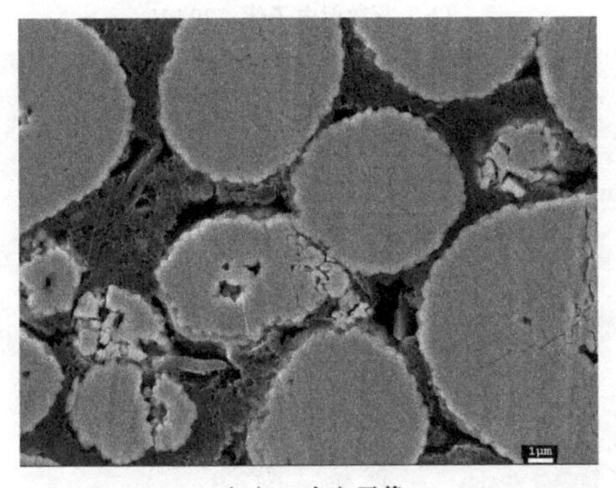

（a）二次电子像

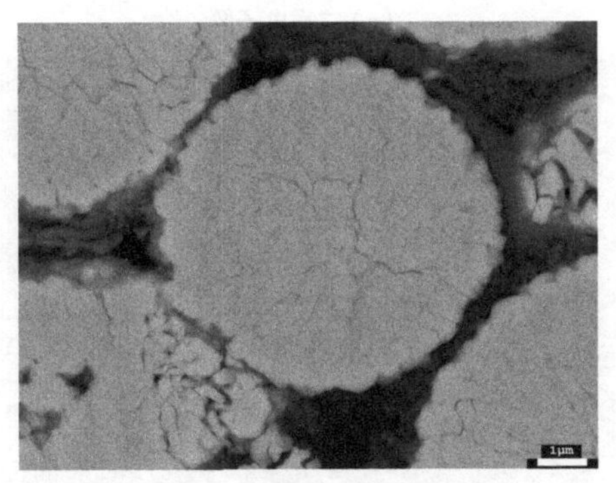

（b）背散射电子像

图 2.19　锂电池正极材料截面的二次电子像和背散射电子像

图 2.20 所示为 LaNi 合金表面形貌，分别为二次电子像和背散射电子像，样品已抛光，其中背散射电子探测器采用半导体探测器，具有很大的立体角，探测效率很高。LaNi 合金是多相合金，主要相为 $LaNi_3$ 和 $LaNi_5$，这两个相之间的平均原子序数差异并不大，分别为 35 和 33。从二次电子像看，并不能分辨出两相存在，见图 2.20（a）。但背散射电子像中这两个相的衬度已经显现出来，明显地看到它们之间存在衬度差异，见图 2.20（b），其中较亮的相为 $LaNi_3$，较暗的相为 $LaNi_5$。随着加速电压的下降，两个相的衬度差异也在下降，当加速电压降至 5 kV 时，这两个相的衬度差异已经很小，再也无法分辨，见图 2.20（d）。半导体探测器的最低能量阈值通常在 3 keV 左右，因为背散射电子在穿过探测器入口

表面电极时会损失能量。高于此能量阈值时，探测器的响应随着背散射电子能量的增加而增加。可见背散射电子像和加速电压有关，加速电压越高，不同原子序数组分的 Z 衬度差异越大。

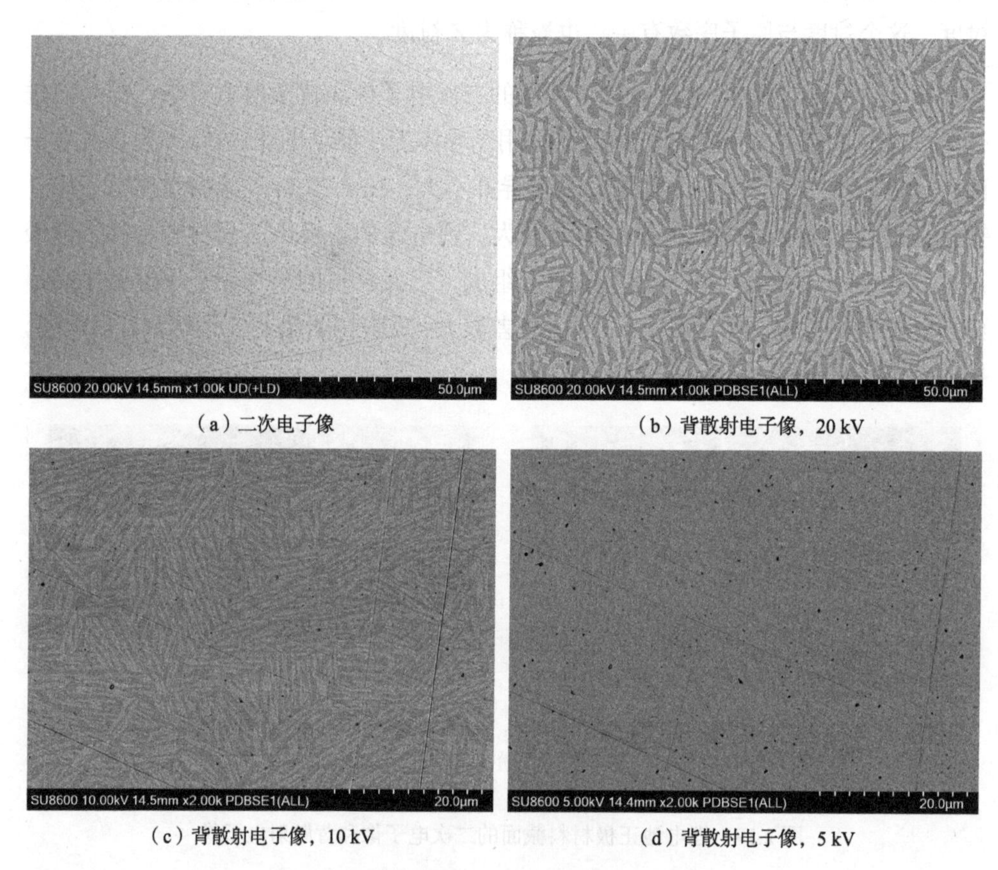

（a）二次电子像　（b）背散射电子像，20 kV

（c）背散射电子像，10 kV　（d）背散射电子像，5 kV

图 2.20　LaNi 合金表面形貌

图 2.21 所示为 VTiFe 合金表面形貌，合金内掺入少量稀土元素 Ce，稀土元素和合金分别以两个单独的相存在，样品已抛光。图 2.21（a）为二次电子像，尽管稀土元素相与基体相的原子序数相差很大，稀土元素相的原子序数为 58，远高于基体相的平均原子序数 23，二次电子像中仍然无法分辨稀土相和基体相。但在背散射电子像中，稀土元素相和基体相衬度差异明显，稀土元素相显得很亮，基体相则显得较暗，见图 2.21（b），这样我们可以轻松地通过背散射电子像，分辨出稀土元素相在基体中的大小和分布。

（a）二次电子像

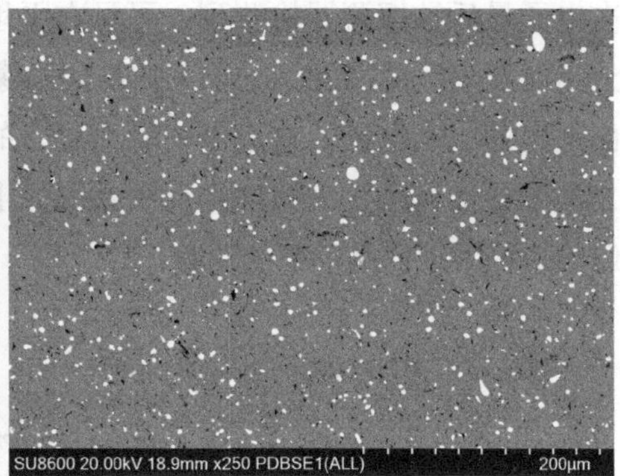

（b）背散射电子像

图 2.21　VTiFe 合金表面形貌

2.4.2　二次电子像

二次电子像是由二次电子信号形成的图像，是扫描电镜中最常见的图像，我们平时观察的扫描电镜图像绝大多数都是二次电子像，它反映了样品的表面起伏，具有立体感强、景深大和分辨率高等特点。对于均匀光滑的样品表面，二次电子的产额 δ 可用式 2.11 表示，

$$\delta \sim \frac{1}{\cos\theta} \tag{2.11}$$

式中，δ 为二次电子产额，θ 为入射电子束与样品表面法线的夹角，二次电子信号强度与 θ 呈单调关系。当电子束扫过一个陡峭斜坡时，入射电子束贴近样品表面，θ 值大，二次电子产额也大，在图像上更亮；反之，当入射电子束扫描样品的平坦区域时，θ 值小，二次电子产额较小，反映在图像上则较暗。

二次电子像中比较典型的形貌有边缘形貌、微球形貌、凸起与凹坑等。

1. 边缘效应

边缘效应是扫描电镜二次电子像中最常见的现象，当我们在观察一个表面有起伏的样品时，在扫描边缘位置时，总能看见较亮或较暗的边缘，我们以图 2.22 为例说明边缘效应。当电子束位于左侧平坦区域时（$\theta = 0°$，$\cos\theta = 1$），假设椭球形阴影部分是入射电子束和样品的相互作用区，由于二次电子能量低，只有表层 10 nm 深度内的二次电子才能逸出样品表面成为自由二次电子，这部分自由二次电子最后被探测器检测到。可见在平坦部分二次电子的信号不强，反映在图像上相对较暗。但当入射电子束扫描到边缘时（θ 接近 90°，$\cos\theta$ 很小），除了从表面逸出的二次电子，在边缘的侧面更多的二次电子逸出侧边，这样在边缘逸出的二次电子信号量大大增加，反映在图像上更亮。当边缘效应很强时，有时甚至会影响边缘附近样品细节的观察。

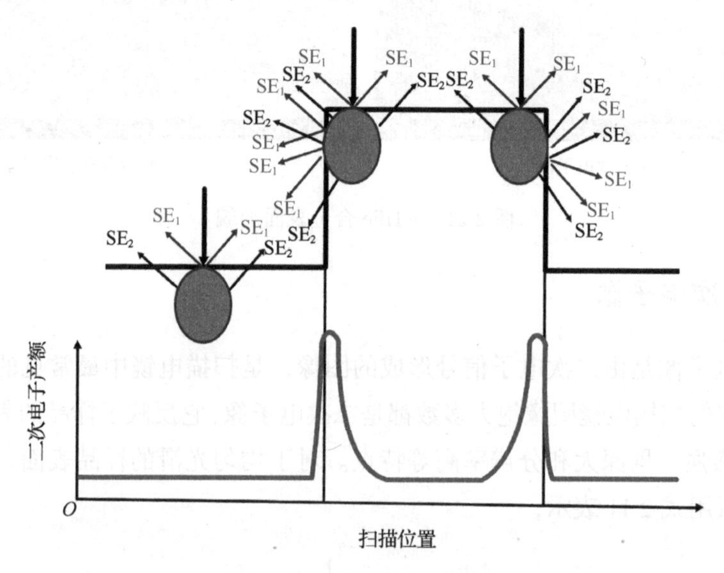

图 2.22　边缘效应示意图

2. 纳米球和微米球

通过式 2.11，我们讨论入射电子经过微米球和纳米球时二次电子产额的变化，如图 2.23 所示。在微米球的两端，θ 接近 90°，二次电子产额分别有一个峰值；而在球的中间，θ 为 0°，产额较低，这样就形成了两端高、中间低的情况。而对于纳米小球（图中没有按比例画），二次电子产额在球两端的峰值叠加在一起，形成一个峰。由此我们可以推断，在扫描电镜下，微米球呈现出边缘亮，中间暗的图像，而纳米球呈现出整体亮的图像。

图 2.24 所示为陶瓷球扫描电镜图像，在图 2.24（a）中，陶瓷球的大小约为 30 μm，明显可以看到球的边缘一圈明亮，而球的中间相对较暗。图 2.24（b）是一个 300 nm 的陶瓷球，球的整体都十分明亮。

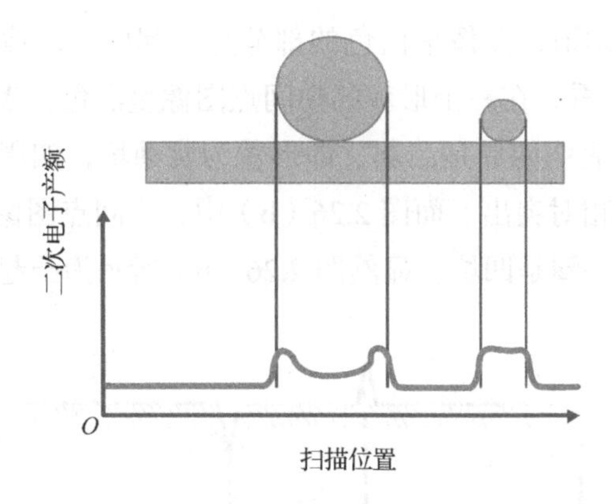

图 2.23　微米球和纳米球的二次电子产额

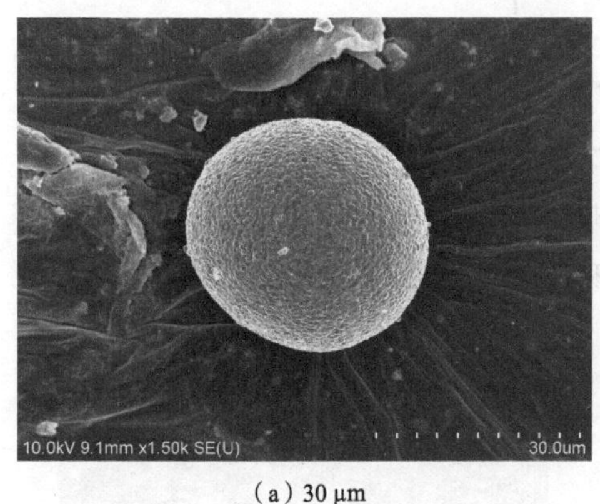

（a）30 μm

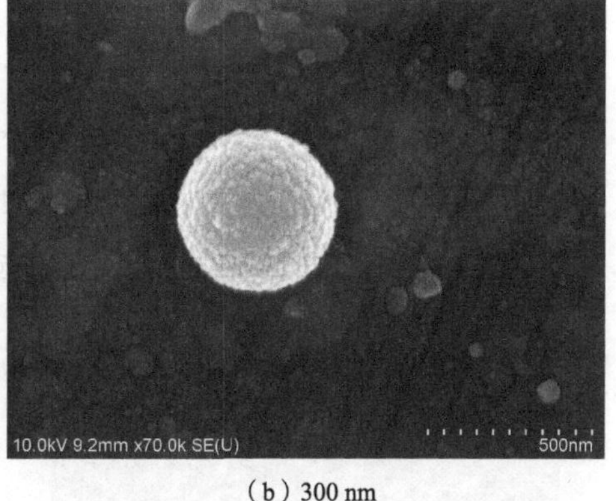

（b）300 nm

图 2.24　陶瓷球扫描电镜图像

3. 凸起与凹坑

凸起和凹坑也是我们经常碰到的情况。图 2.25 所示为入射电子束经过凸起和凹坑时二次电子产额的变化。当入射电子束经过凸起时，在凸起的尖端产生的二次电子逃逸样品表面的路径变短，二次电子更加容易逸出样品表面，因此二次电子产额在凸起处有一峰值，图像上表现为更亮。而当入射电子束经过凹坑时，产生的二次电子逃逸样品表面的路径变长，二次电子不易逸出表面，二次电子产额在凹坑底端有谷值，图像上表现为更暗。

我们在观察腐蚀样品时，经常会遇到这样困惑：观察腐蚀样品有时分不清是腐蚀坑还是腐蚀凸起。下面我们以单晶硅片腐蚀后的形貌来说明这个问题，见图

2.26。从上文的分析知道，图像呈白色的部分是凸起的，图像呈黑色的部分是凹陷的。从图 2.26（a）看，在一个形貌的中间点图像呈黑色，表明这点是凹坑，而四周有一圈呈白色，表明四周是凸起，即形貌为腐蚀坑，四周一圈的白色是由于相邻腐蚀坑的结合处相对突出。而图 2.26（b）中，中间点图像呈白色，而四周一圈呈黑色，表明四周一圈是凹坑，显然图 2.26（b）所示为凸起形貌。

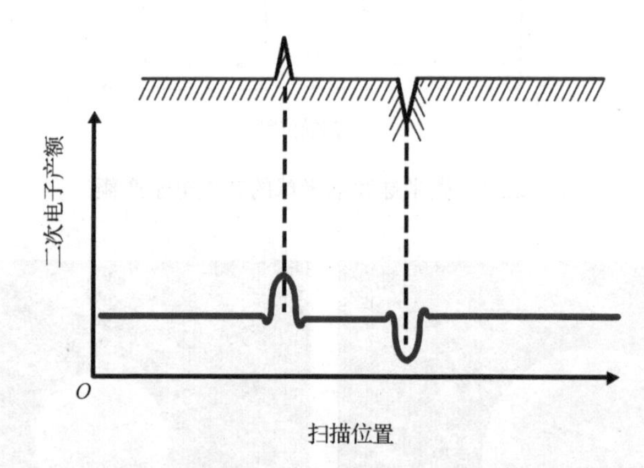

图 2.25　入射电子束经过凸起和凹坑时二次电子产额的变化

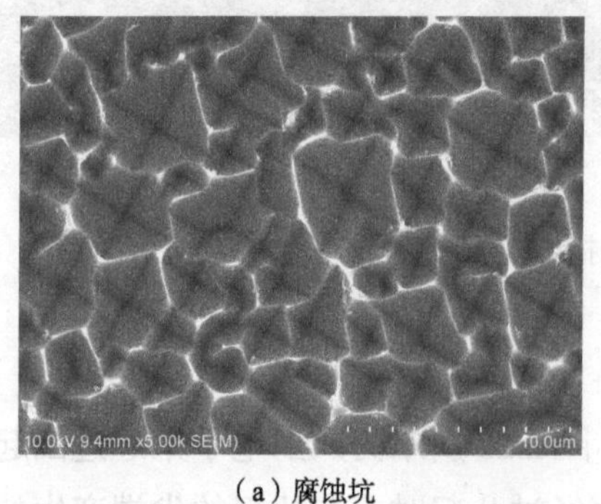

（a）腐蚀坑

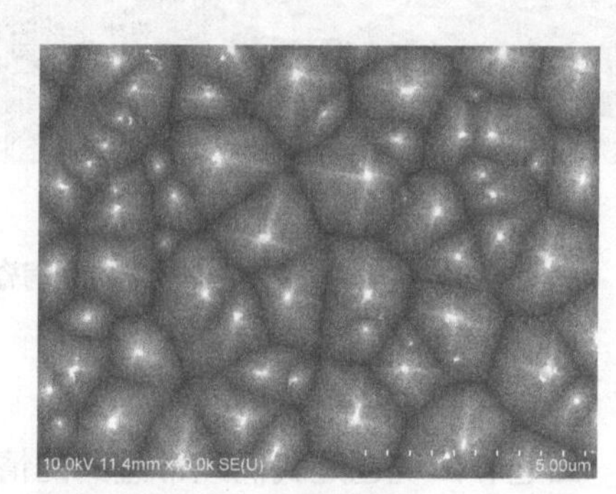

（b）腐蚀凸起

图 2.26　单晶硅片腐蚀形貌

从图 2.26 中我们还可以知道，二次电子产额在样品边缘和尖端都会产生峰值，在图像上反映为白色，这就是扫描电镜图像的边缘效应和尖端效应。大家可能有疑问，为什么图 2.26（a）腐蚀坑内的几条直边是黑色的，而图 2.26（b）的几条直边却是白色的？这是因为在腐蚀坑内的直边是两个相邻腐蚀面的结合处，这些直边相对于腐蚀面是凹陷的，入射电子束在扫过这些直边时，二次电子产额都会下降，反映在图像上为黑色；而凸起的直边也是两个相邻腐蚀面的结合处，但相对于腐蚀面，这些直边是凸起的，入射电子束在扫过这些直边时二次电子产额会升高，反映在图像上为白色。由此可见，不是所有的边都是白色的。

2.4.3　扫描电镜图像校准

作为扫描电镜操作人员，我们不能理所当然地认为扫描电镜图像上显示的尺寸标记肯定是准确的。同时，作为实验室负责人，操作人员应定期校准扫描电镜的尺寸标记（x 和 y 尺寸），这项工作可以借助一个包含各种标准间距特征的尺寸校准标样来实施。如 NIST-RM 8820 标样就是适用于扫描电镜尺寸校准的标样，如图 2.27 所示。这个尺寸校准标样由硅衬底上光刻产生的精细线性特征集合组成。为了满足图像拍摄时对标尺校准的要求，校准工作必须在整个放大倍数范围内进行。NIST-RM 8820 标样包含从低放大倍数到中等放大倍数的大型结构特征，例如图 2.27 中的箭头所示的结构，其跨度达到 1500 μm（1.5 mm），允许校准范围达 1 cm×1 cm 的扫描视场，其最小的校准视场为 1 μm×1 μm。NIST-RM 8820 标样结构允许我们沿图像的 x 轴和 y 轴同时校准，以便将图像失真降至最低。为了避免扫描电镜图像的失真，在正交方向上同时进行精确校准至关重要。图 2.28 显示了不同物元对图像校正的影响，图 2.28（a）所示为当我们在扫描中采用方形物元时，物体的形状可以如实地传递。如果在扫描中的采用非方形物元会导致显示图像的严重失真，见图 2.28（b）。需要注意的是，所有的校准测量，校准视场必须垂直于扫描电镜光轴，以消除图像的预缩效应（即在高度方向上的压扁）。

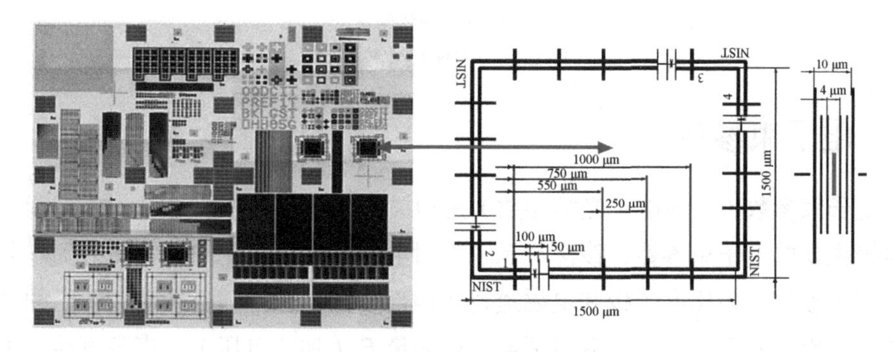

图 2.27　尺寸校准标样

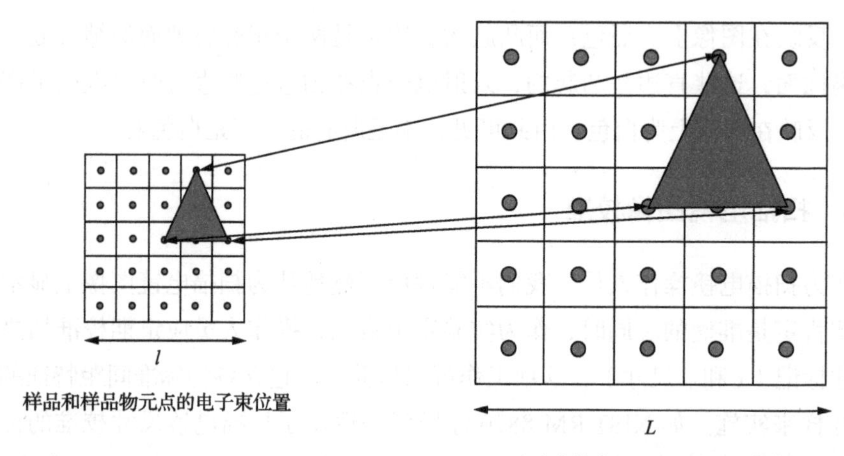

（a）方形物元

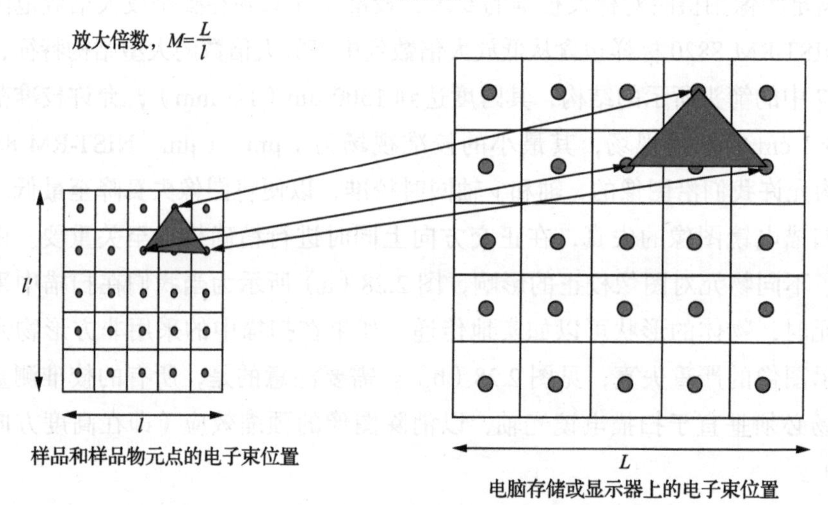

（b）非方形物元

图 2.28 图像尺寸校正

2.5 电子束参数

电子束参数（也叫电子光学参数）是扫描电镜的主要参数。图 2.29 展示了扫描电镜主要的电子束参数，该图显示了入射电子束自物镜光阑到它照射到样品之前的相关参数。相比电子枪和电磁透镜的内部参数，这一部分参数和我们的日常操作联系更加紧密。这些参数包括电子束能量 E_0（加速电压）、束斑直径、束流强度和束流密度、会聚半角、立体角、亮度、聚焦状态和工作距离等。

当我们在操作扫描电镜时，不仅需要了解我们所操作的旋钮和开关的功能，而且还要知道它们在控制电子束的什么性质。一个熟练的扫描电镜操作人员，理解每一步操作背后隐藏的仪器原理是非常有必要的，因此有必要充分了解电子束参数。本节中我们将分别讨论以下电子束参数：电子束初始能量 E_0、电子束束斑直径 d_p、电子束束流强度 I_b 和束流密度 J_b、电子束会聚角 α、电子束立体角 Ω、电子束亮度 β。

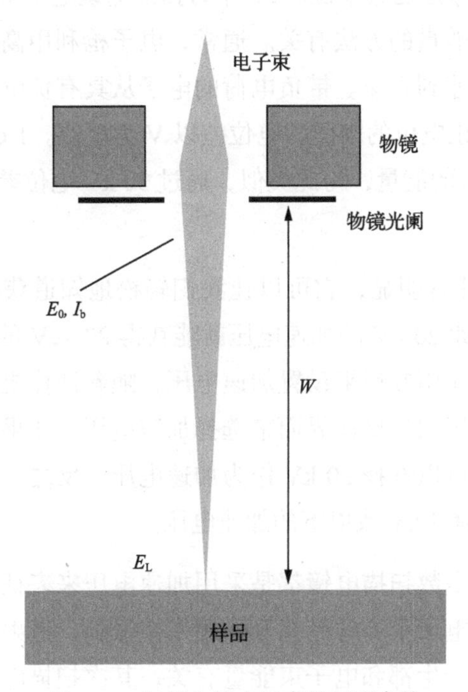

图 2.29　扫描电镜电子束的重要参数

2.5.1　电子束能量

电子束能量是扫描电镜操作人员最为关心的一个电子束参数，它对应着扫描电镜的加速电压。电子束能量分为电子束初始能量和电子束着陆能量，电子束初始能量是指电子束经过电子枪的阳极加速后获得的能量，而电子束着陆能量是指电子束着陆样品时的能量，有时候这两个能量并不相等。

1. 电子束初始能量

电子束初始能量简称电子束能量，通常用符号 E_0 表示，单位为 eV。该参数表示电子进入电镜腔室时的初始能量。电子束初始能量与入射电子束的激发体积和发射 X 射线的强度等有关，对扫描电镜操作有直接影响，因此有必要充分了解并合理选择该参数。一般扫描电镜电子束能量为数 keV 或更高，keV 是电子束能量最常见单位，许多扫描电镜能够产生高达 30 keV 的电子束。

对于扫描电镜初学者来说，容易对能量单位 eV 产生误解，因为 eV 看起来更像是电压的单位而不像是能量单位。eV 作为扫描电镜电子束的能量单位，与扫描电镜中入射电子获得能量的方法有关。通常，电子枪利用高压电源产生的静电电位差将电子从低速加速到高速。带负电荷的电子从具有负电位的表面中被排斥出来，并被吸引到具有正电位的表面，电位差以 V 为单位。1 eV 就是一个电子通过 1 V 的电位差加速获得的能量，与此类似，通过 20 kV 电位差加速的电子最终获得的能量为 20 keV。

使用 eV 的优点非常明显，它可以让我们轻松地知道获得相应电子束能量所使用的加速电压。例如 20 kV 的加速电压就能获得 20 keV 的电子束能量。在早期的扫描电镜上，我们使用旋钮来设置加速电压；随着计算机与扫描电镜的结合，新型扫描电镜更多使用用户操作界面来选择加速电压。如果你想让扫描电镜在高电子束能量下工作，可以选择 30 kV 作为加速电压；反之，如果你想在低电子束能量下工作，可以选择 1 kV 或以下的加速电压。

目前，国内的大多数扫描电镜都是采用加速电压来表征电子束的能量。电子束能量很重要，首先电子束和样品相互作用发生散射，散射截面、电子射程、激发体积及各种信号的产生都和电子束能量有关；其次扫描电镜的很多性能也和电子束能量有关，如电子束亮度等。

2. 电子束着陆能量

严格意义上说，扫描电镜中的电子束从电子枪加速获得的能量（初始能量，记为 E_0）与最终入射样品时的能量（着陆能量，记为 E_L）有时并不相同。随着很多新技术的使用，电子束从电子枪出发到样品表面的路途中可能会发生多次能量改变。一些扫描电镜试图通过改变电子光学轴心中部的电子束能量来提高成像性能。而在一些扫描电镜上通过在物镜和样品之间施加减速电场，起到降低电子束着陆能量的作用（即电子束减速）。

也有一些扫描电镜对样品本身施加偏压，从而允许电子束在接近样品时增加能量（样品正偏压）或降低能量（样品负偏压）。例如，如果电子束以 1 keV 的能量从物镜射入样品室，但在样品上施加了 1 kV 的正偏压，当电子到达样品时将获得 2 keV 的能量。

值得我们注意的是，电子束和样品相互作用的性质只取决于入射电子束的着陆能量，而不是它们在电子枪中加速获得的初始能量。一些关键的物理量，如激发体积、可用于成分分析的特征 X 射线峰值或连续 X 射线的高能极限（杜安－亨特极限），都取决于电子束着陆能量的大小。因此，作为扫描电镜操作人员，不仅需要了解电子束的初始能量，也要了解电子束着陆能量及如何控制着陆能量。对于早期的扫描电镜，电子束初始能量和着陆能量并没有区别。但对于新型扫描电镜，特别是场发射扫描电镜，新技术的使用使二者之间可能有较大区别。正确区分电子束着陆能量和初始能量对准确获得和分析实验结果非常重要。

2.5.2　电子束束斑直径

电子束束斑直径（也叫电子探针尺寸）是扫描电镜操作人员可以控制的另一个重要电子束参数。在大多数情况下电子束束斑直径是指电子束轰击样品表面时电子束的直径，通常为 1 nm ～ 1 μm，用符号 d_p 表示。

很多人都认为扫描电镜图像的分辨率由电子束直径决定，在大多数情况下这样的表述是正确的，但由于电子束和样品相互作用，相互作用区也影响扫描电镜的分辨率。电子束直径和分辨率之间的关系相当复杂，可以用一个简单的模型描述电子束：电子束在任何时候都有一个圆形横截面，电子在束斑内的任何地方都以均匀的强度分布而在束斑外则完全不存在。这是一个理想的模型，在这种理想的情况下，电子束具有硬边界，无论我们从哪个方位测量，电子束都具有相同的大小。事实上，扫描电镜中真实的电子束要复杂得多。即使我们假设电子束横截面是圆形的，但从中心到边缘，电子束仍然呈现出电子密度的梯度分布。在这种情况下，可以根据半高宽（Full-Width Half-Maximum，FWHM）来定义电子束直径。更精细的电子束统计模型则指定一个强度的径向分布函数，例如高斯分布或洛伦兹分布，并考虑电子束的非圆性。然而，在大多数情况下，我们定义电子束在样品表面对衬度或样品激发贡献最大部分的电子束宽度为电子束直径。

2.5.3 电子束束流强度和束流密度

除了电子束能量外，电子束束流强度（用 I_b 表示）也是扫描电镜中一个非常重要的参数。电子束能量可以通过加速电压来改变，电子束束流强度则可以通过束斑直径来改变。一般来说，束流强度和束斑直径并不是完全独立的两个参数，增大束流强度的同时，必将导致束斑直径的扩大。

1. 束流强度

在所有电子束参数中，束流强度也是我们经常关注的一个参数。电子束束流和我们日常所见的电流类似。电子束束流强度就是指每秒冲击样品表面的电子数量，通常以 μA、nA 或 pA 为单位。

2. 束流密度

为了具体说明这一参数，我们给出一个电子束束流密度的计算示例：直径为 4 nm 的圆柱体电子束，圆形束斑内的总电流为 1 nA。电子束束斑的横截面积为 $A_{束斑}=\pi r^2=\dfrac{\pi d^2}{4}=12.6\ \text{nm}^2$。因此，束流密度为 $J_{束斑}=\dfrac{I_{束斑}}{A_{束斑}}=\dfrac{1\ \text{nA}}{12.6\ \text{nm}^2}=79.4\ \text{pA/nm}^2$。

在聚焦操作过程中，电子束束斑直径会改变，但束流强度保持不变，因此束流密度也会改变。如果将电子束束斑直径减小至一半，从 4 nm 减小到 2 nm，同时保持电子束束流强度不变，束流密度就会升高。变化后的束流密度为 318 pA/nm^2。由此可见，将束斑直径缩小一半将会导致束流密度增大 4 倍。

2.5.4 电子束会聚角

从侧面看，电子束的形状不是未削的铅笔一样的圆柱体，而是圆锥体。电子束在离开物镜的最终光阑时较宽，并逐渐收窄，直到它入射样品时会聚到一个非常小的点，样品位于物镜的焦点，该圆锥体透视图如图 2.30 所示。电子束在样品上的会聚点在圆锥体底部，表示为 S。用于限制电子束形状的物镜最终光阑在透视图中显示为圆锥体顶部的一个圆，线段 AB 为该光阑的孔径直径 d_{apt}。垂直的虚线表示扫描电镜的电子光学中轴，理想情况下，它穿过光阑孔的中心，垂直于该孔的平面并向下延伸穿过腔室，进入样品。圆锥体的侧面边界由电子束的“边缘”定义。虽然这种“硬边界”的电子束概念在物理学上并不具备实际意义，但它容易理解，并且对于我们理解基本电子束参数很有用。

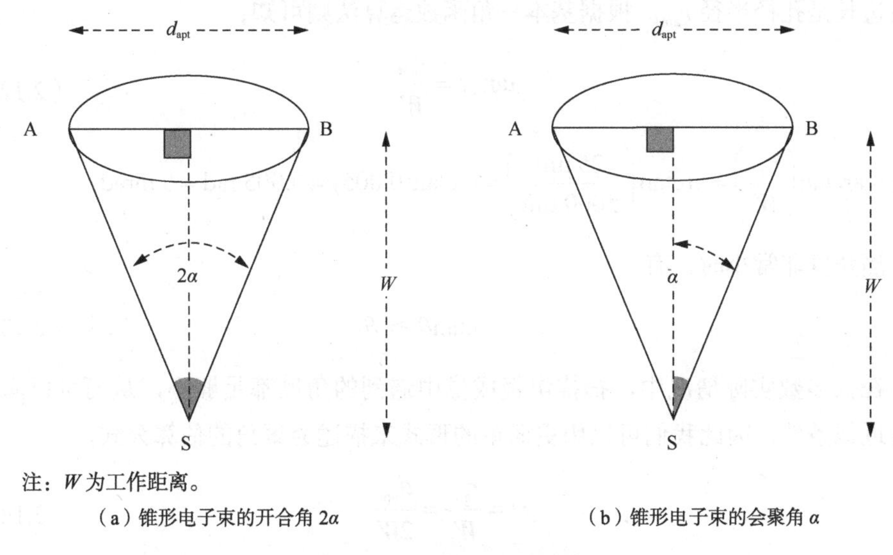

注：W 为工作距离。

（a）锥形电子束的开合角 2α　　（b）锥形电子束的会聚角 α

图 2.30　电子束圆锥体透视图

如图 2.30 所示，圆锥体的开合角由圆锥体的顶点角∠ ASB 构成。会聚角描述电子束沿光轴向下传播时电子束缩小到焦点的趋势。电子光学中的电子束会聚角通常指的是开合角的一半。实际上，扫描电镜中电子束会聚角的数值一般都很小。真实的电子束圆锥体比图 2.30 中示意的圆锥体更加尖锐和狭窄。如果我们对一个缝纫针的侧面重新进行机械打磨，使其成为真正的圆锥体而不是仅在圆柱体针尖的顶点处磨尖，就会得到一个从大小和形状与扫描电镜中电子束束斑直径相当接近的圆锥体。

我们可以从图 2.30 中绘制的三角形估算出电子束会聚角。沿光轴的垂直虚线的长度称为工作距离，通常用符号 W 表示。它是从物镜极靴底部（假定光阑很薄，物镜底端和光阑在相同的平面）到电子束会聚点的距离。样品位于焦点处，会聚点即为样品的表面。在实际配置中，工作距离可以小于 1 mm，也可以大到几十毫米，但在大多数情况下，W 为 1 ～ 15 mm。圆锥体宽端的直径 AB 线段是光阑孔径 d_{apt}，以 μm 为单位。我们这里列举一些比较常见的数值作为例子，假设工作距离 W 为 5 mm，光阑孔径 d_{apt} 为 50 μm（半径为 25 μm，用 r_{apt} 表示）。

从图 2.30（b）可以看出，△ASB 由两个背对背的直角三角形组成。其中最右侧的顶点角度标记为 α。与 α 相邻的直角三角形的直角边长是工作距离 W，另一直角边长是孔径半径 r_{apt}。根据基本三角函数运算法则可知，

$$\tan\alpha = \frac{r_{apt}}{W} \tag{2.12}$$

则 $\alpha = \arctan\left(\frac{r_{apt}}{W}\right) = \arctan\left(\frac{25\ \mu m}{5000\ \mu m}\right) = \arctan(0.005) = 0.005\ rad = 5\ mrad$。

当角度非常小时，有

$$\arctan\theta \approx \theta \tag{2.13}$$

在大多数实际情况中，扫描电镜成像中遇到的角度都足够小，从而可以满足这种近似条件，因此我们可以用更简单的形式来描述会聚角的估算公式，

$$\alpha = \frac{r_{apt}}{W} = \frac{d_{apt}}{2W} \tag{2.14}$$

由前面的数值可以计算出，电子束会聚角非常小，约等于 0.005 rad 或 0.28°。

2.5.5 电子束立体角

在 2.5.4 节中，我们根据二维几何学定义了电子束会聚角。然而，电子束形成的是一个三维圆锥体，而不是二维的三角形，由此衍生出立体角的概念。立体角在三维几何中用于描述收敛（或发散）通量的角分布。立体角的符号为 Ω，其单位为球面度（steradian，缩写为 sr）。在扫描电镜中立体角经常用于描述 X 射线能谱、背散射电子探测器和二次电子探测器的接收角等。

图 2.31 所示为三维锥形电子束，从光阑的圆形孔中射出，并在样品表面会聚。该孔径的直径为 d_{apt}，孔径的面积为 A_{apt}。电子束从最终物镜光阑到会聚点的垂直移动距离是工作距离 W。我们想象一个以电子束在样品上的入射点为球心的完整球体，其球面半径等于工作距离 W。图 2.31 展示了这个虚拟圆球的上半球，而决定电子束束斑直径的光阑平面与该球体的顶点相切。立体角的含义是感兴趣面占据这样一个完整球体的表面积分数。每一个完整的球体，无论直径大小，都对应着 4π 的立体角。因此，无论半球直径多大，每个半球都代表一个 2π 的立体角。

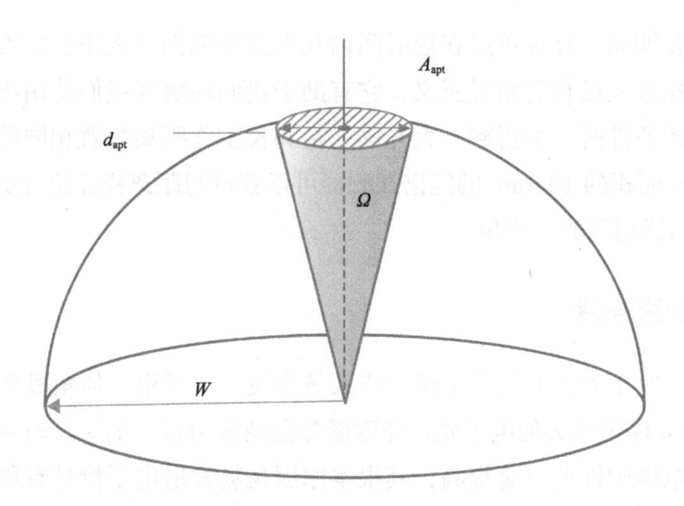

图 2.31　三维锥体电子束示意图

为了知道光阑孔的立体角，我们来进行一些简单的计算：球体的表面积 A_{sphere} 取决于半径 r，可以用表面积公式计算：$A_{sphere} = 4\pi r^2$。对于图 2.31 中所示的假想球体和电子束光阑，我们可以用前文讨论会聚角时使用的一些具体数值来进行计算，即 $W = 5000\ \mu m$（5 mm），$d_{apt} = 50\ \mu m$，$r_{apt} = 25\ \mu m$。利用这些值，我们可以计算整个球体的表面积：$A_{sphere} = 4\pi W^2 \approx 3.14 \times 10^8\ \mu m^2$。接着我们可以计算决定电子束束斑直径的光阑孔面积：$A_{apt} = \pi r_{apt}^2 \approx 1.96 \times 10^3\ \mu m^2$。

我们可以看到，光阑孔的面积与虚拟球的表面相比小得多，大概只占球体表面积的百万分之 6，所以相应的光阑孔所占的立体角也为球体立体角的百万分之 6，即 $\Omega_{apt} = \frac{A_{apt}}{A_{sphere}} \cdot \Omega_{sphere} = 6.25 \times 10^{-6} \times 4\pi = 7.85 \times 10^{-5}\ sr = 78.5\ \mu sr$。

光阑孔立体角就是电子束立体角，它表示电子束斑的面积占据从光阑到样品之间距离（工作距离）为直径的虚拟球表面积分数。为了更形象地解释这样一个概念，我们列举了从地球表面观看月球和太阳各自的立体角。我们以地球到太阳和月球的平均距离进行估算，可以得到 α_{Sun}=4.68 mrad，α_{Moon} = 4.61 mrad，Ω_{Sun} = 68.7 μsr，Ω_{Moon} = 66.7 μsr。

当然，太阳的直径比月球大得多，距离也远得多，但从地球观测者的角度来看，这两个天体的立体角大小似乎差不多。这种立体角的相似性是一种巧合，这就是为什么在日食期间，月球可以在短时间内几乎完全遮挡住太阳的原因。这一类比对扫描电镜操作人员具有指导意义，它有助于我们理解当我们使用小光阑孔径和短工作距离的条件时，会得到与大光阑孔径和长工作距离配置相同的会聚角。同样，近距离小面积的 10 mm^2 的能谱探测器可以获得与距离样品位置更远和更大的 100 mm^2 探测器相同的立体角。

2.5.6 电子束亮度

实际上，对于大多数扫描电镜操作人员来说，电子束立体角概念并不经常用到。但是，与立体角相关的电子光学亮度概念会经常用到。与钨灯丝扫描电镜相比，场发射扫描电镜的性能显著提高，其根本原因是场发射电子枪具有更高的亮度。电子束照射在样品上的亮度是影响扫描电镜性能的关键因素之一。

“亮度”的概念源自我们的日常生活，在我们日常生活中经常使用。大多数人都有一种直觉：如果一种光源（如太阳）比另一种光源更亮（如手电筒），那么更亮的光源发出了“更多”光，换句话说，接收端接收的光通量更高。电子光学对亮度的定义与其相似，但更为精确，它考虑了电流密度而不是总电流，以及当电磁透镜在扫描电镜聚焦或离焦时电子束会聚角的变化因素。

亮度的定义是单位立体角的电流密度，以 $A{\cdot}m^{-2}{\cdot}sr^{-1}$ 为单位。根据这个亮度定义我们可以判断，如果两束电子束在聚焦处具有完全相同的电流和相同的束斑直径（因此具有相同的电流密度），但它们的会聚角不同，则会聚角较小的束流将具有较高的亮度。这是根据亮度单位中的 sr^{-1} 项判断得到的结果。在其他条件都相同的情况下，较大的立体角导致较小的亮度，而较小的立体角则导致较高的亮度。以前我们总是不明白，为什么 1 W 激光器甚至比 200 W 灯泡要“亮”得多，现在我们终于明白了，是因为 1 W 激光器具有小得多的立体角。亮度对电流密度和角扩散的依赖性决定了扫描电镜的一个重要特性：当电子束被扫描电镜中的透镜聚焦时，亮度不会改变。这表明，当电子束从电子枪出发，沿扫描电镜镜筒向下传输到样品表面时，其亮度值是恒定的。然而，影响亮度的另一个变量是电子束能量（加速电压）。在扫描电镜中，所有电子枪的亮度随电子束能量的增加而线性增加，当我们比较不同能量的电子束亮度时，必须要考虑这个因素。

亮度方程是描述扫描电镜中电子束行为的一个非常重要和有价值的方程，它将电子束的 3 个参数，电子束束流强度 I_b、电子束束斑直径 d_p 和电子束会聚角 α 紧密联系起来。

$$\beta = \frac{4I_b}{\pi^2 d_p^2 \alpha^2} \tag{2.15}$$

式中，β 代表亮度。如果知道电子束亮度的数值，就可以通过亮度方程来估算其他参数。即使我们不知道亮度 β 的具体数值，亮度方程也提供关于电子束参数变化一些非常有用的信息。例如，我们知道，场发射扫描电镜电子枪的亮度是钨灯丝扫描电镜的 1000 倍，要满足这个条件，场发射扫描电镜的电子枪必须有更小的束斑直径和会聚角，而束斑直径和会聚角的减少均有利于提高扫描电镜的分辨率，这样就有助于我们理解场发射扫描电镜的性能要比钨灯丝扫描电镜的性能高得多的原因。此外，当电子束能量不变时（即加速电压不变），亮度是一个常数，不会随着电磁透镜的设置和成像条件的改变而改变，因此方程右侧的任何一个变量的任何变化，都必须通过其他变量的等效变化来抵消，以保持亮度的恒定值。实际上，亮度方程约束了电子束参数的选择，这 3 个参数无法独立选择。从式 2.15 可以看出，电子束束流强度 I_b 与乘积 $d_p^2\alpha^2$ 的比值是恒定的。例如，束流强度 I_b 增大 9 倍，但会聚角不变，则电子束束斑直径将增大 3 倍；如果会聚角增大 2 倍（例如，通过将样品向物镜移动来减少工作距离），则束流强度可以增大 4 倍，从而不会改变亮度。通过这种方式，可以理解和预测电子束参数的复杂变化，因此仔细研究这个方程及其含义将对我们掌握扫描电镜原理和操作技巧提供很多帮助。

小贴士

亮度方程有助于我们理解电镜参数变化对仪器性能的影响，例如其他条件都不变，只改变工作距离，当工作距离增加时，会聚角变小，根据亮度方程（亮度不变），电子束束斑直径必将增大，仪器的分辨率将降低。如果束流强度和工作距离不变，降低加速电压，亮度下降，对应于电子束束斑直径也将增大，同样仪器的分辨率也将降低。亮度方程同时也显示，电子束束流强度、电子束尺寸和会聚角之间是相互关联的，一个参数的变化，必将引起其他两个参数的相应变化。

冷场发射电子枪的束流强度为2 nA，钨灯丝电子枪的束流强度为1000 nA，但冷场发射电子枪有更小的束斑，因此其亮度比钨灯丝电子枪大得多。亮度与束流密度有关，而不是仅与束流强度有关。

2.5.7 聚焦状态与工作距离

通常情况下，初学者在学习扫描电镜操作时，首先学习的技能是如何聚焦图像。操作过程中为了保证图像清晰，每时每刻都需要调节焦距旋钮。从表面现象来看，我们所需要做的事情是通过观察电镜图像，及时调整仪器上的焦距旋钮，直到图像变得清晰，并且包含尽可能多的样品细节。但从电子光学的角度来看，要理解聚焦操作过程中发生的物理过程并非易事。特别是扫描电镜图像的形成与光学显微镜完全不同。光学显微镜通过光学透镜的作用直接形成图像，而扫描电镜则是通过在样品表面的光栅化电子束扫描形成图像，所以我们不能用光学显微镜的成像过程来类推扫描电镜的成像过程。图 2.32 所示为扫描电镜的 3 种聚焦状态：过聚焦、正聚焦和欠聚焦。

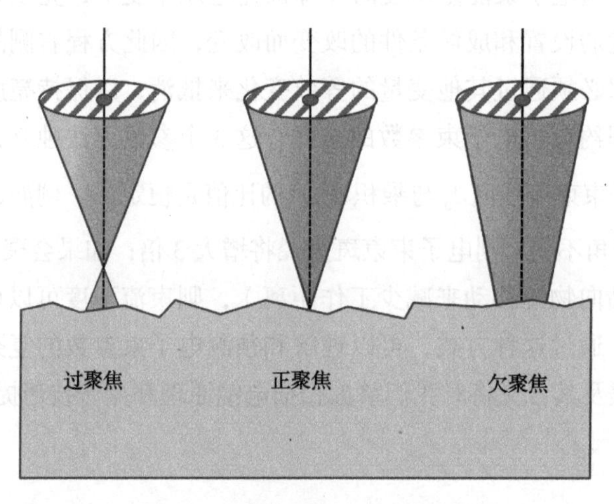

图 2.32 扫描电镜的 3 种聚焦状态

扫描电镜的物镜是一个圆形可变焦距电磁透镜，通过改变物镜线圈中的电流就可以改变物镜的焦距和焦点。提供给物镜的电流越大，它受到的励磁激励越强，促使穿过透镜的电子产生更大的偏转，从而使电子束在离开物镜进入样品室后迅速会聚。磁场越强电子束聚焦越强烈，换句话说，强励磁的物镜焦距比弱励磁的物镜焦距更短，强励磁导致电子束在到达样品表面之前提前聚焦。随后从这个焦点开始，电子束发散，发散的电子束已经扩大到超过腰部最窄处，当它碰到样品表面时电子束直径显然比最窄处更宽，从而产生一个失焦图像。相反，电子束在聚焦不足情况下，物镜磁场较弱，电子束在接触样品表面时没有完全会聚，电子束束斑直径也更宽，也导致图像失焦。而电子束聚焦为正聚焦的情况，电子束正好聚焦在样品表面。

根据图 2.32，我们就能很容易理解聚焦操作时电子束发生的情况。随着聚焦旋钮的转动，引起物镜线圈中电流的变化，从而导致电子束的会聚点相对于样品表面的升高或降低。实际上在大多数扫描电镜上，当我们对焦距旋钮进行较大的转动时，就可以在屏幕上看到工作距离 W 的数字变化，这反映了样品室中电子束会聚点的垂直运动。值得注意的是，只有当样品处于聚焦状态时，工作距离才是物镜和样品表面之间的距离，屏幕上显示的 W 值才能准确反映该物镜到样品的距离，否则二者之间的数字是有一定差距的。

2.6　扫描电镜的成像模式

扫描电镜可供操作人员调节的参数很多，包括电子束参数、探测器参数和样品台参数等。每一个参数的微小改变，都会引起扫描电镜图像的变化。这些参数的组合非常多，因此，扫描电镜的图像变化也非常多。我们如何在多样的组合中，合理地选择这些参数，以满足分析的需要，从而获得更多有用的样品信息？虽然成像模式的变化范围很大，但是我们可以将这些不同的选择归纳为 4 种基本模式：高景深模式、高束流模式、高分辨率模式和低加速电压模式。

下面我们将阐述如何通过调节扫描电镜的这些参数，实现 4 种基本模式。经验丰富的操作人员不仅要熟练掌握这 4 种模式，而且还要根据不同的需要在 4 种模式之间自由切换。实际上，选择其中的任何一种模式，都是一种折中，因为每种模式都是突出扫描电镜在某一方面性能，而牺牲了其他方面的性能。熟练地了解每种模式的优点和缺点，对于理解每种模式的正确使用至关重要。当然，扫描电镜种类繁多，不同仪器在实现这 4 种模式时都有所不同。有些分析需要的成像条件，也未完全归入这 4 种基本模式，需要有经验的操作人员根据情况灵活调整。

2.6.1　高景深模式

在保持成像清晰的条件下，样品在物平面上可上下移动的最大距离就是景深（D_f）。熟悉光学显微镜的人们都知道，光学显微镜的景深非常小（在 100 倍下，光学显微镜景深约为 0.01 mm），这意味着，能够同时保持聚焦清晰的范围非常有限，景深表示样品表面可同时保持清晰的垂直高度，超出此范围的部分，图像则显示模糊。光学显微镜的小景深特点来源于其玻璃透镜的特性，但扫描电镜使用的不是玻璃透镜。与光学显微镜相比，扫描电镜有更大的景深（在 100 倍下，达到毫米量级），这也是扫描电镜突出的优点之一。

什么是扫描电镜景深？我们以图 2.33 为例来说明。扫描电镜依靠电磁透镜聚焦电子束，并使用聚焦电子束对样品进行逐点扫描，从而采集信号进行成像。图 2.33 展示了电子束在 3 个不同位置接触样品的情况，有 3 个不同的接触点。对于这 3 个接触点，电子束会聚点的垂直高度相同，此高度也被称为最佳聚焦平面。对于接触点 2，该平面与样品表面基本重合。而对于接触点 1，样品表面高于会聚点，电子束到达样品表面时，尚未达到会聚点，这相当于电子束处于欠聚焦状态，此时样品表面的电子束探针的直径大于最佳值，明显降低了图像的分辨率和清晰度。这种图像变得明显模糊的高度即定义为该电子束的景深上限。同样，对于接触点 3，样品表面比电子束会聚点更低，相当于电子束过聚焦，电子束接触样品表面之前开始再次发散。这同样也会降低图像的分辨率和清晰度，并且当这种模糊程度变得明显时，这个高度被定义为景深的下限。景深上下限之间的距离即为景深 D_f。

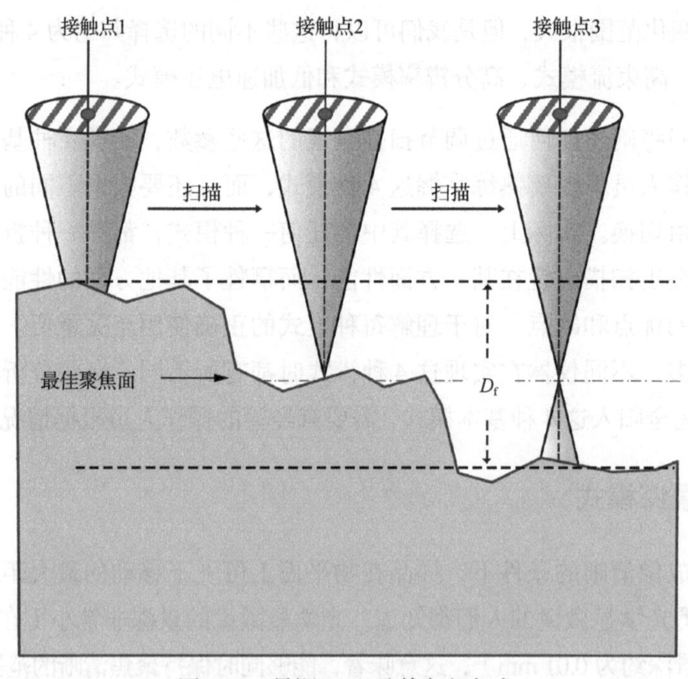

图 2.33　景深 D_f 以及其定义方式

因为景深的定义要求产生明显的图像模糊，这个判定标准取决于许多因素，甚至有些还是主观的因素。例如，对电镜操作人员来说，通常对中低放大倍数的图像模糊并不敏感，因此随着放大倍数的降低，有效的景深通常会提高。然而，随着放大倍数的降低，样品的更多区域出现在视野中，不同高度区域同时出现在图像中，也增加了样品表面的起伏导致图像模糊的可能性。在这种情况下，虽然在低放大倍数下景深增加，但由于视野中可见的高度范围也增大，部分观察区域在图像中仍然可能模糊不清。尽管如此，扫描电镜的高景深模式一般适用于中低放大倍率，是常规电镜工作中最常用的成像条件。

那么我们如何实现高景深模式呢？实现高景深模式的基本思路是尽可能创建一个较小的电子束会聚角进行成像，从而产生一束非常窄的锥形电子束，导致其截面直径不会随着样品的高度的变化而出现明显变化，从而在较大的高度范围内保证图像清晰。图 2.34（a）所示为典型的小景深成像条件，此时物镜光阑采用常规尺寸，工作距离较短，电子束的会聚角较大，保持图像清晰的垂直高度较短，景深较小。而图 2.34（b）所示为大景深成像条件，其中工作距离显著增加，并且选择较小的物镜光阑孔径，通过上述两个参数的变化能够有效地减小电子束的会聚角，从而大大增加景深。光阑孔径和工作距离对景深的影响是独立的，两者都可以单独对景深产生影响。

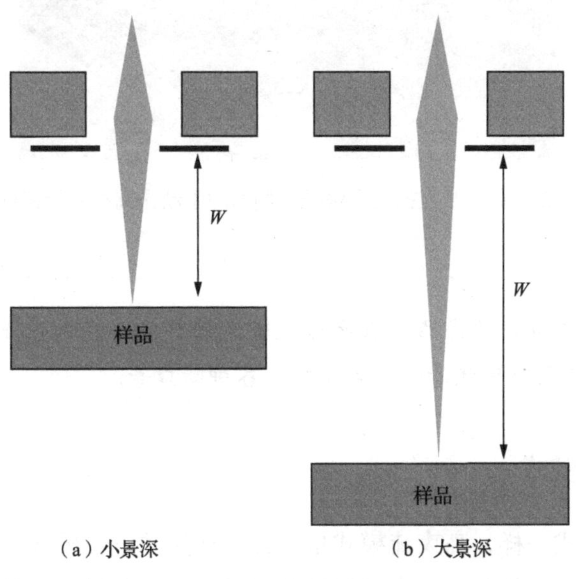

图 2.34　两种不同的景深模式的电子束形状示意图

为了获得高景深模式效果，我们需要确定扫描电镜样品台的最低位置，并驱动样品台到该位置。大多数扫描电镜更改工作距离的方式很简单，如带有手动工作台的扫描电镜通常在腔室门上有一个机械旋钮用于改变样品的高度。使用用户操作界面控制的扫描电镜,操作员可以输入以mm为单位的目标高度(或“Z位置”),然后执行移动。

高景深模式还可通过选择相对较小的物镜光阑孔径来实现。光阑组件都是由线性排列的光阑孔组成。不同型号的扫描电镜提供了不同的改变物镜光阑孔径的方法。对于那些可以手动改变光阑孔径的扫描电镜来说，手动光阑控制装置一般安装在扫描电镜镜筒的外侧（如图2.35所示）。使用用户操作界面改变光阑孔径的扫描电镜，允许操作人员从几个可用的光阑孔中选择一个，由X/Y控制器驱动电机将选定的光圈移动到位。

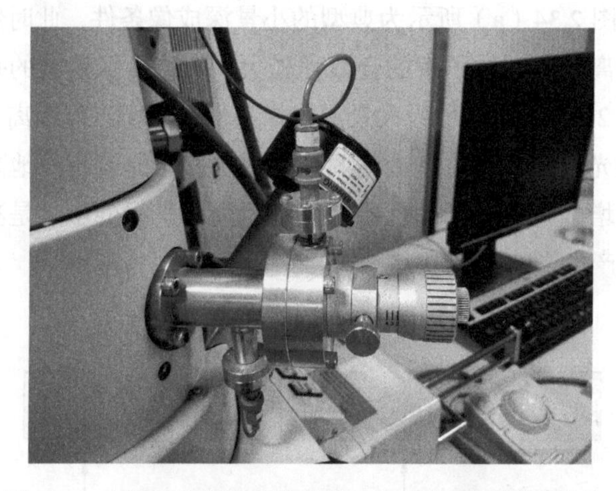

图2.35　安装在扫描电镜镜筒侧面的手动光阑控制旋钮杆

小贴士

高景深模式适合的样品为表面起伏较大的样品，在高景深模式下，样品的顶端和底部能同时聚焦清晰，如花粉、各种断口等。

2.6.2　高束流模式

与高景深模式一样，高束流模式也是经常使用的电镜模式。这种模式能够为我们提供较强的样品特征、丰富的衬度信息及足够的分辨率和景深。尤其是当样品的本征衬度较低时，这种成像模式变得尤为重要，例如当样品中相邻两个相的平均原子序数比较接近时，可以通过高束流模式获得独特的图像显示效果。较高的束流同时还产生了更强的 X 射线信号，因此，这种模式对于进行 X 射线分析也是非常有用的，尤其是在获取二维成分的空间分布信息时，可以有效地缩短单次 X 射线信号采集所需要的时间，例如我们在进行面分布扫描时，高束流模式导致 X 射线高计数率可以大大地缩短 X 射线信号的采集时间。在这种情况下，相比于空间分辨率或景深等特征，X 射线的采集计数率显得更为重要。

高束流模式的基本思路是增加到达探测器的信号强度，从而提高信号的信噪比。无论使用什么探测器，探测器接收的信号与样品产生的信号成正比，而后者直接与电子束束流强度成正比。高束流强度意味着高信号强度。用于改变电子束束流强度的控制装置因扫描电镜型号各异。根据 2.5.3 节可以知道，电子束束流强度通常伴随着束斑直径的增大而增加，因此大家通常将束流控制称为“光斑尺寸”即 spot size。在大多数扫描电镜上，spot size-1 是小光斑（对应于低束流强度），而 spot size-10 是大光斑（对应于高束流强度）。

总的来说，高束流模式就是使用足够高的电子束探针电流来扫描样品，以产生信噪比优异的图像。放大倍数从低到高都可以获得最佳的图像效果。通过设置较大的物镜光阑孔径也有益于高束流模式。在我们所观察样品的视野中，通过增加探针电流，增加光阑孔径，在较短的扫描时间内就能获得具有优异信噪比的高质量图像。在大多数情况下，这种高束流强度成像方法可以快速获得高质量的图像，并且几乎不会浪费更多调试时间。如果我们要进行 X 射线能谱成分分析，使用高束流模式的方法与高束流强度成像方法相似，但选择束流强度不是由图像质量决定，而是由 X 射线计数率决定的。

小贴士

高束流模式适合金属、陶瓷等样品，进行能谱分析时，都要采用高束流模式。各类断口分析既可选择高景深模式也可选择高束流模式。

2.6.3　高分辨率模式

扫描电镜的高分辨率模式是 4 种基本操作模式中操作难度最高的模式，因为在这种模式下对仪器的性能要求达到或接近其极限。不仅要求我们掌握更多电子光学知识，同时还要求我们具有很高水平的操作技能。仪器上的任何小失调，如残余的像散、电子束和光阑的不完全对中等，都会对图像产生明显的影响。为了获得最佳分辨率，必须对整个镜筒进行合轴（包括机械合轴和电磁合轴）。高分辨率模式对电镜的运行环境要求也很高，如机械振动、电子噪声和电镜附近的交变磁场都会引起图像质量的下降，而这些影响可能在其他模式下并不明显，但在高分辨率模式操作时变得非常明显。一些样品的制备缺陷，例如喷金时金属涂层过厚或金相样品抛光不足等，在高分辨模式下得到了明显的放大。简而言之，高分辨率模式所依赖的成像条件，进一步放大了操作人员的技术、实验室环境和样品制备中任何缺陷的影响。

虽然每一种操作模式都会牺牲扫描电镜的某些性能，但在高分辨率模式中，过分地追求高分辨率，会导致更多地牺牲其他性能。更小的电子束探针直径对应着非常低的束流，从而减小产生的信号强度，并延长获取图像所需要的时间。更小的工作距离导致景深减小，但在高倍率下，小景深对图像的影响并不明显。探测器的选择通常也被限制在与高分辨率模式相关的通道上，如钨灯丝扫描电镜只能选择二次电子探测器，场发射扫描电镜只能选择高位探测器（TTL 二次电子探测器）。

调整高分辨率模式的基本思路包括以下 3 个方面。

第一，通过提高电子束能量和减小束斑直径来最小化电子探针的直径。分辨率与电子束束斑直径有关。由式 2.15 亮度方程可以知道，提高电子束能量可以增加电子枪的亮度，有助于产生更小的电子束束斑。对于一些在超薄薄膜衬底上的微小颗粒样品（如 Au 颗粒），通过这样的选择可以获得最高的分辨率。值得注意的是，提高电子束能量对于高原子序数样品（如 Au 颗粒）来说比较有利，因为即使我们采用较高的电子束着陆能量，对于这些样品也只能产生较短的电子射程，电子束在样品内的激发体积很小，不会导致分辨率的明显恶化。然而，对于原子序数较低的样品（如有机物）来说，高能量的入射电子在样品内产生的激发体积较大，会明显降低分辨率，这时我们可以通过降低电子束的着陆能量及降低束流强度来获得更好的分辨率。

第二，强化收集高分辨率的 SE_1。由于背散射电子是从一个大小与电子射程有关的扁球体范围内产生的（扁球体的直径约为电子射程的一半），如果直接收集背散射电子或背散射电子伴生的二次电子（SE_2 或 SE_3）来构建图像，很难获得高分辨率。而 SE_1 来自样品表面非常小的电子探针足迹，其大小与探针本身相当，这类二次电子的分辨率最高。通过选择合适的信号载体和探测器，如配备浸没式物镜和 TTL 二次电子探测器的扫描电镜更适合收集 SE_1 电子，才能获得最高的分辨率。

第三，使用尽可能短的工作距离，提高分辨率。如果可以的话，调节样品尽量接近物镜，甚至小于 1 mm。通过缩短工作距离，样品完全浸没在物镜磁场中，产生的二次电子离探测器的位置更近，促使 SE_1 的收集效率接近最大化。缩短工作距离还能大大降低其他交变电场对电子束的扰动。缩短工作距离也有利于减小束斑直径，提高分辨率。根据式 2.15，工作距离缩短，孔径角增加，在其他参数不变得情况下，束斑直径也就变小了。

根据上述论述，扫描电镜高分辨率模式的设置方式如下。

首先，小心翼翼地缩短工作距离，使样品尽可能地靠近物镜，但是不可以超过电镜设置的极限工作距离。一般情况下，通过用户操作界面设置工作距离的扫描电镜有一个软件联锁机制，旨在避免样品和物镜极靴的撞击。此外，我们一定要注意，最高分辨率始终对应着最高励磁的物镜模式。如果我们的样品含有磁性物质，则不适合采用这种高分辨模式，因为超短的工作距离会将磁性物质吸走，从而损坏扫描电镜。

其次，选择 TTL 二次电子探测器（即高位二次电子探测器）或其他能够优先利用 SE_1 进行成像的探测器。

再次，将扫描电镜上的加速电压设置为较高电压（通常为 10 ～ 25 kV），并将束流强度降低。随着束流强度的降低，噪声会相应增加，采用较长的帧时间、较长的驻留时间，或启用帧平均功能以降低小束流带来的信号损失的影响，保持样品的可视性。

最后，选择最佳物镜光阑孔径以获得最佳分辨率。物镜光阑尺寸的影响存在两面性。由于存在衍射效应，过小的孔径会限制分辨率。孔径越大，衍射的影响越小。然而，大孔径会迅速放大物镜像差的影响，尤其是球差。因此，每个物镜光阑都有一个适中的孔径，它能为任何给定的电子束能量和工作距离提供最佳分辨率。

适合高分辨模式的样品包括纳米颗粒、超薄薄膜和各类纳米催化剂等。

2.6.4 低加速电压模式

在4种基本扫描电镜模式中，低加速电压模式最具挑战性。多低的加速电压属于低电压范畴，目前没有统一定论。我们的看法是当加速电压低于5 kV时就应该属于低加速电压范畴。低加速电压模式的道理很简单：即降低电子束的着陆能量。设置的方法也同样简单，老一代扫描电镜由专用旋钮来设置加速电压，而新一代扫描电镜则通过在用户操作界面选择所需要的加速电压。现在许多扫描电镜都允许操作人员施加样品偏压或使用其他形式的电子束减速功能，从而降低入射电子着陆能量，例如减速模式就是在物镜和样品台之间施加减速电场。在这种情况下，电子束的着陆能量才是主要的影响因素。我们一定要牢记，控制电子射程、相互作用区和X射线产生区域的物理本质是控制电子束着陆能量，而不是离开物镜透镜时的电子束能量。

在观察不导电样品时，降低电子束着陆能量是非常有用的。有些低原子序数的样品如有机物或生物样品，极容易在电子束照射下产生辐照损伤，这类样品采用高电流模式或高分辨模式工作时，就需要我们降低电子束着陆能量以减少电子束对样品的损伤。然而，当电子束着陆能量低于5 keV，特别是低于1 keV的情况下，从电子枪到物镜，扫描电镜的整个电子光学系统都会出现较大的性能下降。钨灯丝扫描电镜电子枪亮度低，在低加速电压模式下表现更差，许多早期钨灯丝电子枪扫描电镜在1 keV下获得的图像几乎没有实用价值。但是，随着场发射扫描电镜的出现，彻底解决了低加速电压模式所存在问题。场发射电子枪极大地提高了电子枪的亮度，从而大幅度提高扫描电镜的低电压性能，场发射扫描电镜已被视为低加速电压模式的标配。

对于所有扫描电镜电子枪，在1 keV时电子枪的亮度要比在30 keV时低很多，这是因为电子枪的亮度和加速电压成正线性关系。根据式2.15，低亮度限制了电子探针中的电流密度，意味着必须在更大的探针尺寸下工作，以保证足够的成像电流。场发射电子枪具有很高本征亮度，在低加速电压下仍能提供足够高的亮度。然而，低加速电压模式带来的另一个重要问题是电子束色差。如果是理想的单色电子束，所有电子的能量是完全相同的，这时色差的影响就可以忽略不计。事实上，低能的入射电子束中，电子的能量是有差异的，不同能量的电子聚焦在不同的平面上，降低了电子束的电流密度，只能通过增大束斑来保证电子束束流强度。正因为上述原因，低加速电压模式通常只适用于较低的放大倍数。但配备了冷场发射电子枪的扫描电镜具有很窄的能量扩展（能量扩展为 0.2 eV），能量单色性好，受色差影响非常小，能够在低加速电压模式下以较高的放大倍数进行工作。有的新型高性能场发射扫描电镜还配备了单色仪，则可以在更高的放大倍数下工作。

采用低加速电压还有一个后果是产生的入射电子轨迹太“软”。由于采用低加速电压，入射电子的运动速度相对较慢，附近的电磁场很容易使入射电子束偏离其预定路径。特别是当电子束着陆能量低至 1 keV 或以下时，入射电子的移动速度更慢了，更容易受到样品中积累的电荷、扫描电镜腔室中的交变电磁场及扫描线圈上的电噪声影响，这些都是低加速电压模式电镜操作的挑战。

然而，低加速电压模式的优点也显而易见，低加速电压可以大幅度降低入射电子束在样品中的激发体积，并能精确反映大多数样品丰富的表面细节。随着着陆能量的降低，入射电子在样品中的射程迅速下降，电子信号的产生区域也迅速变小，从而提高了检测的空间分辨率。这时候的图像信号来自样品的浅表层，侧重于反映样品的表面细节，而样品的立体衬度并不突出，导致图像的立体感下降。通常情况下，样品在低加速电压下（小于 5 kV）的图像与正常加速电压下（10 ～ 30 kV）的图像可能不太相同，有时差别还很大，因此，该模式通常会显示出样品在常规成像条件下可能被忽略的重要特征，如样品表面有机污染物的影响。

在低加速电压模式下，也是有可能进行 X 射线显微分析的，但有特殊的挑战性。通常我们不建议在此模式下进行 X 射线显微分析。极低的入射电子束能量，意味着入射电子在样品内的电子射程极短，同时也意味着产生 X 射线的区域也非常靠近样品表面，并且非常靠近电子束在样品表面的入射点，这是一件好事，因为 X 射线的横向和纵向分辨率都得到了提高，并且出射 X 射线的吸收损耗也降低了。然而，极低的着陆能量严重限制了有效激发的 X 射线族的数量，并且许多元素的特征 X 射线要么无法被激发，要么被迫使用电离截面更低的 M 层或 N 层的特征 X 射线。此外，低加速电压下导致的低亮度意味着电子探针束流很低，X 射线的计数率也很低，采集一个普通的 X 射线谱图需要大量的时间，采集一个二维的成分空间分布，甚至要超过 1 h。

小贴士

低加速电压模式适合的样品包括纳米化合物、有机化合物和生物样品等。

随着扫描电镜技术的发展和各种新技术的使用，扫描电镜的功能越来越强大，对操作人员也提出更高的要求。我们不能单独理解这 4 种模式，而是要体会各种模式之间相互转换的方式。我们经常利用低加速电压模式来研究纳米化合物，但此时需要减小工作距离来提高物镜励磁，从而提高仪器分辨率。我们也经常利用高景深模式来分析金属断口，但会加大束流，提高图像信噪比，此外还有利于 X 射线显微分析。由此可见，各种模式之间是相互联系。一个熟练的操作人员，必须摒弃固有的思维，充分了解 4 种模式之间的相互关系，才能发挥仪器的最大功效。

第3章 扫描电镜的调试和参数选择

扫描电镜是一种多功能大型分析仪器，利用高能聚焦电子束扫描样品表面，通过电子束与样品之间的相互作用，激发出带有样品信息的各种信号，对这些信号进行收集、放大和成像，以达到表征样品表面微观形貌的目的。扫描电镜在表征样品形貌的同时，还能对样品的微区进行成分分析和晶体学信息分析。扫描电镜具有分辨率高、景深大、放大倍数范围宽及样品制备相对简单等特点。

要想获得清晰的、满意的高质量扫描电镜图像，扫描电镜的调试和工作参数的选择尤为重要。扫描电镜的调试包括电子束对中和像散校正，而工作参数包括探测器、模拟背散射、加速电压、减速模式和工作距离等参数。

3.1 扫描电镜调试

获得高质量扫描电镜图像除了与样品的制备有关外，仪器的调试也非常重要。每个人对高质量图像的理解是不一样的。笔者认为高质量的图像必须包含两方面，首先图像细节清晰、分辨率高，具备优异的信噪比和合适的景深；其次图像没有拉长、扭曲和畸变。这些都与扫描电镜的调试和参数选择有很大关系。

扫描电镜的调试包括两方面：第一，电子束对中和像散校正，其中电子束对中又包含机械对中和电磁对中；第二，参数选择，对扫描电镜图像影响比较大的参数有探测器、模拟背散射、加速电压、减速模式和工作距离等。

3.1.1 机械对中

对中也称为合轴，通过机械和电磁的手段将电子束合至镜筒光轴。机械对中是对中调试的粗调，而电磁对中就是对中调试的细调。扫描电镜的机械对中不用经常调，更不用天天调。一般在发生下列情况时，需要进行机械对中。

① 很久没使用仪器了，重新使用就需要机械对中。

② 更换灯丝和烘烤以后，需要机械对中。场发射扫描电镜每年都需要烘烤两次，烘烤以后的机械对中是必不可缺的。

③ 在电磁对中时，白色的十字叉偏离中心点很远，如图 3.1 所示，需要机械对中。

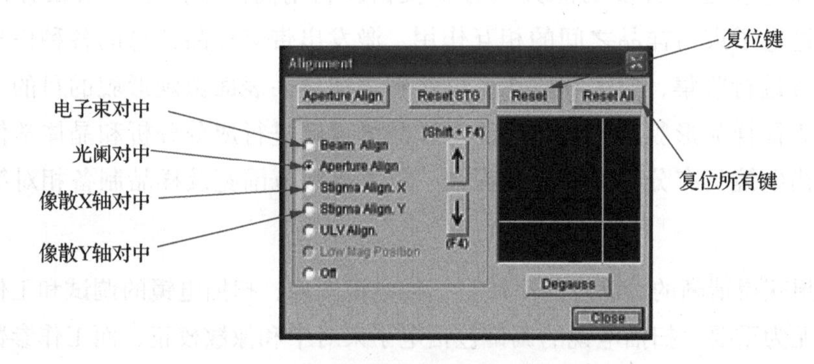

图 3.1　电磁对中调试界面

不同的扫描电镜对中操作不太一样，我们以日立 S-4800 冷场发射扫描电镜为例，对中操作的步骤如图 3.2 所示。其中前 5 项为机械对中，后 3 项为电磁对中。扫描电镜的机械对中并不是可有可无的操作，而是必须要做的操作。机械对中是扫描电镜调试的第一步，如果机械对中没有做好，相当于盖房时地基没有打好，其他的调试就不可能成功。机械对中一般由仪器工程师来完成，也可以由实验室操作人员自己完成。

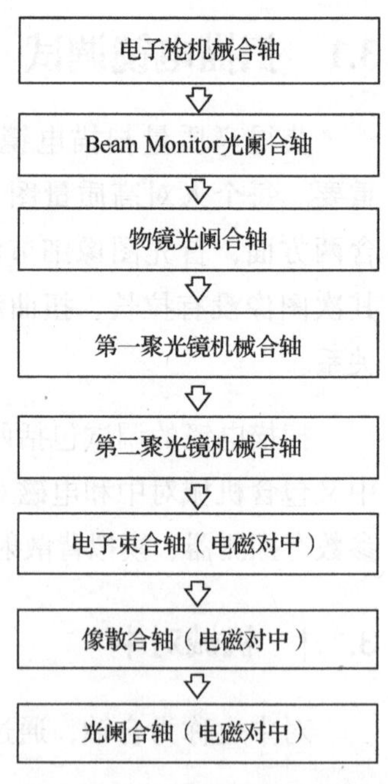

图 3.2　电子束对中操作步骤

3.1.2　电磁对中

机械对中是对中过程中的粗调，它利用机械的手段，将入射电子束调至镜筒的中心光轴。机械对中是一个完全手工的过程，难免会存在误差。而电磁对中是细调，利用电磁场来校准机械对中留下的误差。与机械对中不同的是，电磁对中不仅要经常调，而且在测试每个样品时都要调，甚至有时会出现这样的情况：同一个样品，在更换观察区域后就需要重新再做一次电磁对中。特别是有磁性的样品，仪器调试和移动样品几乎要同步进行。

电磁对中的调试界面如图 3.1 所示，分别为电子束对中、光阑对中、像散 X 轴对中和像散 Y 轴对中。电子束对中是将电子束调至中心位置，调试秘诀在于一个字——“稳”，利用 X 和 Y 旋钮将束斑慢慢地移动到中心十字交叉位置。光阑对中是利用图像的抖动来进行调试，调试的秘诀是先调抖动大的那个方向，例如沿 X 轴方向抖动厉害，先调 X 轴对中，X 轴调试完成后然后再调 Y 轴对中。像散 X 轴对中和像散 Y 轴对中也是利用图像抖动来调试，调试的方法和光阑对中一样，先调一个方向，转动旋钮，抖动变小继续转，抖动变大，反方向转，直至图像只出现前后抖动，上下和左右几乎不动。

对中调试一定要按部就班，调试好一个方向，再调另一个方向，切不可以一个方向还没有调好，就着急调试另一方向，这样会越调越乱。对中调试不可能一次就能成功，需要来回循环调试 2 ～ 3 次，才能进行下一步像散的调试。对中调试完成的判据是图像，以聚焦和消像散时图像不动为标准，如果聚焦和消像散时图像仍然在动，说明对中调试仍然没有调好。

如何判断对中调试过程中哪一步没有调好？我们仍然以图像移动为判据，聚焦时图像在动，说明光阑对中没有调好；像散校准时图像在动，说明像散对中没有调好。通常情况下，对中可以分两步走，第一步为低倍对中，在放大倍数为 5000 倍时进行对中；第二步为高倍对中，在放大倍数为 2 万倍时对中。如果观察时放大倍数超过 10 万倍，还需要在 5 万倍甚至 10 万倍下对中。

3.1.3　像散校正

像散校正是扫描电镜操作中不可或缺的重要一环。我们经常会听到这样的问题：为什么自己调试的扫描电镜图像存在拉长或畸变？这就是因为像散没有完全消除，轻微的像散也会导致高倍图像出现瑕疵。

1. **像散**

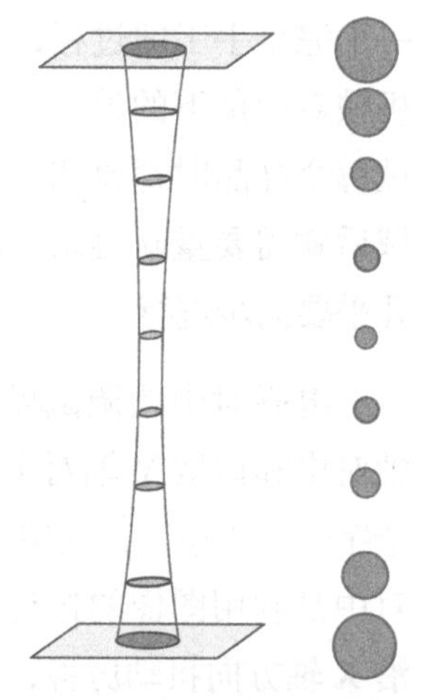
图 3.3 没有像散的电子束聚焦过程中束斑形状的变化

什么是像散？为了充分了解像散，我们用图 3.3 和图 3.4 来进行说明，图 3.3 所示为没有像散的电子束聚焦过程中束斑形状的变化。在理想情况下，电子束穿过不同高度，电子束的横截面都是圆形。当电子束欠聚焦或过聚焦时，电子束直径明显比正聚焦时大，从而造成图像的模糊，但不会产生拉长的变形。

理想的扫描电镜透镜为圆形轴对称磁场，但事实上透镜的磁场无法做到完美对称。尽管随着技术的进步，透镜的加工精度越来越高，但仍然无法实现理想的对称性，透镜轭、线圈绕组和极片加工等过程中始终存在缺陷，导致透镜磁场不对称，最终导致电子束变形。扫描电镜光阑上积累的污染物也可能是电子束形状畸变的原因。由于光阑上的污染物大多是不导电的，当电子束撞击它时，污染物会累积电荷，由此产生的静电场扭曲电子束，导致电子束不再具有圆形横截面，而具有复杂的形状。

在所有畸变中影响最大的畸变是像散。在这种特定畸变中，聚焦电子束的磁场在一个方向上的强度往往比在与其正交的方向上更强，从而产生具有椭圆截面的电子束斑。在表现出像散的电子束中，电子在 X 轴方向的焦点高度与 Y 轴方向不同，从而形成了椭圆形截面。如图 3.4 所示，当电子束沿扫描电镜光轴向下移动时，横截面会从长轴为 Y 轴方向的椭圆逐渐过渡到一个圆（这时圆的直径大于图 3.3 中的等效圆），然后过渡到长轴为 X 轴方向的椭圆。焦点形状从接近线状椭圆变为圆形，然后再变为正交方向的线状椭圆，这就是电子束出现像散的标志。

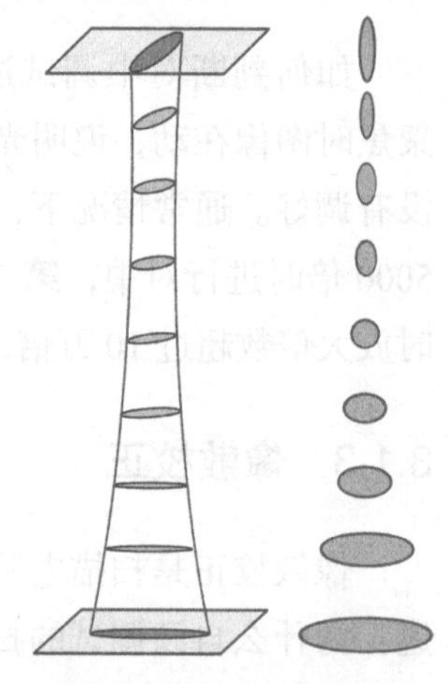
图 3.4 有像散的电子束聚焦过程中束斑形状的变化

当我们使用电子束在样品上扫描成像时，很容易看到这种现象。当样品表面的电子束横截面呈现出在一个方向拉长时，图像分辨率在这个方向上严重下降，产生明显的线性不对称模糊效果，如图 3.5（a）所示。图像细节似乎在这个方向上被剪切或拉伸。如果此时调整焦距旋钮，则可以大大减轻这种图像的剪切或线性不对称性，达到最佳聚焦状态，如图 3.5（c）所示，这是在不校正像散的情况下所能获得的最佳聚焦状态，但此时图像的质量远远低于消像散后电子束获得的聚焦图像质量。如果进一步调整焦距，越过这个对称点，图像将在之前的正交方向上再次显示出大量剪切和拉伸的图像细节，如图 3.5（b）所示。通常，扫描电镜电子束在 X 轴和 Y 轴方向都会出现像散，操作人员必须使用 X 消像散器和 Y 消像散器沿着这两个轴校正电子束畸变。图 3.5（d）～图 3.5（f）所示为在 Y 轴方向具有明显像散的电子束成像。正确执行像散校正操作后，就能获得如图 3.5（g）～图 3.5（i）所示的一系列图像，这时，过聚焦和欠聚焦图像虽然都显示出精细细节的丢失，但并没有在方向上的失真。相比于图 3.5（c）和（f），从图 3.5（i）中可以看出，当像散被合理地消除以后，图像整体的衬度、清晰度和分辨率都得到了显著的提高。

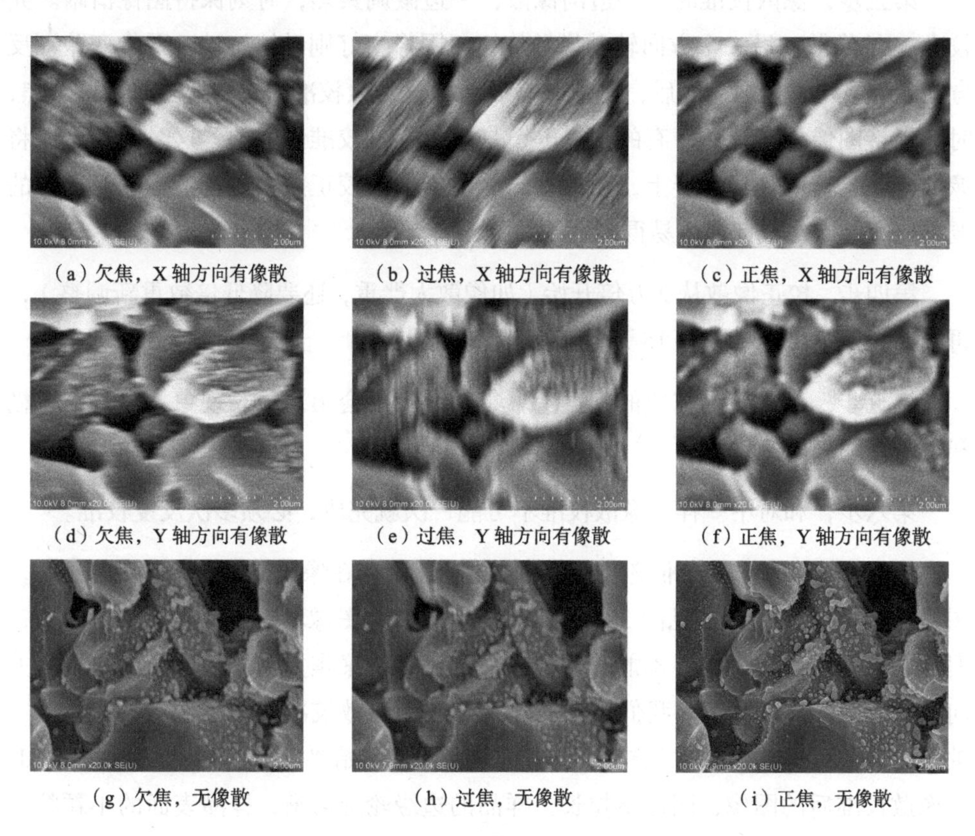

（a）欠焦，X 轴方向有像散　（b）过焦，X 轴方向有像散　（c）正焦，X 轴方向有像散

（d）欠焦，Y 轴方向有像散　（e）过焦，Y 轴方向有像散　（f）正焦，Y 轴方向有像散

（g）欠焦，无像散　（h）过焦，无像散　（i）正焦，无像散

图 3.5　不同聚焦状态及像散状态的扫描电镜照片

2. 像散校正

电子束像散校正并不复杂，但要彻底消除像散也并非易事，特别是初学者在校准过程中，总会留下一些残存像散，导致图像存在瑕疵。对于大多数有经验的操作人员，在校准磁性样品和低加速电压模式的像散时，也会倍感压力。电子束像散校准过程如下。

第一步，仔细调试电子束电磁对中，分别在5000倍和2万倍下调试，特殊情况下（如观察时的放大倍数大于10万倍），增加5万倍和10万倍下的对中。

第二步，找出像散校准时的初始位置，这是关键。当我们将聚焦由欠焦慢慢调整到过焦的过程，图像会发生相互垂直的拉长，找到它们之间不拉长的位置就是像散校准的初始位置。

第三步，像散校准时，一边消像散，一边微调聚焦，时刻保持图像清晰。先校准X轴像散，沿一个方向转动像散旋钮，图像变好则继续转动，图像变差则反方向转动；X轴校准完成后，再校准Y轴像散。像散校准时也需要随时微调聚焦，时刻保持图像处于正焦。有的扫描电镜是用鼠标来校准像散的，这时我们可以将像散校正条显示在显示屏上，通过点击屏上的像散校正条来进行消像散，这样的调整比直接点击鼠标要容易得多。

第四步，校正像散从2万倍开始（如像散太严重，还要降低倍数重新调整），再校正5万倍、10万倍、15万倍和20万倍的像散。

第五步，像散校准完成的判据：聚集时图像不会出现拉长现象，只会在模糊和清晰之间来回变化。

第六步，和对中一样，像散校准不可能一次就完成，必须多次反复校准。

图3.6所示为像散校准整个过程的图像变化，存在像散的情况下，在欠焦时，图像向左上方向拉长，见图3.6（a）；正聚焦时，图像不拉长，见图3.6（b），但这时候图像是模糊的，不能分辨细节；继续往过聚焦方向调节，图像向右上方向拉长，见图3.6（c）。我们以图3.6（b）作为像散校准的初始位置，先校准X轴方向像散，再校准Y轴方向像散，随时调整聚焦，始终保持图像清晰。图3.6（d）是像散校准后的图像，图像不拉长，样品的边缘轮廓清晰，样品表面的小颗粒清晰可见。

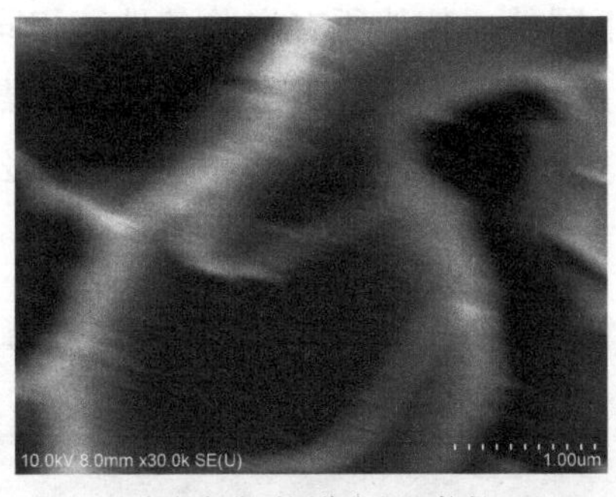

（a）欠焦时图像向左上拉长

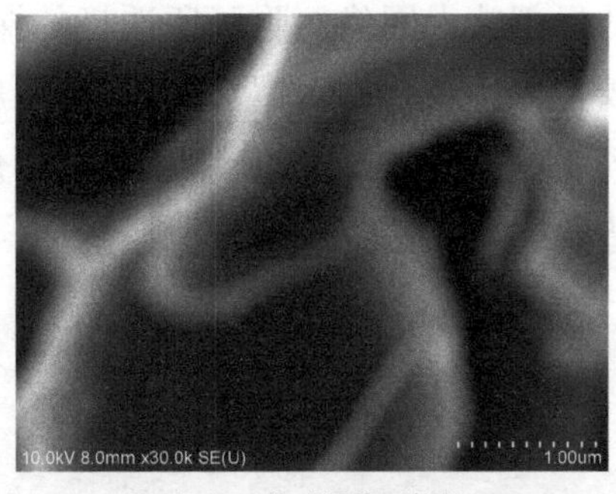

（b）正焦时图像不拉长

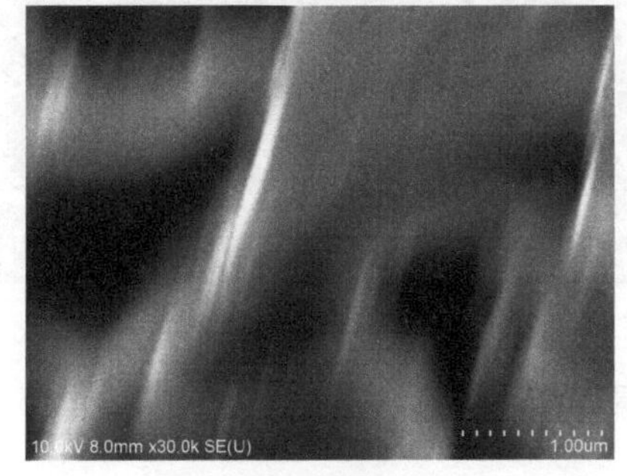

（c）过焦时图像向右上拉长

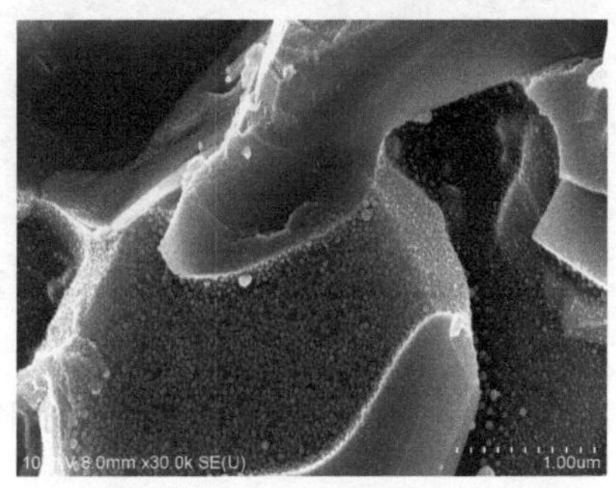

（d）消像散后图像

图 3.6 像散校准整个过程的图像变化

像散校准成为很多初学者学习扫描电镜操作时的一道坎，他们在像散校准时花费了大量时间，但仍无法获得满意的图像，关键原因是无法断定电子束的像散是否已经完全消除。像散完全消除的判据是图像，如果像散已经完全消除，我们让聚焦旋钮慢慢地从欠焦转向过焦，图像会经历模糊、清晰、再模糊的过程，但图像不会出现拉长或剪切。如果聚焦时图像仍有拉长或剪切现象，像散一定没有完全消除。像散校准要从低倍到高倍循序渐进，一般从 2 万倍开始，一直校准到 20 万倍。最终像散校准的倍数是照相倍数的两倍，如果你想获得 10 万倍的照片，那你就必须将像散校准到 20 万倍。

3.2 工作参数选择

扫描电镜中，工作参数对图像的影响很大。其中影响较大的参数有探测器（高位和低位）、模拟背散射、加速电压、减速模式和工作距离等。同一个样品，选用不同的工作参数，可能会得到不完全相同的实验结果。图 3.7 所示为光栅复型的局部放大图像，除了所选择的探测器不同外，其他所有实验条件都相同。图 3.7（a）为高位探测器图像，图像扁平，并且在图像上出现了大量黑色小点，而图 3.7（b）为低位探测器图像，图像显出立体感，表面的黑点消失，是什么原因造成这样的结果？

（a）高位探测器　（b）低位探测器

图 3.7　光栅复型的局部放大图像

3.2.1　探测器

场发射扫描电镜一般都配置两个或两个以上的二次电子探测器，分别为高位探测器和低位探测器，见图 3.8。这些二次电子探测器，放置在不同位置，接收的信号也不一样。高位探测器位于镜筒内部的物镜上方，“俯视”样品，它是一个 TTL 二次电子探测器，接收的信号以二次电子信号（包括 SE_1 和 SE_2）为主，图像的分辨率高，但抗荷电能力差。低位探测器安装在样品室的侧壁，“侧视”样品，接收的信号主要是低角背散射电子和由背散射电子撞

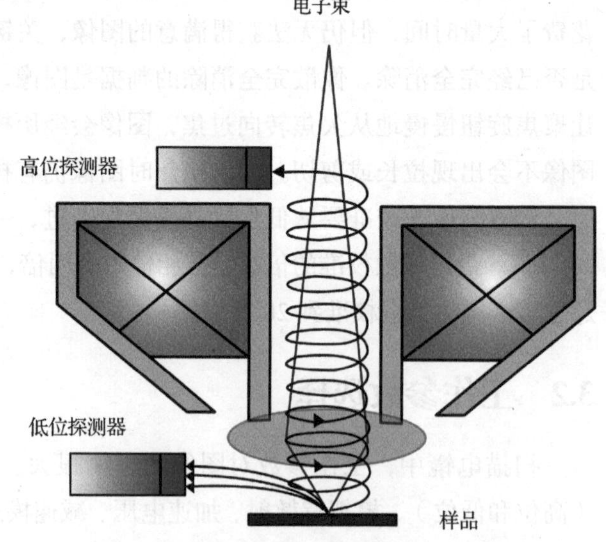

图 3.8　高位探测器和低位探测器示意图

击腔室壁与极片产生的大量 SE_3 信号。这些电子信号来自约 1 μm 深度的样品内部，出射深度较深，因此图像的分辨率不高，但抗荷电能力进一步提高。表 3.1 所示为高位探测器和低位探测器的比较。

表 3.1　低位探测器和高位探测器比较

对比项	高位探测器的参数	低位探测器的参数
信号源	SE_1 和 SE_2	低角 BSE 和 SE_3
空间分辨率	高	低
形貌衬度	强	弱
成分衬度	弱	强
抗荷电能力	弱	强

从探测器安放的位置，我们可以解释图 3.7 的现象。高位探测器位于样品上方，“俯视”样品。俯视视角下，样品在高度方向的信号被压缩，因此图 3.7（a）显得扁平，并且探测器收集的信号为二次电子，它来自样品的表层，样品表面的污染物（表现为黑点）也就显现在图像上；而低位探测器 “侧视”样品，采集的信号是背散射电子及背散射电子激发的 SE_3，来自样品的内层，这样既能显现图像的立体形状，又能忽视表层的污染物，另外低位探测器放置在样品室的侧壁，从图 3.7（b）明显可以看到“探测器”的照明方向。

图 3.9 所示为 Al_2O_3 陶瓷溅射 Pd 颗粒的形貌，样品已经喷镀导电涂层。Al_2O_3 的平均原子序数为 10，而 Pd 的原子序数为 46，二者相差很大。图 3.9（a）和（b）为高位探测器形貌，图像形貌清晰可见，Pd 颗粒边缘清晰，图像的分辨率很高，并且 Pd 颗粒的亮度很亮，尽管高位探测器接收的信号以二次电子为主，但从 Pd 颗粒的亮度说明这些形貌图像上带着成分信息，这些成分信息来自由背散射电子伴生的 SE_2 信号。图 3.9（c）和（d）为低位探测器形貌，图像的清晰度和分辨率都有很大下降，较细的 Pd 颗粒已经难以分辨，但 Pd 颗粒相对明亮，表明低位探测器形貌衬度减弱，但原子序数衬度增强；当高、低探测器同时使用时（也称为混合探测器模式），见图 3.9（e）和（f），相对于高位探测器，背散射电子信号更多，而相对于低位探测器，二次电子信号更多，因此图像的清晰度和分辨率都介于二者之间。

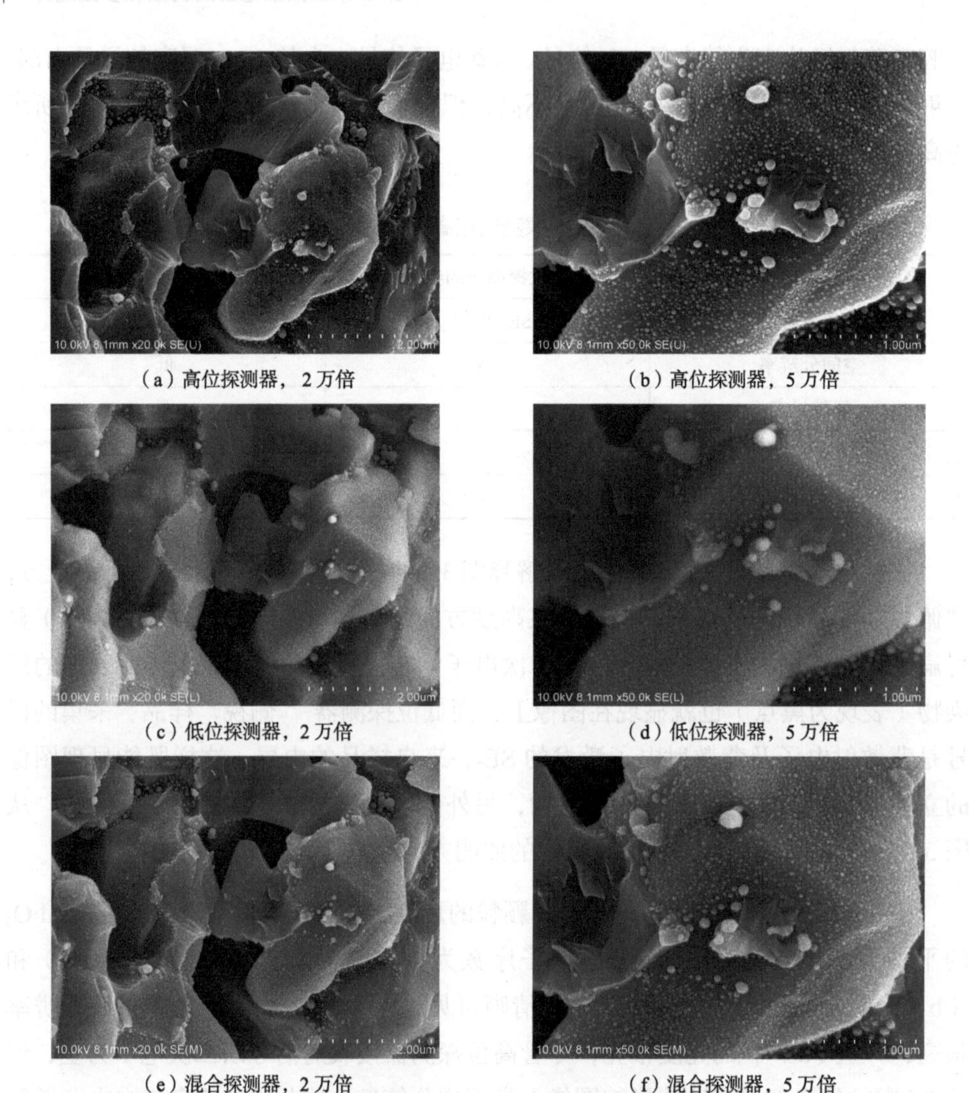

（a）高位探测器，2 万倍　（b）高位探测器，5 万倍

（c）低位探测器，2 万倍　（d）低位探测器，5 万倍

（e）混合探测器，2 万倍　（f）混合探测器，5 万倍

图 3.9　Al_2O_3 陶瓷溅射 Pd 颗粒的形貌

图 3.10 是没有喷镀导电涂层的 Al_2O_3 陶瓷的扫描电镜形貌像，加速电压为 3 kV，放大倍数为 5000 倍。图 3.10（a）是高位探测器形貌，尽管我们选择很低的加速电压，但样品的荷电现象仍然很严重，不仅形貌被严重压扁，并且还出现了异常泛白、异常暗和大量黑色条纹，图像无法观察，形貌分辨不清。图 3.10（b）为低位探测器形貌，样品的荷电现象得到了较大改善，只有很小的区域如图 3.10（b）左下角出现荷电现象，但图像信噪比很差，形貌细节不清晰。图 3.10

（c）是混合探测器形貌，样品的荷电也很严重，荷电的情况接近图 3.10（a）。从图 3.10 我们可以发现，对于不导电样品，低位探测器确实能改善样品的荷电，但低位探测器以低角背散射电子和 SE_3 信号为主，分辨率低，图像的清晰度和信噪比都很差，如想彻底改善图像的分辨率和清晰度，喷镀导电涂层是个正确的选择。

（a）高位探测器

（b）低位探测器

（c）混合探测器

图 3.10 没有喷镀导电涂层的 Al_2O_3 陶瓷形貌像

3.2.2 模拟背散射

高性能场发射扫描电镜的物镜普遍采用浸没式或半浸没式设计，物镜磁场完全或部分覆盖样品台。配置有高、低位两个二次电子探测器，其中高位探测器安装在物镜上面，是一个 TTL 二次电子探测器。通常情况下，很少有标配的背散射探测器（背散射探测器大多是选配项）。尽管低位探测器接收的大部分信号都与背散射电子有关，但这些信号的分辨率低（如 SE_3 信号），信噪比差，很难发挥背散射探测器的作用，与真正的背散射电子像仍有很大差距。那么，如何在没有背散射探测器的情况下，获得令人满意的背散射电子像？

在物镜的下侧放置一个圆筒形电极（也叫控制电极），如图 3.11 所示，电极板上施加 -150 ～ +50 V 的电位。在采集二次电子信号时，电极板上施加 50 V 的正电位。入射电子束照射样品表面产生二次电子和背散射电子信号，这些信号“浸没”在物镜磁场中，由于受到高位探测器法拉第笼正电位的吸引，二次电子和背散射电子通过物镜磁场，从物镜内部向高位探测器运动，受物镜磁场影响做螺旋运动，螺旋运动的半径 R 为

$$R = \frac{mv}{eB} \tag{3.1}$$

式中，m 为电子质量，v 为电子速度，e 为电子电荷，B 为物镜的磁场强度。从式 3.1 可知，螺旋运动轨迹的半径与电子的速度成正比，而电子的速度又和电子的能量有关，

$$E=\frac{1}{2}mv^2 \tag{3.2}$$

式中，E 为电子的能量，对于二次电子而言，其能量低（< 50 eV），螺旋半径小，在向高位探测器运动的过程中不会触碰到圆筒电极，进入 E × B 区域后又受电场力和磁场力共同作用，直接被高位探测器采集。而背散射电子能量高，接近入射电子束能量，以 1 keV 入射电子束为例，其背散射电子的螺旋半径是二次电子的 5 ～ 10 倍，这些背散射电子直接撞击电极板和电极板发生相互作用，结果产生了带有样品背散射电子信号的二次电子，而此时电极板上施加有 50 V 的正电位，这些由电极板上产生的二次电子就直接被电极板捕获，而不能到达高位探测器，此时高位探测器检测的信号为二次电子信号，扫描电镜图像为二次电子像，采集二次电子信号的过程见图 3.12。

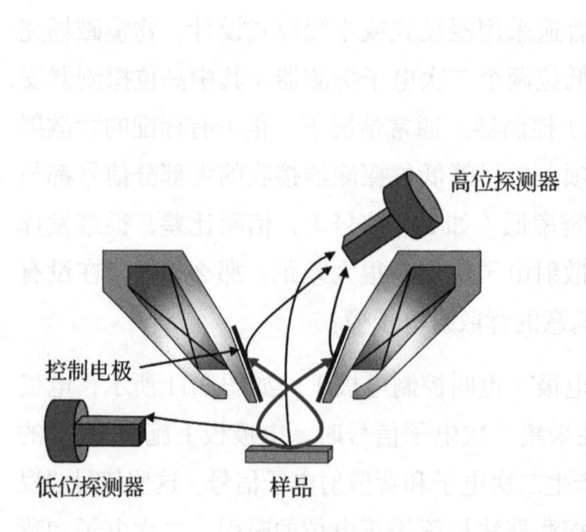

图 3.11　圆筒形电极截面示意图

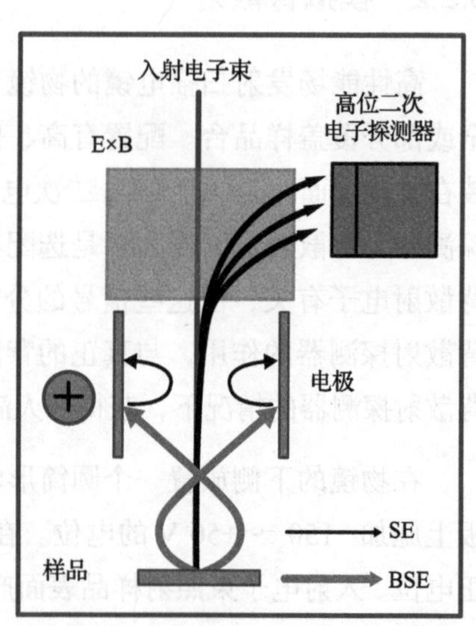

图 3.12　采集二次电子信号的过程

在采集二次电子 + 背散射电子信号时，电极板上施加 -150 ～ 0 V 的电位，如图 3.13 所示。电极板上施加 0 V 电位（LA0），如图 3.13（a）所示。二次电子穿过物镜磁场时，在物镜磁场中做螺旋运动，进入 E × B 区域后，被高位探测器采集。

背散射电子轰击电极板，产生带有背散射电子信息的二次电子，这些二次电子也受到高位探测器电场的吸引，一部分被高位探测器采集，这时高位探测器接收到的信号既有二次电子信号，又有背散射电子信号，因此扫描图像是既包含二次电子信号又包含背散射电子信号的混合图像，但此时背散射电子信号的强度较低。随着电极板上负电压的升高，二次电子受到电极板的负电场抑制，二次电子到达高位探测器的信号量在不断下降，而背散射电子的信号量在增加。当电极板上负电位增加到 -150 V（LA100），如图 3.13（b）所示，这个电压对应的电子能量（150 eV）已经超过了二次电子的最大能量（50 eV），负电位产生的库伦场完全抑制了二次电子向高位探测器运动，而背散射电子能量高，继续撞击电极板，产生带有背散射电子信号的二次电子，这些带有背散射电子信息的二次电子又受到电极板的库伦力排斥（此时电极板带负电压），向高位探测器运动，最后被高位探测器采集，这时候高位探测器接收的信号只有背散射电子信号，这时候的图像为背散射电子像。

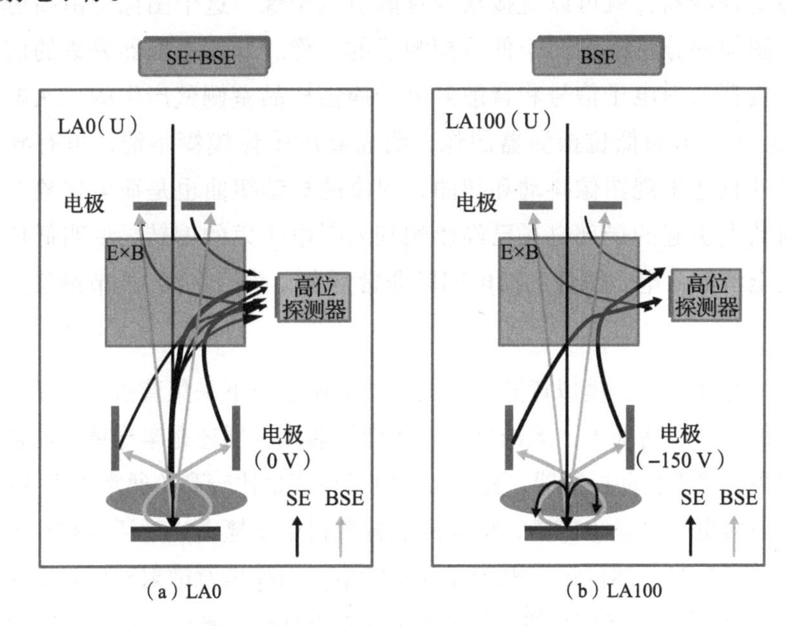

（a）LA0　　（b）LA100

图 3.13　采集二次电子 + 背散射电子的过程

图 3.14 所示为 Al_2O_3 陶瓷溅射 Pd 颗粒的扫描电镜图像，样品没有喷镀导电涂层，入射电子束能量为 3 keV，放大倍数为 3 万倍。图 3.14（a）所示为高位探测器模式，图像以二次电子信号为主，图像的荷电现象非常严重，被压扁扭曲，无

法看清 Pd 颗粒，在凹坑区域，图像异常暗，在较平坦的区域，图像泛白。压扁、扭曲、异常暗和泛白都是荷电现象的表现形式。当电极板电位为 0 V 时（LA0），图像的荷电现象有所减轻，但仍呈扁平状，已能看见部分 Pd 颗粒，但不清楚；电极板上负电位增加到 -30 V 时（LA20），荷电现象进一步减轻，已经能够分辨 Pd 颗粒，但出现了多块异常亮的荷电区域；电极板上负电位增加到 -75 V 时（LA50），已经能够清晰分辨 Pd 颗粒，只出现几块异常亮的小区域；电极板上负电位为 -150 V 时（LA100），Pd 颗粒更加清晰，荷电现象也基本消除。随着电极板上负电位的增大，背散射电子的信号量也在增加。这样一方面可以大幅缓解样品荷电现象，提高图像的清晰度和分辨率；另一方面也增加了原子序数衬度，Pd 颗粒显得更加透亮。

LA100 是由背散射电子信号构成的图像，这时二次电子信号已经完全被控制电极的 -150 V 电位所抑制，不能到达高位探测器。模拟背散射优点在于不用增加背散射探测器，就可以直接获得背散射电子像。这个图像是由高位探测器获得的，图像的分辨率远高于低位探测器的图像。低位探测器采集的信号主要是由低角度背散射电子信号和背散射电子撞击样品室侧壁产生的二次电子信号 SE_3，图 3.14（f）为低位探测器图像，明显看出图像模糊不清，也有异常暗现象出现，并且还出现图像抖动和扭曲，图像的抖动扭曲也是荷电现象的一种形式，这时荷电引起的局部电场已经影响到入射电子束的偏转，说明低位探测器也不能完全消除荷电。图像的荷电问题非常复杂，我们将在 3.3 节继续介绍荷电现象。

除了上述优点外，模拟背散射还能在低加速电压下采集背散射电子信号，获得背散射像。一般情况下，无论是闪烁体计数器探测器还是半导体探测器，背散射电子探测器属于被动探测器，要求入射电子束能量比较高（通常大于 5 keV），产生的背散射电子能量也较高，借助高能背散射电子撞击光学活性材料产生的闪烁发光，并通过光电器件记录电子强度和能量。而模拟背散射对信号电子的能量没有要求，可以在小于 5 keV 的入射电子束能量下获得清晰的图像，如图 3.14 所示，我们使用的入射电子束能量为 3 keV，仍获得满意的背散射电子像。模拟背散射最大的优点在于图像的信号可以调节，通过调节电极板上的电压，就可以调节图像中二次电子和背散射电子的比例，通过调节电极板上的电压就能获得二次电子像、不同信号比例的混合图像及背散射电子像。

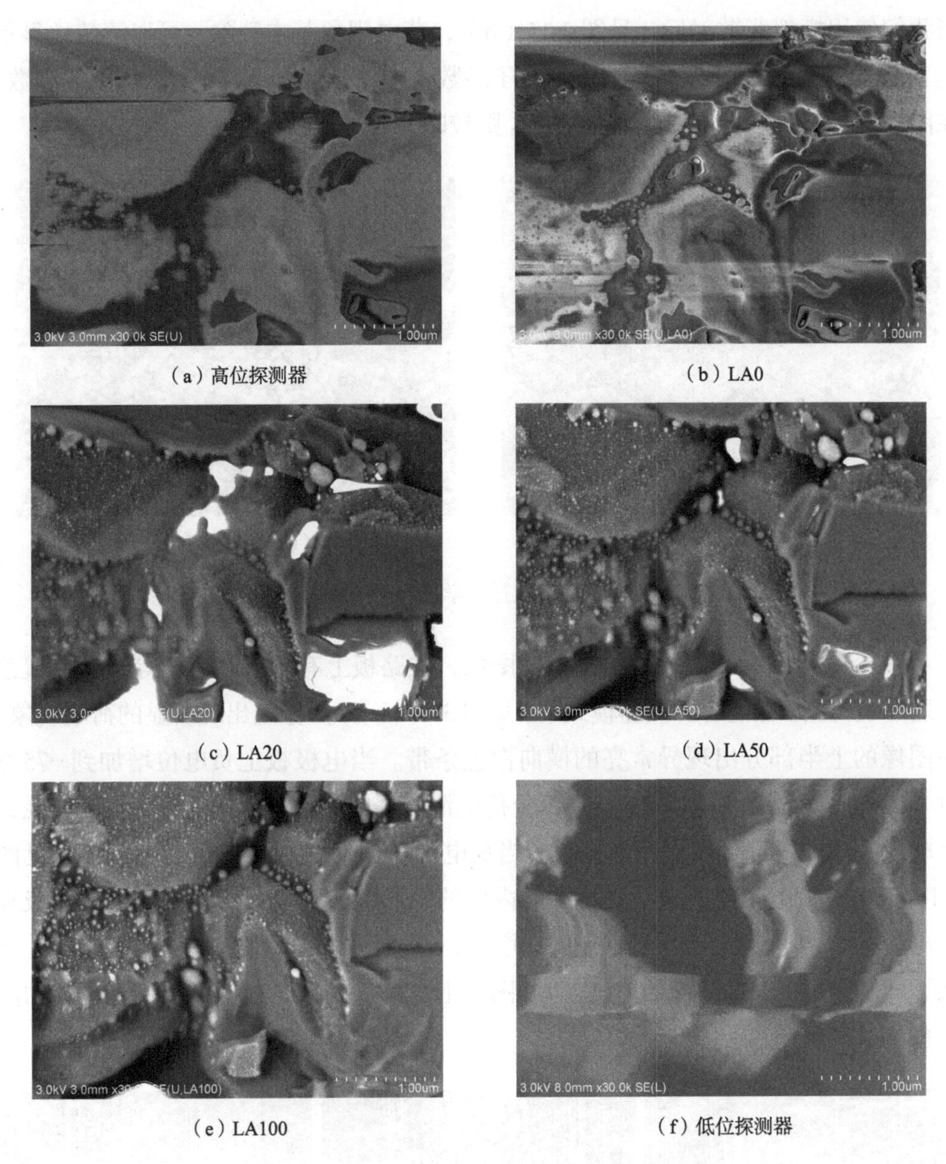

（a）高位探测器　（b）LA0

（c）LA20　（d）LA50

（e）LA100　（f）低位探测器

图 3.14　Al_2O_3 陶瓷溅射 Pd 颗粒的扫描电镜图像

图 3.15 所示为在 Al_2O_3 陶瓷表面通过化学沉积 Pt 颗粒的催化剂形貌，样品没有喷镀导电涂层，入射电子束能量为 5 keV，采用高位探测器。图 3.15（a）为二次电子像，图像被压扁扭曲，在平坦区域图像显示为泛白和异常亮，而在凹坑区域图像显示为发暗，表明此时图像的荷电现象非常严重，无法分辨表面的 Pt 颗粒。

当我们使用模拟背散射后，见图 3.15（b），荷电现象基本消除，可以清楚地显示出 Pt 颗粒的大小和分布，由于 Pt 的原子序数为 78，远大于 Al_2O_3 的平均原子序数，在图像上，Pt 颗粒很亮，而基体 Al_2O_3 则较暗。

（a）二次电子像

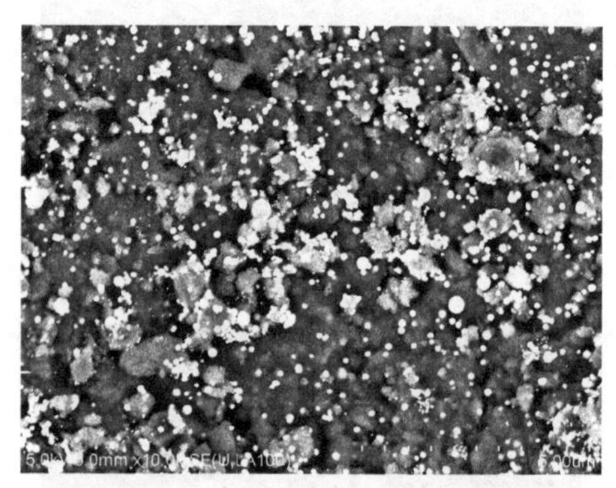

（b）模拟背散射像

图 3.15　Al_2O_3 陶瓷表面通过化学沉积 Pt 颗粒的催化剂形貌

图 3.16 所示为线路板的扫描电镜图像，线路板上有导线和电极等，表层覆盖一层环氧树脂。在混合探测器模式下，见图 3.16（a），图像上出现明显的荷电现象，在图像的上半部分出现异常亮的横向白色条带。当电极板上负电位增加到 -75 V 时（LA50），见图 3.16（b），大部分荷电消失，白色条带数量变少，程度变轻，荷电现象减弱，部分内层图形显现。当负电位增加到 -150 V 时（LA100），见图 3.16（c），荷电现象完全消失，并且内层的图形也清晰地显现出来。随着电极板负电位的增加，背散射电子信号也在增强，背散射电子大都来自样品的内层，反映了样品内层的情况，因此在 LA100 图像上，不仅消除了荷电，线路板内层的图形也都显现出来。

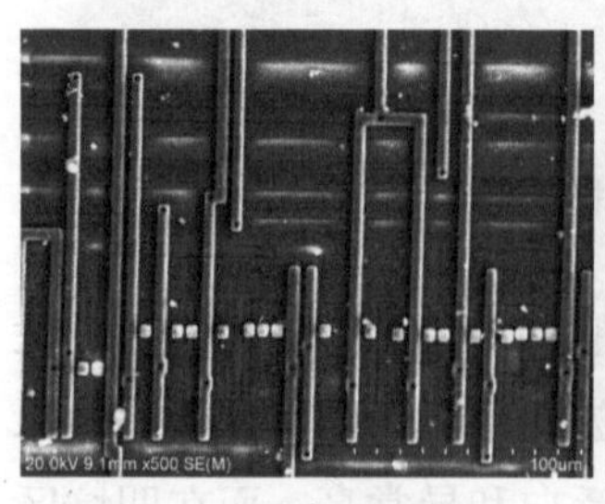

（a）混合探测器

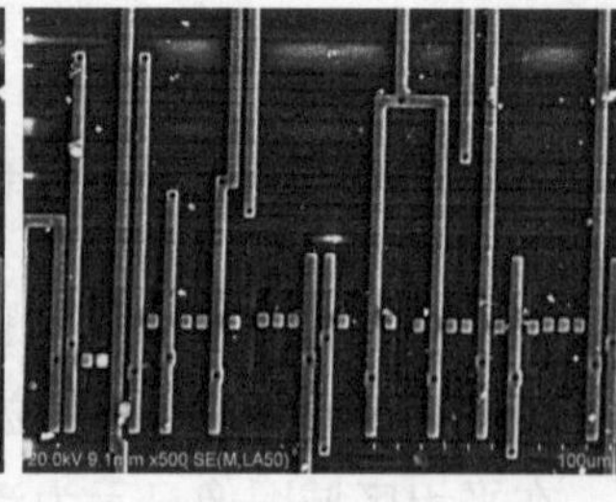

（b）LA50

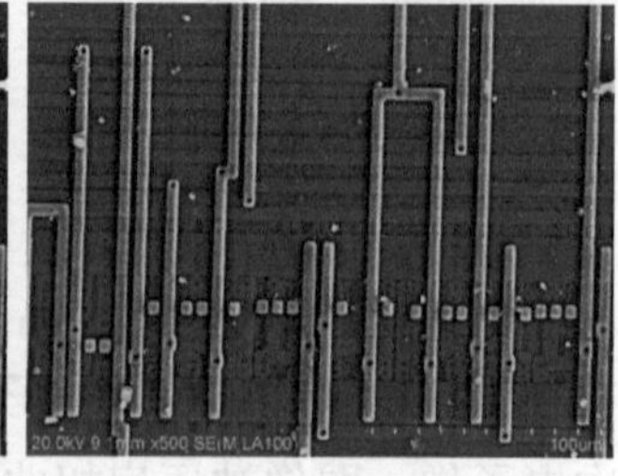

（c）LA100

图 3.16　线路板的扫描电镜图像

图 3.17 所示为芯片的形貌，当我们使用低加速电压（3 kV）和高位探测器来观察样品时，图像荷电严重，出现异常亮现象。把加速电压加大到 25 kV，并加上背散射电子信号时（LA10），不仅完全消除图像的荷电，并且芯片的内层图形也能清晰显现。按理说低电压也能降低荷电，为什么在低电压条件下样品的荷电会更严重？

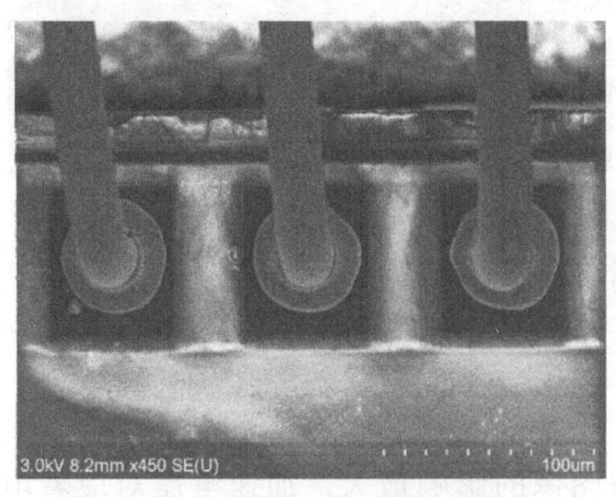

（a）加速电压为 3 kV，高位探测器

（b）加速电压为 25 kV，LA10

图 3.17　芯片的形貌

当我们用低加速电压来扫描芯片时，电子束的入射深度很浅，高位探测器接收的信号来自样品的表层激发出来的二次电子，低加速电压和高位探测器条件下获得的形貌是样品表层的形貌，而芯片的表层为一层环氧树脂，它是绝缘体，图像产生荷电也是很自然的。随着加速电压增加到 25 kV，电子束的射程会增加，而背散射电子信号来自更深的内层，这样一方面背散射电子像消除了样品表层的荷电，另一方面又将样品内层的图形也显现出来。

图 3.18 所示为沉积膜截面形貌，在蓝宝石基底片上生长一层约 200 nm 的钛酸锶钡薄膜。图 3.18（a）为高位探测器图像，由于基体和薄膜都不导电，荷电现象异常严重，在入射电子束照射下，每时每刻都在发生放电现象，尽管此时样品已经通过螺丝固定，但放电使得样品产生了严重的漂移，图像模糊，出现异常亮的荷电现象。图 3.18（b）为模拟背散射像，这时荷电已经被完全被消除，由于膜层组分的原子序数远大于基底组分，因此膜层显得更加明亮。模拟背散射不仅能消除图像中的荷电，而且具有和背散射电子像一样的 Z 衬度特征。

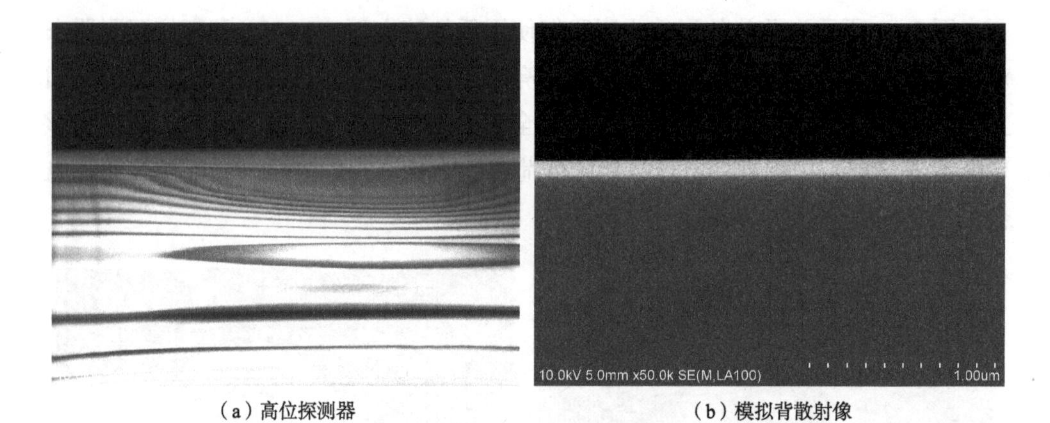

（a）高位探测器　　（b）模拟背散射像

图 3.18　蓝宝石基底片上生长的钛酸锶钡薄膜截面形貌

3.2.3　加速电压

所有参数中，加速电压对扫描电镜图像的影响最大，加速电压对应着电子束能量，不仅影响图像的分辨率和信噪比，还影响样品的表面细节、荷电程度、损伤及边缘效应等，入射电子在样品内的射程、相互作用区及各种信号的产生都和这个参数有关。在扫描电镜所有性能指标中，分辨率是考量扫描电镜性能的最为重要的性能指标之一。通常情况下，仪器厂家给出的分辨率都是在较高加速电压（15 kV）下测定的，这是因为扫描电镜的分辨率和加速电压有关（参见 2.3.2 节）。

图 3.19 所示为不同加速电压对扫描电镜图像的影响，样品为 Al_2O_3 陶瓷上溅射 Pd 颗粒，工作距离为 5 mm，放大倍数为 5000 倍和 10 万倍，采用高位探测器，样品已喷镀导电涂层。当加速电压为 1 kV，见图 3.19（a），在 5000 倍放大时，图像表面细节非常丰富，一些表面的污染物（图中黑色小块）也清晰可见。图 3.19（b）为 10 万倍下的形貌，图像模糊不清，分辨率很低，图像的信噪比也较差，样品上的 Pd 颗粒边界模糊，无法分辨更为细小的 Pd 颗粒。随着加速电压增加到 10 kV，见图 3.19（c），在 5000 倍时，样品表面的一些细节消失，如图像上黑色的污染物消失。在 10 万倍下，见图 3.19（d），图像的分辨率和清晰度大幅提高，图像的信噪比也有很大提升，Pd 颗粒边缘清晰，几纳米的 Pd 颗粒也清晰可辨。加速电压进一步增至 20 kV，在 5000 倍下，见图 3.19（e），样品表面的

一些细节进一步消失，图像变得更加通透，边缘效应也更加明显，而在 10 万倍下，见图 3.19（f），图像的分辨率和清晰度仍很高。

（a）加速电压为 1 kV，5000 倍　（b）加速电压为 1 kV，10 万倍

（c）加速电压为 10 kV，5000 倍　（d）加速电压为 10 kV，10 万倍

（e）加速电压为 20 kV，5000 倍　（f）加速电压为 20 kV，10 万倍

图 3.19　不同加速电压对扫描电镜图像的影响

分辨率和表面细节是两个完全不相同的概念，分辨率表示该扫描电镜的分辨极限，而表面细节是指样品表面信息的丰富程度。1 kV 加速电压下，表面细节很丰富，

但分辨率很低，这一方面是由于低能电子束入射样品，入射电子射程短，相互作用区小，出射的二次电子信号来自样品的表层（当低能电子束入射时，背散射电子的射程也短，导致 SE_2 信号也来自表层），从而把样品表面的信息如污染物都显示在扫描电镜图像上；另一方面电子束亮度随着入射电子束能量的降低快速下降，根据亮度方程式，在束流强度和孔径角不变的情况下，亮度的下降必将增大束斑直径，从而导致分辨率降低。随着入射电子束能量下降，电子束的单色性也下降，引起电子束的色差增大，从而进一步降低图像的分辨率。当加速电压增加到 10 kV，表面细节有所损失，一些附在样品表面的黑色污染物消失，这些污染物都是碳氢化合物，厚度为几纳米到几十纳米，在高能电子束入射时，电子的射程增加，将直接穿透污染物，导致图像上污染物细节的消失，但此时由于加速电压的增加导致电子枪亮度迅速增加，根据亮度方程，电子束束斑直径将变小，图像的清晰度（与亮度有关）和分辨率（与电子束直径有关）得到了很大提高，样品表面非常细小的颗粒也能清晰分辨。我们在进行扫描电镜实验时，不能过分追求表面细节，而忽略分辨率这个最重要的性能指标。分辨率和表面细节有时是两个互相矛盾的性能指标，过分追求丰富的表面细节，就要采用更低的加速电压，从而牺牲了仪器的分辨率。

我们将采用 10 kV 以上的加速电压称为高能入射，采用 10 kV 以下的加速电压称为低能入射。高能入射偏向于分辨样品（提高分辨率），低能入射偏向于获得样品表面的信息。它们各有优缺点。

高能入射的优点：入射能量提高，电子枪亮度迅速增加，得到的图像的分辨率提高，图像的信噪比变好，样品表层污染的影响也越小。

高能入射的缺点：入射能量越高，入射电子射程越大，图像的表面信息和细节变少，边缘效应明显增大。高能量也容易造成低原子序数样品的荷电和损伤，并且易造成图像在高倍下的移动。

低能入射的优点：入射能量越低，入射电子射程越小，图像的信息来源于样品的表层，所反映的表面细节丰富。低能入射明显地降低图像的边缘效应，使图像更加协调柔和。低能入射对样品表面损伤小，减轻不导电样品的荷电和漂移。

低能入射的缺点：入射能量越低，电子枪的亮度越低，图像分辨率降低，图像信噪比较差，很难获得清晰和高分辨率的图像，表面污染物更加明显，另外图像也变得难以调试。

我们在日常的扫描电镜操作中，不能过分地追求低加速电压，特别是低于 1 kV，这时电子束亮度很低，图像的信噪比变得很差，为了保证束流，束斑直径就要增大，导致分辨率迅速下降。另外低加速电压导致电子束的色差增大，进一步增大了聚焦电子束束斑，导致分辨率的二次降低。如想获得满意的图像，必须综合考虑电子束能量这个因素。从图 3.19 可以看出，5 ～ 10 kV 的加速电压条件下，既能保证图像的高分辨率，又能满足图像对样品表面形貌的表征。表 3.2 列出了加速电压对扫描电镜图像的影响。

表 3.2 加速电压对扫描电镜图像的影响

参 数	加速电压降低的影响
分辨率	降低
图像清晰度	降低
信噪比	降低
荷电	降低
边缘效应	降低
样品损伤	降低
表面信息	增多
样品漂移	降低
样品污染	增多

3.2.4 减速模式

观察导电性差或不导电的样品时，模拟背散射和低加速电压都能有效地降低荷电，但它们降低荷电的方式并不一样，模拟背散射采用了对荷电不敏感的背散射电子来观察样品，而低加速电压则降低入射电子束能量。随着入射电子束能量的降低，扫描电镜的分辨率也迅速下降，如日立 S-4800 扫描电镜，在入射电子束能量为 15 keV 时，二次电子像的分辨率为 1.0 nm，而入射电子束能量降至 1 keV 时，分辨率下降到2.0 nm。那么，有没有一个技术既能保持较高加速电压时的性能指标，又能起到低加速电压时降低荷电的作用？

应用减速模式可以在保持较高分辨率的同时，又能保持低加速电压时降低荷电的优势，其原理如图 3.20 所示。在物镜和样品台之间施加减速电场，电子束从电子枪发射时采用较高的加速电压，出物镜极靴后，电子束在减速电场的作用下被减速，使实际到达样品的电子束能量降低。这样入射电子束既保持较高加速电压时的分辨率，又实现较低加速电压时对样品荷电的有效降低。减速电压的调节范围为 50 ～ 2500 V（不同的电镜范围不同）。着陆电压 V_L 的计算公式如下，

$$V_L = V_{\mathrm{acc}} - V_{\mathrm{r}} \tag{3.3}$$

式中，V_{acc} 为加速电压，V_{r} 为减速电压。

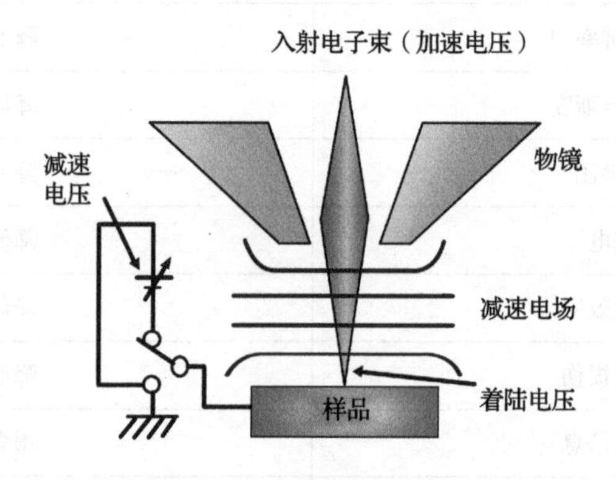

图 3.20　减速模式示意图

使用减速模式时，电子束的初始电压较高，使仪器分辨率维持在较高的水平；同时着陆电压又较低，减少了电子束对样品的损伤和电荷的累积。图 3.21 所示为催化剂样品形貌，样品不导电，没有喷镀导电涂层。图 3.21（a）和（b）为正常模式，加速电压为 1 kV，图像的荷电已完全消除，但在更高倍下图像的清晰度和分辨率都显得不够，见图 3.21（b）。图 3.21（c）和（d）是减速模式，着陆电压为 1 kV，也完全消除荷电，但电子束的加速电压为 3.5 kV（减速电压为 2.5 kV），图像的清晰度和分辨率也比正常模式时有一定的提高，见图 3.21（d）。

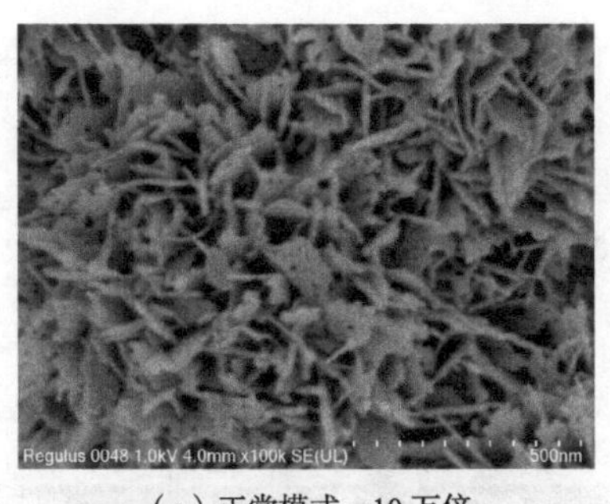

（a）正常模式，10 万倍

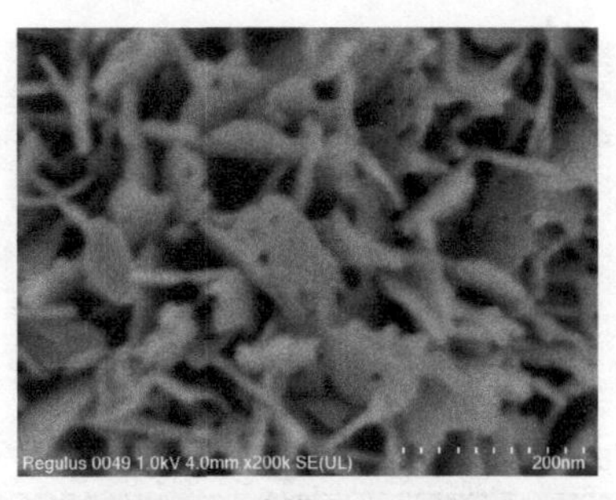

（b）正常模式，20 万倍

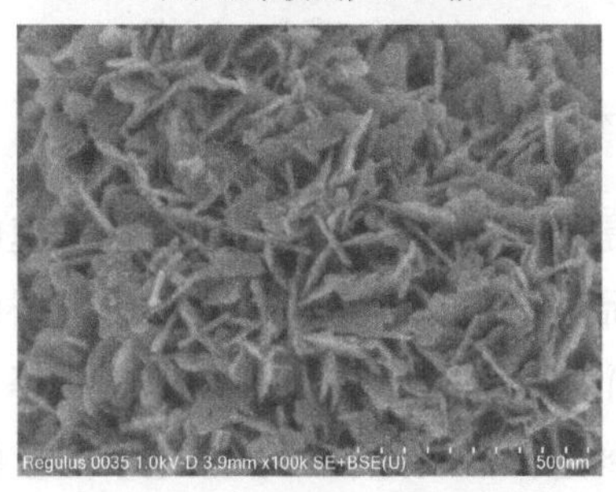

（c）减速模式，10 万倍

（d）减速模式，20 万倍

图 3.21　催化剂样品形貌

图 3.22 所示为 ZrO_2 纳米粉末，样品不导电，样品没有喷镀导电涂层。图 3.22（a）和（b）为正常模式，电子束加速电压为 1 kV，图像没有出现荷电现象，但在更高的 10 万倍下，图像的清晰度较差，颗粒边界模糊不清，分辨率不够。而图 3.22（c）和（d）为减速模式，着陆电压为 1 kV，图像也没有荷电现象，而这时电子束的加速电压为 3.5 kV，因此图像的清晰度和分辨率得到进一步提高，颗粒边界清晰可辨。

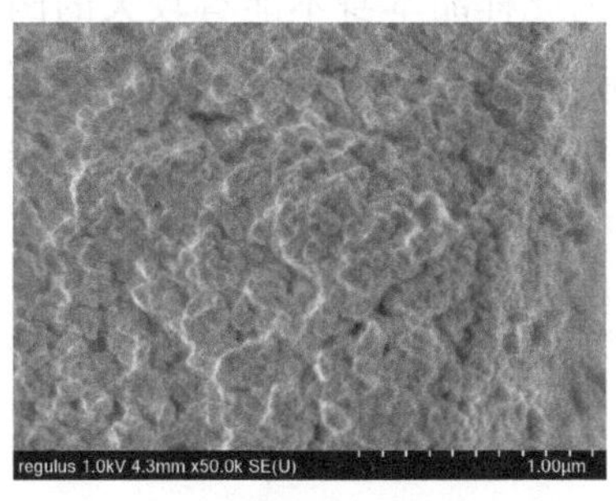

（a）正常模式，5 万倍

（b）正常模式，10 万倍

图 3.22　ZrO_2 纳米粉末

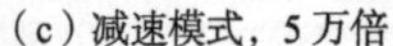

（c）减速模式，5 万倍

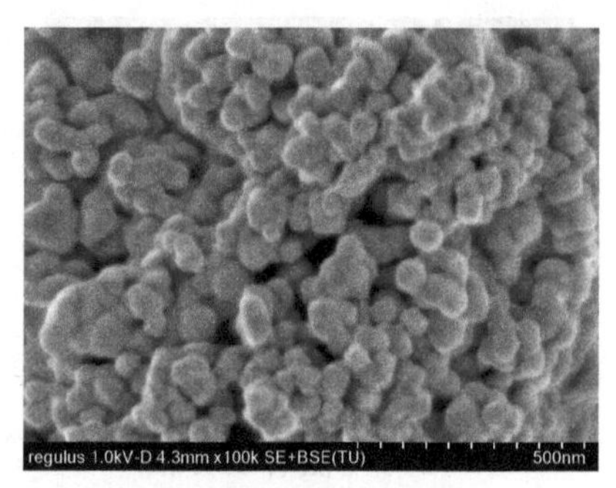

（d）减速模式，10 万倍

图 3.22　ZrO_2 纳米粉末（续图）

值得我们注意的是加速电压和着陆电压是两个概念。加速电压是指加速电子束的电压，而着陆电压代表了电子束到达样品时的电压。正常模式下，电子束在到达样品过程中没有能量的增减，这时这两个电压是一致的，即加速电压等于着陆电压。但在减速模式下，电子束穿过物镜到达样品的过程中，经过了能量的降低，所以加速电压大于着陆电压。从图 3.21 和图 3.22 可知，正常模式和减速模式的着陆电压是一致的，都为 1 kV，所以减速模式保持了正常模式的低电压性能即降低荷电性能，图像的荷电现象都得到了有效消除（两者都没有荷电），但由于减速模式入射电子的初始电压较高（3.5 kV），它又保持了较高加速电压的图像分辨率和图像清晰度，所以减速模式下，图像的清晰度和分辨率都有着不同程度的提高。通俗来说，着陆电压影响着荷电程度，加速电压决定着图像的分辨率和清晰度。

虽然减速模式有上述优点，但是减速模式的应用还是受到很多条件的限制。由于减速电场是施加在物镜和样品台之间，因此样品本身不能有较大的凹凸起伏，最适合减速模式的样品是小块样品或粉末样品。又由于样品台边缘附近的减速电场不均匀，所以要将样品粘在样品台的正中间，每个样品台上也只能放置一两个样品。开启减速电场之前，样品台不应倾斜。截面样品不能使用减速模式。

3.2.5　工作距离

工作距离是指物镜末端到样品表面的距离。在观察样品过程中，随着样品的移动和焦距调整，屏幕上显示的工作距离也会发生微小的变化。工作距离是改善图像质量的另一个重要参数，选择合适的工作距离，对获取高质量图像也是至关重要的。

我们首先探讨工作距离对高放大倍数图像的影响。图 3.23 所示为 Al_2O_3 陶瓷溅射 Pd 颗粒在不同工作距离下的形貌，样品已喷镀导电涂层。入射电子束能量为 5 keV，放大倍数为 10 万倍，选择高位探测器。图 3.23（a）为 4 mm 工作距离，图像清晰，细小的 Pd 颗粒形貌清晰，边缘清晰可见，图像的分辨率很高，几纳米的颗粒都可以清晰分辨。随着工作距离增加到 8 mm 的时候，见图 3.23（b），图像的清晰度稍有下降，但仍能分辨几纳米的细小颗粒。工作距离进一步增加到 15 mm，见图 3.23（c），图像的分辨率已有较大下降，细小颗粒的边缘已经模糊，几纳米的颗粒已不再能分辨。

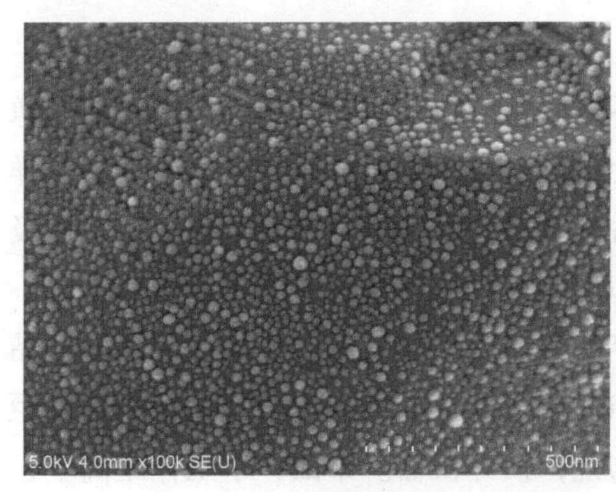

（a）工作距离为 4 mm

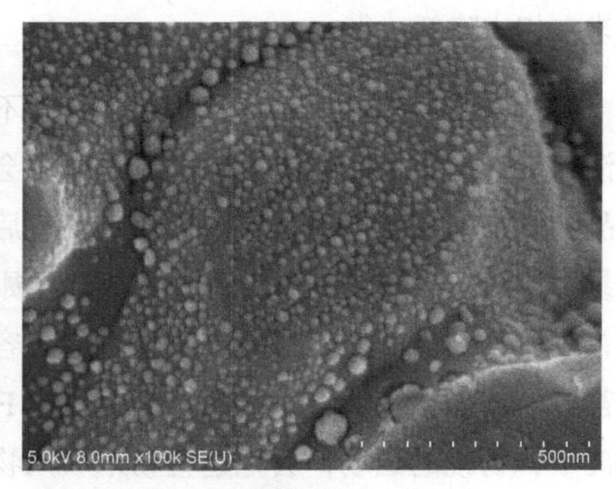

（b）工作距离为 8 mm

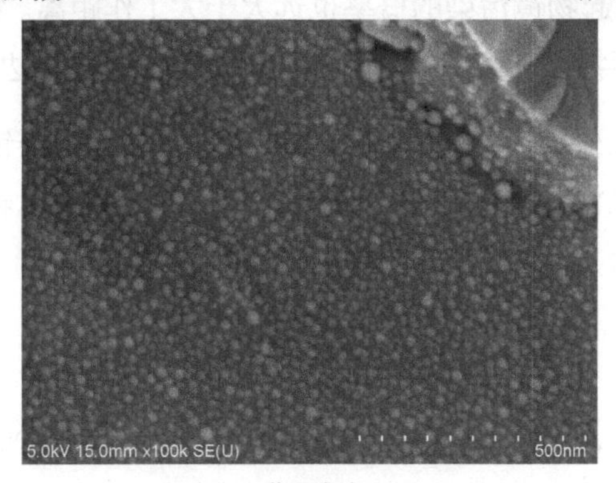

（c）工作距离为 15 mm

图 3.23　Al_2O_3 陶瓷溅射 Pd 颗粒在不同工作距离下的形貌

工作距离的变化影响电子束会聚角，电子束会聚角可以用式3.4来表示，

$$\alpha = \frac{r_{\mathrm{apt}}}{W} = \frac{d_{\mathrm{apt}}}{2W} \tag{3.4}$$

式中，α为会聚角，r_{apt}为光阑孔半径，d_{apt}为光阑孔直径，W为工作距离。工作距离从4 mm增加到8 mm，电子束会聚角也相应地缩小一半。考虑到加速电压不变，电子枪亮度是一个常数，不会随着电磁透镜的设置和成像条件的改变而改变，

$$\beta = \frac{4I_{\mathrm{b}}}{\pi^2 d_{\mathrm{p}}^2 \alpha^2} \tag{3.5}$$

式中，β代表亮度，I_{b}代表电子束束流强度，d_{p}为电子束束斑直径，α为会聚角。从式3.5可以知，会聚角缩小一半，相应的束斑直径就增加一倍（因为β和I_{b}都不变），而扫描电镜的分辨率由电子束束斑直径决定。可见工作距离增加一倍，仪器的分辨率相应降低一半。

然而，过分地追求小工作距离也是不可取的。小工作距离的确可以提高图像清晰度和分辨率，但过小的工作距离也会给仪器带来严重的安全隐患。第一，样品台的加工精度不够，拧到样品台底座后，经常会发生轻微倾斜，小工作距离极易导致样品或样品台触碰到物镜末端而损坏仪器。第二，样品表面的高低也不同，在观察样品的凹坑部位时，物镜末端很容易触碰到凸起的部位。第三，很多样品都带有弱磁性，特别是粉末样品，如含Fe、Co和Ni的纳米化合物，在小工作距离下，物镜的磁场，会把这些粉末吸入物镜，损坏仪器。第四，小工作距离下，电子束轰击样品，引起物镜污染的概率也远大于大工作距离。第五，小工作距离，图像的景深变小，牺牲了低倍图像的整体性，使得低倍图像边缘部分模糊。

上文提到，小工作距离会使图像的景深变小。景深是透镜物平面允许的轴向偏差。通俗来说，景深就是保证图像清晰的情况下样品可以轴向移动的距离。景深可以用下式来表示，

$$D_{\mathrm{f}} = \frac{2d_0}{\alpha} \tag{3.6}$$

式中，D_{f}表示景深，d_0表示电磁透镜的分辨率，α表示孔径半角。根据式3.6，景深有如下特点：第一，工作距离越大，景深越大，因为工作距离越大，α越小；第二，物镜光阑孔径越小景深越大，α越小。

图 3.24 所示为 Al_2O_3 陶瓷在不同工作距离的形貌，加速电压为 10 kV，放大倍数为 5000 倍。图 3.24（a）、（b）和（c）的工作距离分别为 15 mm、8 mm 和 4 mm。随着工作距离的降低，图像的清晰度和分辨率在提高，但图像的边缘越来越模糊，特别是图 3.24（c），尽管图像中心很清晰，但图像右侧的边缘已经变得十分模糊。

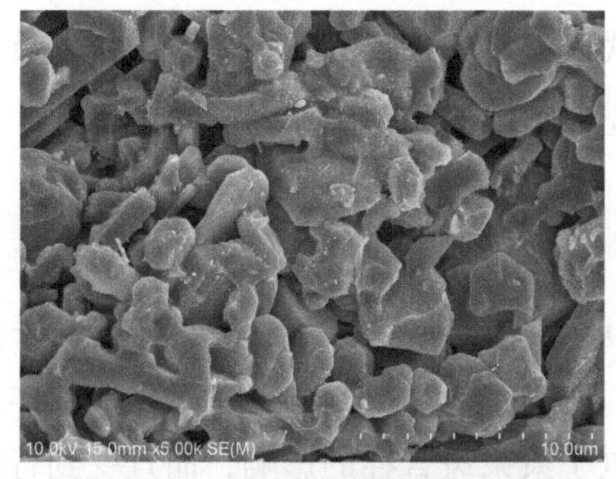

（a）工作距离为 15 mm

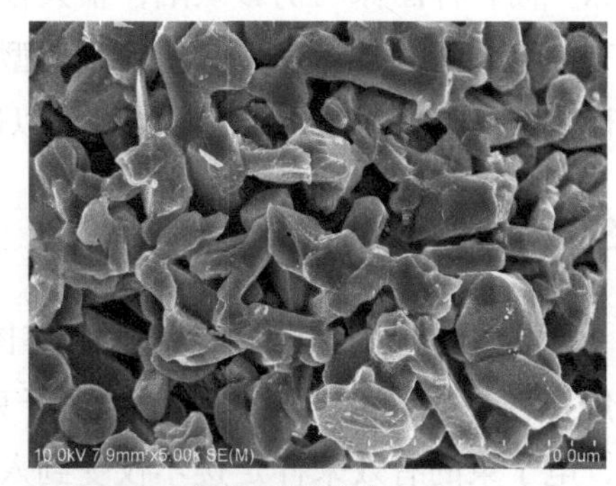

（b）工作距离为 8 mm

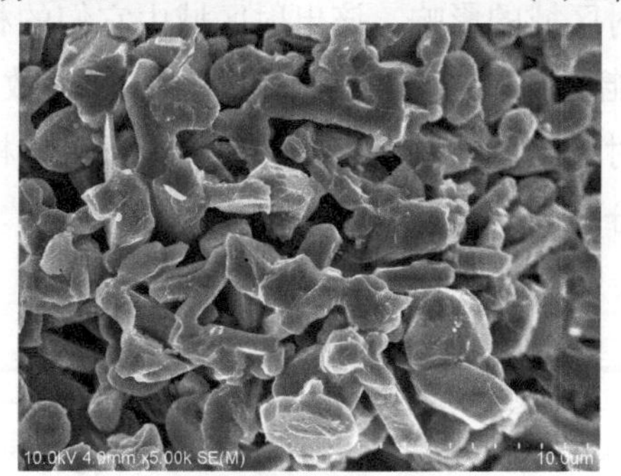

（c）工作距离为 4 mm

图 3.24　Al_2O_3 陶瓷在不同工作距离的形貌

表 3.3 总结了工作距离对扫描电镜图像的影响。

表 3.3　工作距离对扫描电镜图像的影响

参数	工作距离减小的影响
分辨率	升高
图像清晰度	变好
景深和立体感	变差
仪器的风险	变大

3.3 扫描电镜图像缺陷

扫描电镜图像可能存在着由各种机制引起的图像缺陷，包括像散、扭曲、散焦，以及各种伪影缺陷如荷电现象、辐照损伤、污染和莫尔条纹等。图像的像散、扭曲、散焦通常是由仪器本身的缺陷导致的，这一类缺陷可以通过仪器的调节功能进行消除。而各种图像的伪影缺陷，很大程度上与样品的具体性质有关，而且通常还具有一定的偶然性。下文介绍几个典型的代表，目的是提醒扫描电镜操作人员注意存在引发此类图像缺陷的可能性，以避免将缺陷误认为真实的样品特征。

3.3.1 图像散焦

从物理本质看，扫描电镜中聚焦图像就是调节物镜的励磁，使聚焦电子束聚焦在样品表面。图 3.25 所示为电子束在正方形物元的中心位置和有效采样足迹，电子束的有效采样足迹不仅受到入射电子束束斑直径的影响，而且受到背散射电子和二次电子出射区域的影响，该出射区域由它们的相互作用体积来决定。图 3.25（a）所示为低能量（如 5 keV）电子束和高原子序数（如 Au）样品的情况。在低放大倍数下，入射电子束并没有横向扩展，电子束采样足迹仅占每个物元区域的中心点的一小部分，因此不存在采样区重叠的可能性。现在我们考虑一下，随着放大倍数的增加会发生什么情况？

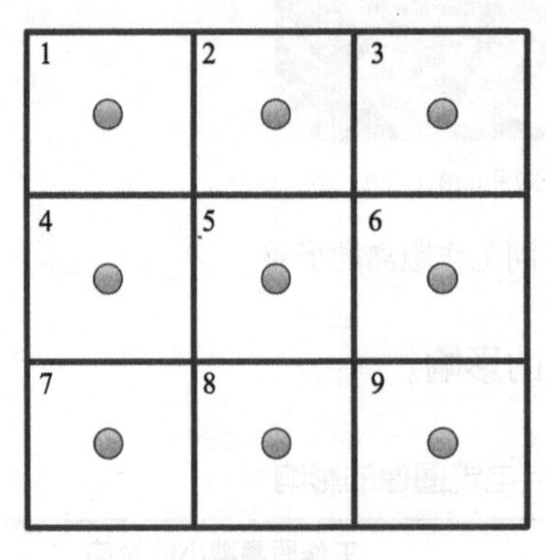

（a）低放大倍数

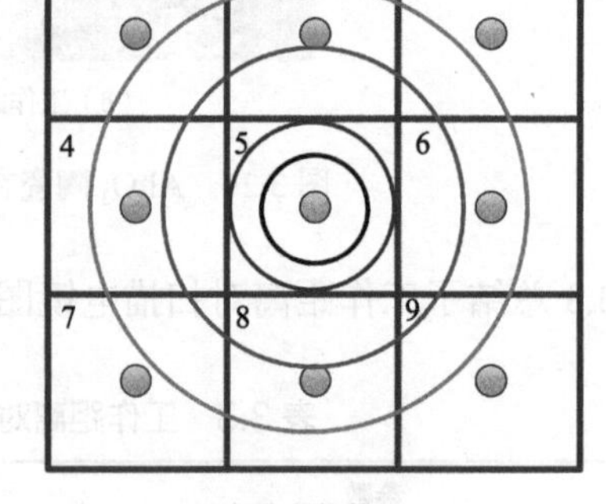

（b）高放大倍数

图 3.25 电子束在正方形物元的中心位置和有效采样足迹

当放大倍数增加时，长度减小，而物元数保持不变，其结果是物元中心之间的距离减小。而对于特定的样品和电子束着陆能量来说，采样足迹的大小保持不变。

如图 3.25（b）所示的情况，随着物元间距变小，电子束采样足迹最终会扩展到相邻物元中，电子束不再只对单个物元的区域进行采样。最终，当多个相邻物元被电子束同时采样时，观察者观察到图像会发生散焦或模糊。尤其在我们开展高分辨率显微分析时，这种情况变得更加明显。

当物镜磁场加强或减弱时（聚焦状态发生变化时），图像也会变模糊，这主要是因为最小电子束横截面沿镜筒中心光轴上下移动，见图 2.32，从而增大了与样品表面相交的电子束束斑直径。不管最小电子束横截面是向上还是向下移动，与样品表面相交的电子束束斑直径都会变大。随着电子束束斑直径的增加，电子束采样的物元也将变大，并且不受背散射电子和二次电子对采样足迹的影响，因此观察者最终也会感知到散焦。

此外，当样品具有沿光轴延伸的特征时，也会出现散焦。例如，当平面样品倾斜或当我们检查表面粗糙的样品时，即使在低放大倍数下，也有可能会出现散焦现象。由于电子束只有在离物镜特定距离处（即工作距离 W）才能聚焦到最小直径，而在沿电子束光轴的其他距离上出现的样品的任何特征，都不可避免地接触了较大直径的电子束，从而显示出图像散焦或模糊的现象。

3.3.2　荷电

荷电是扫描电镜成像中最常见的图像缺陷之一，尤其是使用 E-T 探测器采集信号时，图像很容易产生荷电现象。该探测器对荷电非常敏感，即使有轻微的荷电，该探测器都能反映出来。

1. 样品的荷电

我们将样品看作一个电子结点，入射电子束流 i_B 流入其中，而电子束和样品相互作用产生背散射电子和二次电子流出样品，代表流出结点的电流 i_{BSE}（$= \eta i_B$）和 i_{SE}（$= \delta i_B$）。我们以 Cu 样品为例来说明，假如入射电子束能量为 20 keV，背散射电子产额 η 约为 0.3，二次电子产额 δ 约为 0.1，这两个值合计占注入样品的总束流电子的 40%。根据基尔霍夫电流定律，剩余的电子必须从样品流向接地棒，以避免样品的电子结点上产生电荷积累。对于一个没有电荷积累的电子结点，电流平衡由式 3.7 给出。

$$\sum i_{in} = \sum i_{out} \tag{3.7}$$

$$i_B = i_{BSE} + i_{SE} + i_{SC} \tag{3.8}$$

式中，i_{in}是进入结点的电流，i_{out}为流出结点的电流，i_{SC}是样品（或吸收）电流。以Cu样品为例，$i_{SC} = 0.6i_B$。

扫描电镜样品台的构造通常需要使样品与仪器接地棒之间绝缘，以便进行各种测量。一般会单独设计一条导线将样品电流传输至仪器接地棒。然而，如果将样品表面到接地的路径中断，即使样品是金属导体，也无法建立式3.7中的电流平衡。其结果是通过电子束注入样品中的电子将不断积累，相对于大地，样品积累了负电荷。负电荷进一步产生负电场，促使入射的电子束减速。在极端情况下，负电场还能起到类似于电磁透镜的作用，电子束在到达样品表面之前被折射，从而将样品室内部的形貌显示在图像上。

如果样品台与接地棒之间的电路畅通，且样品的导电性良好，则多余的电荷将以样品电流的形式流向大地，则有

$$R = \frac{\rho L}{A} \tag{3.9}$$

式中，L是样品的长度，A是样品横截面，ρ为电阻率。样品电流i_{SC}通过该电阻时将在样品上产生一个压降V，

$$V = i_{SC} \cdot R \tag{3.10}$$

对于金属，ρ通常为$10^{-6}\ \Omega \cdot cm$量级，$A = 1\ cm^2$，$L=1\ cm$，则样品的电阻R为$10^{-6}\ \Omega$，束流强度为1 nA，电子束经过样品时将产生约10^{-15} V的压降，完全可以忽略不计。对于高纯度（未掺杂）半导体，如Si或Ge，ρ为$10^4 \sim 10^6\ \Omega \cdot cm$，1 nA的电子束将在1 cm^3的样品上产生1 mV的压降，这个压降仍然可以忽略不计。但是对于不导电样品，电流流向接地棒将成为难题。不导电样品包括各种的材料，如塑料、聚合物、矿物、岩石、玻璃和陶瓷等，其存在的形式也多种多样，可能是粉末、块体、多孔固体、泡沫、颗粒或纤维等。对于一些生物样品，当我们通过临界点干燥或冷冻干燥去除其中的水分时，这些样品都将变得不导电。对于氧化物这类不导电材料，电阻率ρ很高，一般可达$10^6 \sim 10^{16}\ \Omega \cdot cm$，在这类材料上入射电子不容易流入接地棒，因此在电子束入射点附近易发生电子聚集，提高了

入射点局部的电位，并产生一系列荷电现象。

2. 辨识扫描电镜图像中的荷电现象

我们在扫描不导电样品时，扫描电镜图像中的很多现象都是荷电导致的。从样品表面射出的二次电子能量很低，在大多数情况下，二次电子的能量为 2 ～ 5 eV。这种低能二次电子容易受到荷电引起的局部电场影响而产生强烈偏转。在第 2 章中已经介绍了二次电子探测器，二次电子探测器由闪烁体和法拉第笼组成。通常探测器放置在距离样品几厘米（约 3 cm）的位置，法拉第笼上施加几百伏的正电位以吸引并收集二次电子。几百伏正电位将在样品表面处产生约 10^4 V/m 的电场。如果是导电样品，从导电样品发射的二次电子将被法拉第笼的电场强烈吸引，它们沿着样品表面进入法拉第笼电场，最终被二次电子探测器检测，而样品电流则沿着接地棒流入大地。

小贴士

二次电子能量低，运动速度慢，荷电对二次电子的影响远大于对背散射电子的影响，所以我们可以使用背散射电子信号来观察导电性差的样品。

如果样品不导电，在电子束和样品接触的局部区域将产生电荷累积，累积的电荷能产生高达几伏的负电位，相对于其附近的无荷电区域或接地棒来说，这个负电荷形成的局部电场高达 10^5 ～ 10^7 V/m，这比二次电子探测器法拉第笼的电场都要强得多。根据荷电电场的正负特征，该荷电电场可能具有排斥或吸引效应。因此，从局部电场的具体情况看，二次电子探测器收集的二次电子可能会增加或减少。当入射电子多于出射的二次电子和背散射电子，入射点处电子净积累，荷电电场为负电场，二次电子被排斥，加速离开样品表面，更多的二次电子被二次电子探测器接收，图像明亮；而当出射的二次电子和背散射电子多于入射的电子时，入射点处电子净流出，荷电电场为正电场，二次电子会被吸引回到样品表面或接地棒上，二次电子探测器接收的二次电子变少，该区域图像发暗。

这种由荷电引起的衬度也被称为电压衬度，电压衬度是一种伪影，它严重干扰并掩盖了样品表面起伏产生的二次电子信号。图 3.26 所示为使用二次电子探测器观察金属衬底上的不导电粒子，入射电子注入不导电粒子，累积负电荷，在粒子和衬底之间形成一个局部的负电场，这个负电场可高达 10^5 V/m（按 1 V 负电位，10 μm 距离计算），这个负电场排斥二次电子，促使更多二次电子离开样品表面，提高了二次电子探测器的收集效率，导致不导电粒子的一些区域异常明亮。而当扫描电子束离开不导电粒子到达金属表面时，不导电粒子的负电荷不能完全衰减消散，而入射金属表面的电子可以直接流走，这样环绕不导电粒子的金属衬底和不导电粒子间呈现正电位，吸引二次电子回流到金属衬底，降低了二次电子探测器的收集效率，因此在图像上形成一个“暗环”包围不导电粒子。

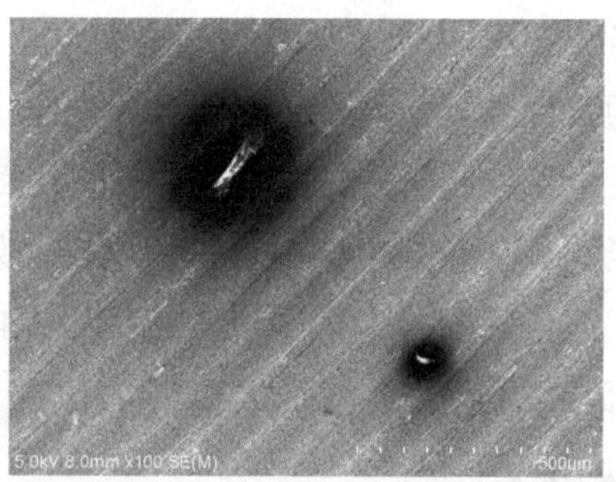

图 3.26　金属衬底上的不导电粒子

由于二次电子的运动轨迹遭到破坏，荷电效应产生的伪影在二次电子探测器采集的图像上呈现出极端的显示效果。在极端的荷电情况下，真实的立体形貌衬度可能完全被荷电现象掩盖。荷电效应引起的局部电场甚至会使入射电子束发生偏转，从而导致图像不连续。荷电现象不仅与样品的导电性有关，而且还和扫描时间有关。图 3.27 所示为入射电子束能量为 10 keV，未喷镀导电涂层的 ZrO_2 烧结颗粒的二次电子像。ZrO_2 烧结颗粒不导电，室温下电阻率高达 10^{13} ～ 10^{14} Ω · cm。图 3.27（a）为积分扫描图像，电子束在扫描点处驻留时间短，荷电现象并不严重，图像细节尚能分辨。图 3.27（b）为慢扫描图像，电子束在每个扫描点上驻留时间延长，从而导致严重的荷电现象，不仅图像被严重压扁，并且图像不连续，还出现了黑色线条、异常亮和异常暗现象，这些现象都是荷电的表现形式。

目前大家对荷电现象的本质尚未完全了解，很多荷电现象还无法解释。通常情况下，荷电现象随着时间发生动态变化，如图 3.26 所示的“暗环”，随着时间的变化而变大或变小。在观察不导电样品时，不导电样品充当了电容器，将电子驻留在扫描点处，导致电荷积累。累积的电荷是驻留时间的函数，当电子束移开时，电荷衰减。根据样品的具体特性，特别是表面电阻率和束流条件，注入电荷可能在单次扫描循环完成时仅部分消散，从而在图像上产生强烈的荷电效应。单个扫描点处电位随时间变化的情况如图 3.28 所示，在单个扫描点处，表面电位随电子束驻留时间延长先增大，然后衰减，直到电子束返回并开启新的扫描循环。在更极端的情况下，累积电荷产生的局部电场高于绝缘体的击穿电场，还可能导致局部击穿，并突然放电，例如在观察蓝宝石上生长的钛酸锶钡薄膜截面样品时，放电现象连续发生，见图 3.18（a）。图 3.29 所示为未喷镀导电涂层的 Al_2O_3 陶瓷的荷电现象随驻留时间的变化，入射电子束的能量 E_0 =2 keV。图 3.29（a）采用积分扫描模式，单个扫描点驻留时间较短，图像几乎没有荷电伪影。当我们改为慢扫描模式时，产生了不同的成像结果，见图 3.29（b）。更长的驻留时间导致图像产生荷电，在图像上出现一些黑色线条、泛白和压扁。由此我们可以得出结论，使用快速扫描并对其积分成像来代替慢扫描，是提高图像的信噪比和降低荷电伪影现象的一个可行方案。

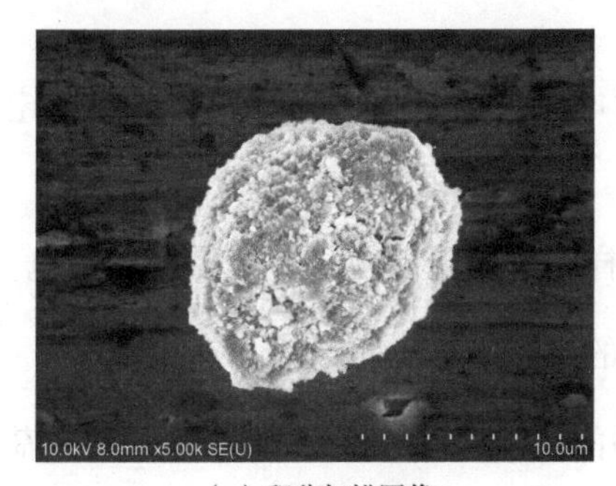

（a）积分扫描图像

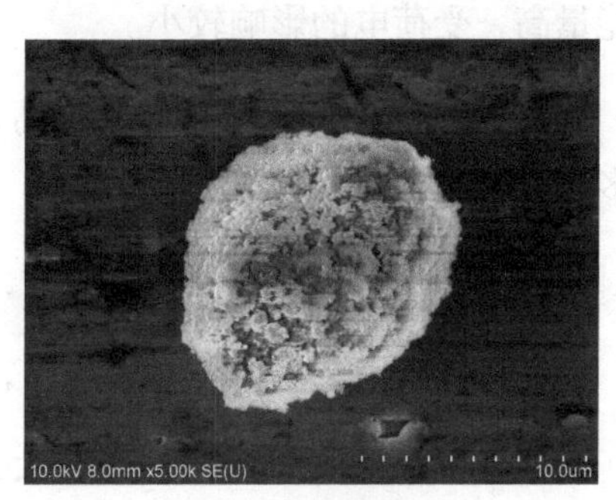

（b）慢扫描图像

图 3.27　ZrO_2 烧结颗粒的二次电子像

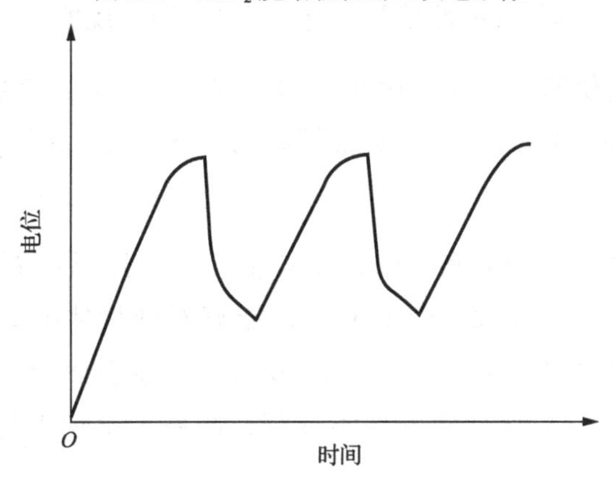

图 3.28　单个扫描点处电位随时间的变化

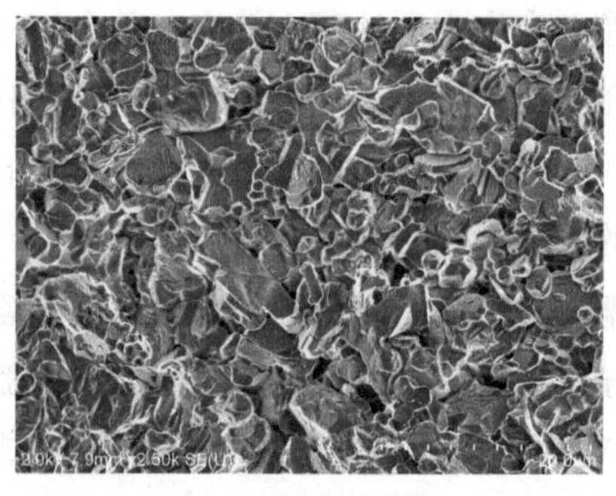

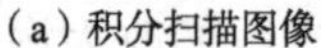
（a）积分扫描图像

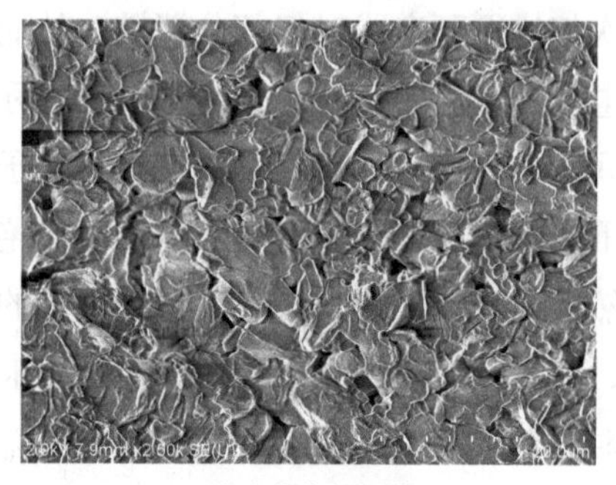

（b）慢扫描图像

图 3.29　未喷镀导电涂层的 Al_2O_3 陶瓷

不导电样品的电荷积累涉及多个变量，荷电现象也和很多因素有关。

与信号有关：二次电子能量低，运动速度缓慢，易受荷电影响，而背散射电子能量高，受荷电的影响较小。

与加速电压有关：加速电压越高，入射电子射程越大，积累在样品内的电荷越多，荷电现象越明显。

与束流强度有关：束流强度越大，注入样品的电子越多，越容易产生荷电。

与驻留时间有关：驻留时间越长，注入的电子越多，也越容易产生荷电。

与放大倍数有关：放大倍数越大，扫描的区域越小，单位面积注入的电荷越多，越容易产生荷电。

与样品有关：样品的导电性越差，越容易产生荷电现象。

与样品表面起伏有关：在表面凸起的地方，激发出的信号（二次电子＋背散射电子）多，荷电现象轻，而在样品凹陷的区域，激发的信号少，荷电现象则严重。

我们比较了 E_0 = 1 keV 和 5 keV 时未喷镀导电涂层的石英颗粒的二次电子像，如图 3.30 所示。在 E_0 = 1 keV 时，能够看到物体的真实形状，荷电现象不明显，而在 E_0 = 5 keV 时，荷电伪影完全掩盖表面形貌，荷电效应甚至使电子束发生偏转，从而导致图像不连续，图像上出现大量粗细不等的黑色线条。

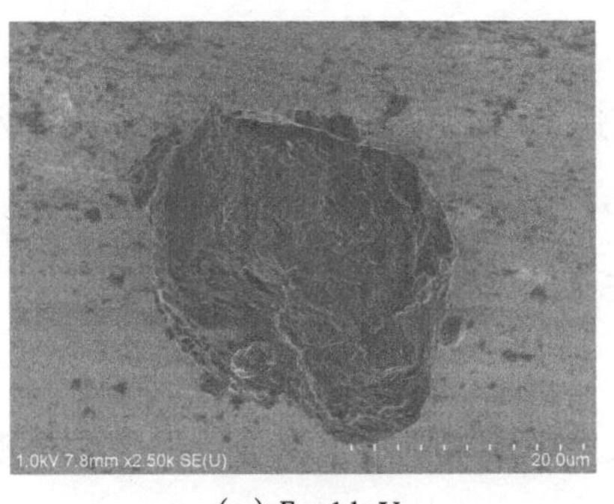

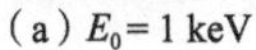
（a）E_0= 1 keV

（b）E_0= 5 keV

图 3.30　未喷镀导电涂层的石英颗粒的二次电子像

一些样品的荷电伪影很容易被误解为样品特征。图 3.31 所示为陶瓷球样品，样品已喷镀导电涂层。在 E_0 =5 keV 时，所有陶瓷球都能显示出真实的立体形貌，但少部分陶瓷球顶部出现了轻微的荷电现象，表现为在球的顶端有轻微的泛白。在 E_0 = 20 keV 时，大部分陶瓷球仍然显示出立体形貌细节，但其中近一半的陶瓷球中心有很亮的亮点，这容易被误认为是高原子序数夹杂物或高出球面的精细立体特征。虽然这个样品表面已经喷镀一层 Pt 导电涂层，在球体的上表面是导电的，但是球体的侧面仍然无法覆盖导电涂层，入射电子仍然无法及时通过球表面流向大地，导致在陶瓷球顶端产生电荷积累，从而产生荷电效应。

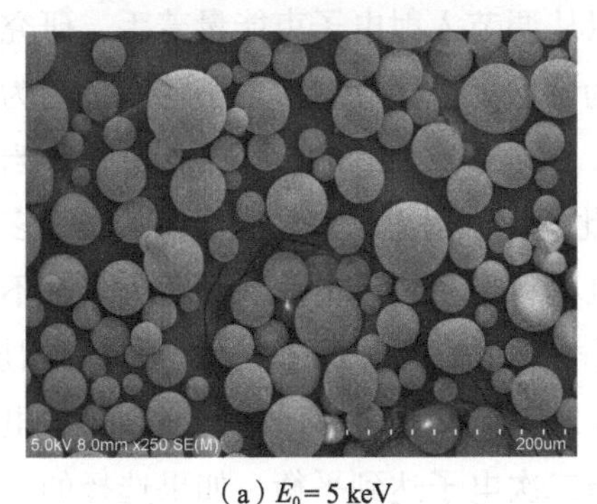

（a）E_0= 5 keV

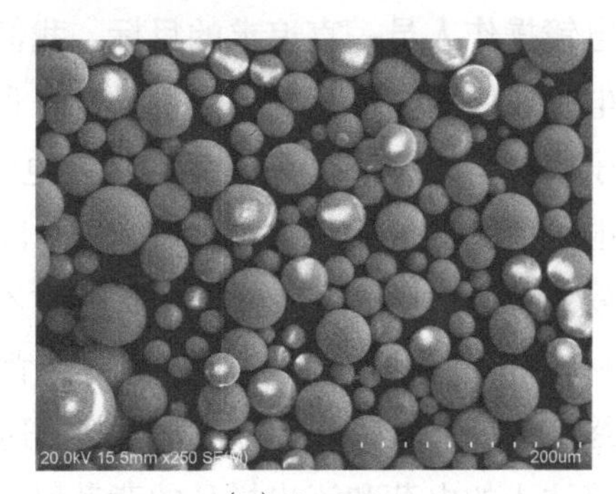

（b）E_0= 20 keV

图 3.31　陶瓷球样品

一些常见的荷电现象如下。

异常反差：二次电子动能低，速度慢，容易受到电荷积累的影响，造成图像一部分异常亮（累积负电荷），一部分又异常暗（累积正电荷），见图 3.26、

图 3.27（b）和图 3.30（b）。

图像畸变：累积电荷产生局部静电场高达 10^5 ～ 10^7 V/m，使得电子束在入射样品时发生不规则偏转，从而造成图像畸变，见图 3.27（b）和图 3.30（b）。

图像漂移：荷电电场使入射电子束往某个方向偏转而形成图像漂移，见图 3.14（f）。

亮点与亮线：电荷聚集的无规律性导致发生不规则放电，导致图像中出现不规则的亮点与亮线，见图 3.31（b）。

图像被压扁，没有立体感：当扫描速度较慢时，电子束在每个入射点驻留时间较长，引起电荷积累，导致图像被压扁，立体感缺失，见图 3.27（b），这种现象经常在慢扫描时出现。

击穿和放电：荷电产生的局部电场高于绝缘体的击穿电场，产生击穿和放电现象，见图 3.18（a）。

3. 控制荷电现象的手段

（1）不喷镀导电涂层

对于不导电样品，如何在没有喷镀导电涂层的情况下，控制和消除荷电？这是电镜操作人员一直追求的目标，我们可以从调节入射电子束能量着手，研究扫描电镜成像的基本荷电行为。图 3.32 所示为背散射电子和二次电子的激发行为与电子束能量的关系，$\eta + \delta$ 为背散射电子与二次电子产额总和。通常情况下，当入射电子束能量大于 5 keV 时，$\eta + \delta < 1$，因此通过入射电子束注入样品的电子多于激发的背散射电子和二次电子，导致不导电材料中积累负电荷。对于大多数不导电材料，随着入射电子束能量的降低，背散射电子和二次电子的总激发量显著增加，最终当能量降低到 E_2（取决于材料，通常为 2 ～ 5 keV）时，$\eta + \delta = 1$，入射电子束流注入的电荷和流出样品的背散射电子与二次电子达到平衡。如果选择的入射电子束能量略高于 E_2，$\eta + \delta$ 略小于 1，则当入射电子束保持在该扫描点时，负电荷的局部积累会排斥随后入射的电子，从而降低入射电子束流撞击表面的有效动能，最终达到 E_2 能量，并积累一个动态平衡的稳定电荷量，这时的负电荷的积累起到了减速作用。当入射电子束能量低于 E_2，且高于 E_1（取决于材料，为 0.5 ～ 2 keV），很多不导电材料的背散射电子产额和二次电子产额可能达到较大的数值。

因此，在该入射电子束能量范围内，$\eta+\delta>1$，样品发射的电子信号量大于入射电子数量，导致样品表面呈正电荷，从而增加入射束电子的动能，直到达到 E_2 能量并实现电荷的再平衡，这时电荷积累起到一个加速作用。这种动态电荷稳定性使未喷镀导电涂层不导电样品能够成像，如图 3.30 所示的未喷镀导电涂层的石英颗粒。其中，在 $E_0 = 1$ keV 时，观察到无荷电现象的图像；但在 $E_0 = 5$ keV 时观察到明显的荷电现象。

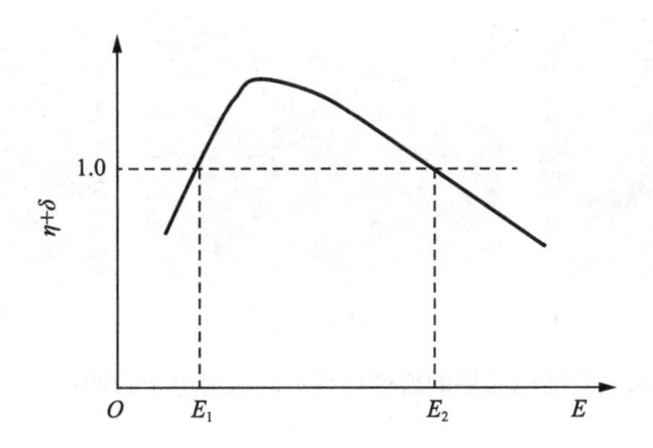

图 3.32　背散射电子和二次电子的激发行为与电子束能量的关系

能否实现有效的动态电荷平衡一方面和样品材料与形状有关，样品的局部倾斜影响背散射电子，尤其是二次电子的激发；另一方面还和扫描电镜的几个参数有关，包括电子束能量、束流强度和扫描速度。如图 3.29 所示，$E_0 = 2$ keV 时，在扫描点驻留时间不同也会产生不同的效果，使用更长驻留时间时会观察到荷电现象，这表明荷电现象是与多个变量都相关的复杂现象。

从图 3.32 中可知，只要找到 E_1 和 E_2 的位置，选择 E_1 和 E_2 附近的电子束能量，不用喷镀导电涂层也能获得不导电样品的无荷电图像。图 3.33 所示为未喷镀导电涂层的玻璃片在不同入射电子束能量下的荷电情况。图 3.33（a）为 500 eV 入射，图像几乎没有荷电；入射电子束的能量增加到 1 keV，图像出现荷电，表现为异常暗，见图 3.33（b）；当入射电子束能量增加到 2 keV 时，图像又几乎没有荷电，见图 3.33（c）；入射电子束能量增至 3 keV，图像又出现荷电，部分区域表现为异常亮，见图 3.33（d）；继续增加入射电子束能量至 5 keV 和 10 keV，图像荷电现象严重，部分区域的形貌已发生畸变，见图 3.33（e）和（f）。

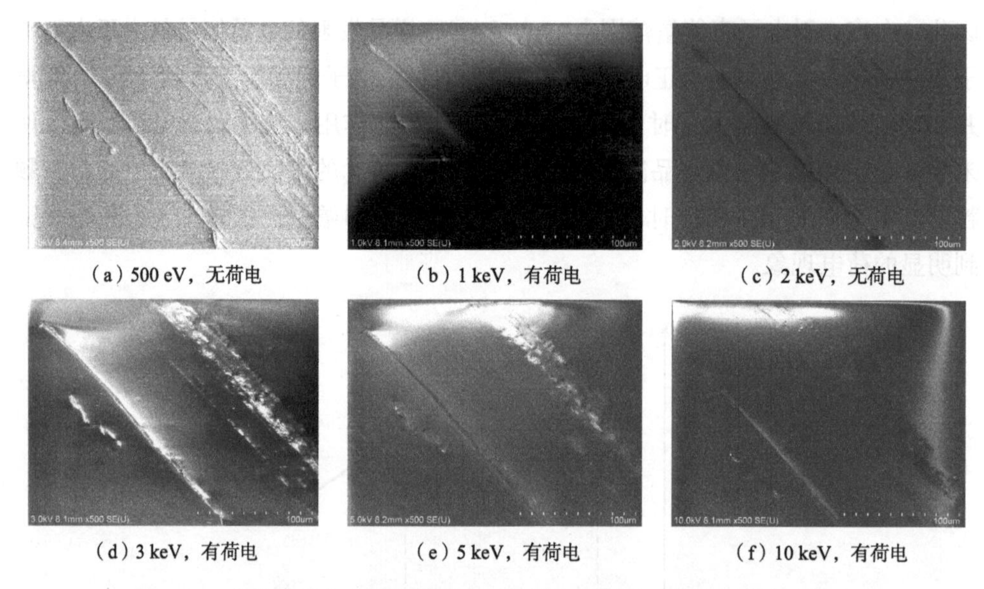

（a）500 eV，无荷电　　（b）1 keV，有荷电　　（c）2 keV，无荷电

（d）3 keV，有荷电　　（e）5 keV，有荷电　　（f）10 keV，有荷电

图 3.33　未喷镀导电涂层的玻璃片在不同入射电子束能量下的荷电情况

图像的异常暗和异常亮是不导电样品荷电现象的两种常见表现形式。由上述分析可知，当逸出电子的产额等于 1 时，样品就不会产生荷电，图像正常。当逸出电子的产额大于 1 时，样品带正电，吸引二次电子回流样品，图像表现为异常暗；反之，当逸出电子的产额小于 1 时，样品带负电，二次电子加速离开样品，图像表现为异常亮。图 3.33 显示入射电子束能量为 500 eV 和 2 keV 时，图像没有荷电现象，因此这时逸出电子的产额为 1（或接近 1），逸出电子和入射电子数量相同，即 $E_1 = 500$ eV，$E_2 = 2$ keV。当入射电子束能量 $E = 1$ keV 时，位于 E_1 和 E_2 之间，$\eta + \delta > 1$，逸出电子大于入射电子，样品带正电，二次电子被吸引回到样品，探测器接收的信号变少，图像表现为异常暗，见图 3.33（b）。当入射电子束能量大于 2 keV 时，大于 E_2，即 $\eta + \delta < 1$，逸出电子数量小于入射电子数量，样品带负电，促使更多的二次电子离开样品表面，更多的二次电子被探测器接收到，图像表现为异常亮，见图 3.33（d）。随着入射电子束能量的提高，电荷积累在增加，局部电场强度也在增加，导致入射电子束的偏转，图像发生畸变，见图 3.33（e）和（f）。但不管图像有没有荷电，图像都不会清晰，分辨率很差，信噪比也很差，无法清晰反映样品的表面细节。即使我们找到 E_1 和 E_2，但也只能观察低倍形貌，电镜参数的任何变化，如放大倍数的变化，都会引起 E_1 和 E_2 的变化，引起荷电现象的重新变化。如想对样品的细节进行更深一步的观察，这就需要通过其他的方法如

喷镀导电涂层来解决不导电样品的荷电问题。

（2）喷镀导电涂层

不导电样品可以通过喷镀导电涂层来增加其导电性，在不导电样品的表面喷镀导电涂层的方法很多。可以通过电子束加热（金属、合金）、电阻加热（碳）的热蒸发，高能离子溅射（金属、合金）或低能等离子溅射（合金）等方法来进行沉积。导电涂层必须覆盖样品表面的所有区域，包括复杂的立体表面，以提供穿过样品表面到达接地棒的连续导电路径，从而消除电子束注入样品的电荷。需要注意的是，有时仅通过导电涂层不足以有效地消除电荷。对于许多样品，尤其是较厚较大的样品，在喷镀导电涂层过程中很难保证样品表面能获得完全均匀涂层，尤其在样品侧面和表面那些复杂形状的区域。如图 3.31 所示，尽管陶瓷球的上表面已经覆盖导电涂层，但侧面没有覆盖导电涂层，电荷无法通过样品的侧面流走，图像仍然会发生荷电现象。因此，有必要使用导电材料直接将导电涂层和样品台进行连接，从而导走注入样品的电荷。而这种导电材料必须满足扫描电镜真空度的要求，常用的导电胶带就能满足要求，见图 3.34，用导电胶带将陶瓷样品和样品台相连，其中左边样品未喷镀导电涂层，右边样品已喷镀导电涂层。

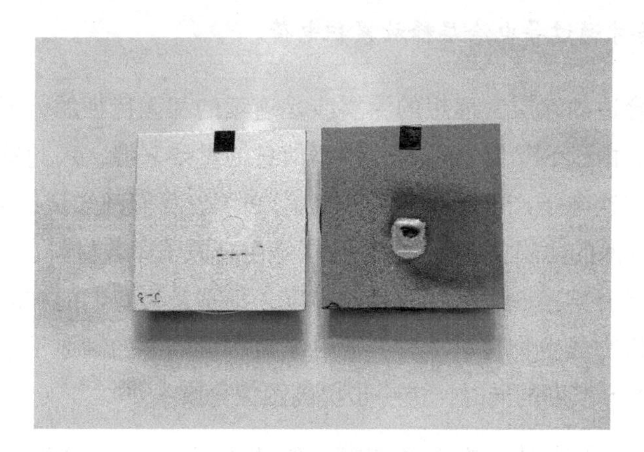

图 3.34　导电胶带将陶瓷样品和样品台相连

此外，涂层厚度要尽可能薄。对于许多不导电样品，有效导电涂层的厚度要控制在 2 ～ 10 nm。当入射能量 E_0 大于 5 keV 时，电子束可以轻易地穿过该涂层（例如 5 keV 入射电子在 Au 样品中的穿透距离为 85 nm，在 C 样品中为 450 nm，如果导电涂层是几纳米的 Au 或 C 涂层，入射电子束可以轻易穿过），电子束的穿透深度为该涂层的 10 ～ 100 倍，具体数值取决于涂层材料、样品材料和入射电子束能量。入射电子束的大部分电荷最终在不导电样品中积累。由于这些沉积电荷距离表面导电涂层或导电路径的距离仅有几纳米到几微米，因此，二者之间会产生一个非常高（大于 10^6 V/m）的局部梯度电场，这个电场大于很多不导电材料的击穿电场，会导致连续的击穿和放电，从而释放沉积电荷。产生连续放电情况的最有力证据是连续 X 射线的杜安 - 亨特能量极限的变化行为。当入射电子束在原子的库仑场中减速时，损失的能量以连续 X 射线（韧致辐射）的形式发射，并形成连续 X 射线能量谱，其能量上限即入射电子束能量，又叫杜安 - 亨特能量极限。当发生荷电时，负电位所产生的负电场使随后的电子束减速，并降低其到达样品表面的有效能量，从而降低杜安 - 亨特能量极限，当我们对不导电材料进行能谱分析时，其杜安 - 亨特高能极限明显低于入射电子束能量。

小贴士

一直以来，我们都认为不导电样品喷镀的导电涂层可以导走入射电子的电荷，这个说法没有错，但导走的途径出乎我们的意料。事实上入射电子束在样品内部产生的累积电荷并不是直接通过导电涂层流走，而是通过连续的放电和击穿，最终才通过导电涂层释放累积电荷。

如何选择合适的涂层？理想的涂层应是连续的和无特征的，不会干扰样品表面的精细特征。由于 SE_1 信号是高分辨率信息的重要来源，因此首选的涂层材料应该是具有高二次电子产额的材料（如 Au、Pt）。我们都知道，SE_1 信号来源于样品表面几纳米深的薄层，如果该导电涂层是由高原子序数材料（如 Au、Pt）组成，则会大大增加高分辨率 SE_1 信号的相对丰度，特别是当我们的样品是低原子序数的材料（如有机物或生物材料）时，通过喷镀尽可能薄的高原子序数材料的导电涂层，在提高 SE_1 丰度的同时，进一步提高图像分辨率。

尽管 Au 具有较高的二次电子产额，但纯 Au 涂层往往会形成不连续的“岛屿”，其结构有时严重干扰样品细节的观察。我们可以通过喷镀合金（例如金钯）或其他纯金属（例如 Cr、Pt 或 Ir）来避免这种“岛屿”的形成。这些合金涂层可以通过等离子体离子溅射（Plasma Ion Sputtering）或离子束溅射（Ion Beam Sputtering）沉积的方法进行沉积。

（3）降低荷电的常用方法

不导电样品降低荷电的方法有很多。

第一，从样品本身来说，可以通过减小样品尺寸来降低荷电，这也是最有效的方法，如果能将样品的尺寸降到微米量级或纳米量级，将大大减轻不导电样品的荷电。

第二，通过降低加速电压来降低荷电。降低加速电压是为了提供接近图 3.32 中的 E_2 的入射电子束能量，当入射电子束能量与 E_2 接近，就可以实现动态电荷平衡，消除荷电。场发射扫描电镜，特别是冷场发射扫描电镜，具有良好的低电压性能，在极低的加速电压下，电子枪也能保持较高的亮度，也能获得较高的图像质量。

第三，通过降低电子束束流强度，也能降低荷电。束流强度的降低，意味着注入样品的电子数量降低，当然也就降低了样品的荷电。

第四，采用积分扫描代替慢扫描，可以有效降低荷电。积分扫描模式下电子束在扫描点的驻留时间减少，也就减少了入射样品的电子。

第五，倾斜样品减少荷电。我们都知道，样品表面起伏越大，二次电子和背散射电子的发射量越高，倾斜可以提高这些信号电子的发射量，自然就减轻了不导电样品的荷电。

第六，采用模拟背散射来降低荷电，模拟背散射是将背散射电子转换成二次电子来成像，背散射电子能量高，受荷电电场的影响小，能有效降低图像受荷电的影响。

第七，喷镀导电涂层，这也是最常用的方法，但导电涂层有时会掩盖样品的某些细节。

3.3.3 辐照损伤

有些材料在高能电子束的轰击下容易产生辐照损伤（也叫“电子束损伤”），从而改变材料的结构和形貌。这些易受辐照损伤的材料大都属于低原子序数的有机化合物或生物样品，但我们不知道的是有些矿物和陶瓷材料也会产生辐照损伤，尤其是在晶体结构中存在水分子的情况下，如水合矿物，更容易产生辐照损伤。

辐照损伤既可以在宏观尺度上发生，也可以在微观尺度上发生。辐照损伤最有可能表现为材料分解，部分材料成为挥发性气体。有些材料受辐照后可能会发生密度改变，或塌陷或膨胀。在原子尺度上，辐照引起原子移位，从而在基体晶格中形成空位或间隙原子。

图 3.35 所示为一组辐照损伤的示例，这是一种带有黏性聚合物的双面导电胶带，这种胶带常被用作粉末样品的基底。但这种材料对电子轰击极为敏感。当入射电子束能量为 20 keV，在放大倍数为 2000 倍扫描 30 s 后，不断降低放大倍数，在图像的中间会出现一个黑色的框，这就是辐照损伤，见图 3.35（a）和（c），辐照损伤以结构坍塌的形式体现。值得注意的是，当该胶带用作粉末样品的支撑时，胶带材料因辐照损伤而易变形，可能导致样品图像的漂移，并且漂移每时每刻都在发生，从而使得样品颗粒位置不稳定。图 3.35（d）显示了导电胶带材料经过 20 min 入射电子束轰击下的辐照损伤情况，通过与图 3.35（b）对比可以看到胶带内的导电粒子更加突出，并且一个不太明显的裂纹也变大。

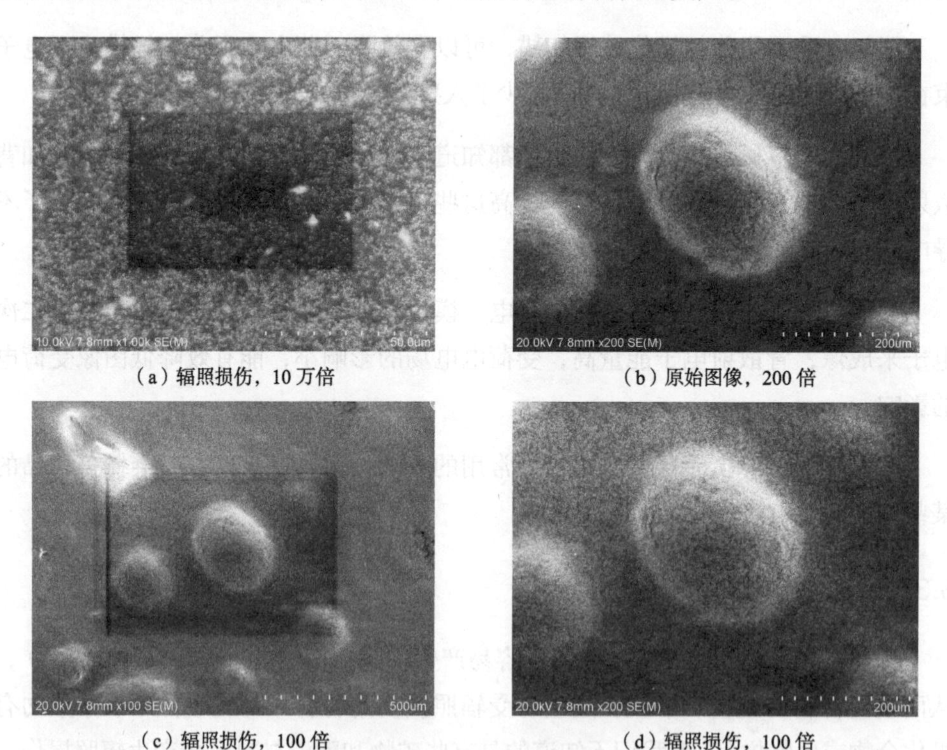

（a）辐照损伤，10 万倍　　（b）原始图像，200 倍

（c）辐照损伤，100 倍　　（d）辐照损伤，100 倍

图 3.35　辐照损伤的示例

如果样品容易发生辐照损伤，并干扰样品的相关结构，我们可以采取以下几种策略来减轻辐照损伤的影响。

最小剂量策略：辐照损伤与入射电子剂量成正比。可以使用尽可能低的束流强度和扫描时间来对特征物进行观察。为了确定这些参数，通过对样品的可牺牲部分或样品的边缘进行初始调整来确定观察样品的束流强度和扫描时间。一旦确定了最佳的束流强度和扫描时间，就可以将样品移至与感兴趣特征相邻的区域上进行聚焦，然后平移样品，待移到感兴趣区域后，在尽可能短的扫描时间内记录图像。对于某些极易发生辐照损伤的样品，如光刻胶，应及时冻结图像，以阻止电子束的进一步轰击。

改变电子束能量：直观地看，降低电子束能量减少辐照损伤似乎是合乎逻辑的，根据特定材料和辐照损伤的确切机制，较低的电子束能量可能对减少辐照损伤有用。然而，随着电子束能量的降低，入射电子射程下降得很快，单位体积沉积的能量实际上会显著增加！从 K-O 射程来看，电子束的线性穿透深度为 $E_0^{1.67}$，因此，电子束激发的体积为 $R_{\mathrm{K-O}}^3$，即 E_0^5。单位体积沉积的能量为 $\frac{E_0}{E_0^5}$ 即 $\frac{1}{E_0^4}$。因此，从 $E_0 = 10$ keV 降低到 $E_0 = 1$ keV，能量沉积密度随着电子束能量下降增加了 10^4 倍。由此可见，提高电子束能量才可能是减少辐照损伤的更好选择。

降低样品温度：有的样品对辐照损伤具有热敏感性。如果能够在液氮温度或更低温度下实验，辐照损伤会受到抑制。特别是将低温操作与最小剂量策略相结合，效果更好。

3.3.4　莫尔干涉条纹

从扫描电镜成像原理可以知道，扫描电镜图像看似连续，但实际上是由一个规则重复的二维网格图案构建而成的。因此，观察者实质上是通过一个二维周期性网格观察样品。如果样品本身具有重复图案的结构，则两个图案之间会形成莫尔干涉条纹图案，又叫波纹图。莫尔干涉条纹的形式取决于样品周期性图案和扫描二维网格的间距和方向。当两种模式的空间频率相似或是彼此的整数倍时，会形成最大的莫尔干涉条纹。图 3.36 为莫尔条纹的一个案例，样品为一个间距为 836 nm 的二维光刻条纹。在 500 倍放大倍数下观察视场，出现了不同于样品间距的结构，观察到的图纹就是莫尔干涉条纹，见图 3.36（a）。随着放大倍数的增加，扫描区域的尺寸减小，扫描电镜图案改变了其周期性（空间频率），导致莫尔条纹的改变。最后，当放大倍数足够高的情况下，例如 5000 倍时，样品的扫描图案呈现出周期结构，同时莫尔干涉条纹消失，见图 3.36（b）。在电镜实际观察中，莫尔干涉条纹的效果有时非常微妙，例如，当样品的精细结构接近扫描网格的周期性时，在样品边缘处呈现周期性亮耀斑，这就产生了莫尔干涉条纹。为了避免将莫尔干涉条纹误认为真实结构，操作时应改变样品和扫描二维网格的相对位置及倾转角度。通过这样的操作，样品的真实结构将会被展现出来，而莫尔干涉条纹将发生改变，直至消失。

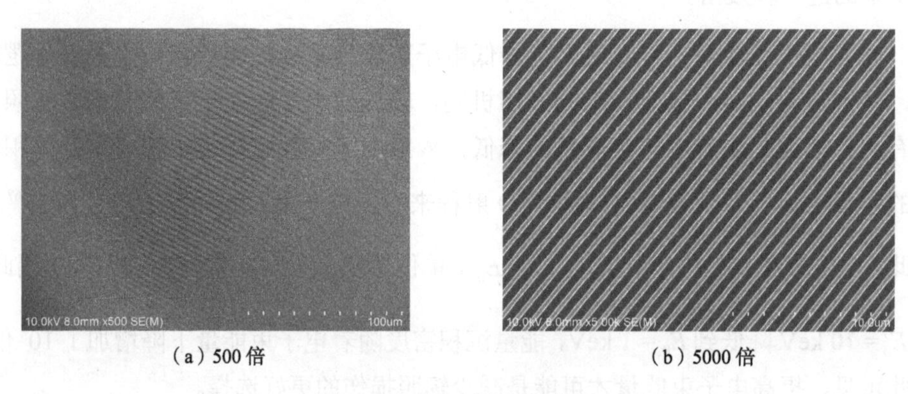

（a）500 倍　　（b）5000 倍

图 3.36　莫尔干涉条纹案例

3.3.5　样品污损

污损主要指在扫描电镜观察时，由于电子束轰击样品导致异物沉积在样品上的现象。实际上污损也是辐照损伤的一种表现形式，通常是由于样品在原始环境中有污染物或制备过程清洗不充分导致样品表面附着了容易受到辐照损伤的物质，这些污染物通常是沉积在样品表面的碳氢化合物（也就是有机物），它们容易受到电子辐照影响。碳氢化合物在高能电子束辐照下分解成气体和水蒸气，并留下碳沉积（也称为积碳）。

对于维护良好的新型扫描电镜，并严格注意设备使用前的清洗，以及使用过程中所有样品和样品台组件的洁净处理，仪器本身的污染可以忽略不计。理想的情况是扫描电镜配备真空预抽室，这样可以尽量减少样品室暴露于大气中的次数，降低换样期间可能带来的污染。有些扫描电镜的预抽室还配备等离子清洁器，在预抽室中直接使用氧等离子体分解碳氢化合物，可以大大减少样品的污染，但前提是样品本身不会被氧等离子体损坏。图 3.37 所示为 Cu 样品表面的积碳现象，当我们使用扫描电镜在一定放大倍数下对一个区域进行数十秒扫描后缩小放大倍数时，可以在低倍率图像中观察到一个“矩形”，并与之前在高倍率下扫描的区域相对应，这个“矩形”和积碳有关，在这个“矩形”内，电子束的轰击促使样品表面的污染物即碳氢化合物发生分解，气体被抽走留下积碳。积碳是一种二次电子产额比较低的材料，从而导致我们看到“发暗”的矩形。此外，我们注意到，污染在扫描区域边缘最明显，这是由于扫描电镜在开始下一条扫描线之前，束流会短暂地保持静止，从而沿着该边缘施加了最大的入射电子剂量，导致积碳增加。

图 3.37　Cu 样品表面的积碳现象

样品积碳污染的程度通常取决于入射电子剂量，因此当我们使用高分辨率模式或高束流模式观察样品时，很容易产生积碳污染。如图 3.38 所示，对硅基底沉积光刻线进行高倍观察和尺寸测量时，扫描区域存在污染。这种污染有时非常严重，影响到测量特征物的表观宽度，甚至会影响表面形貌。

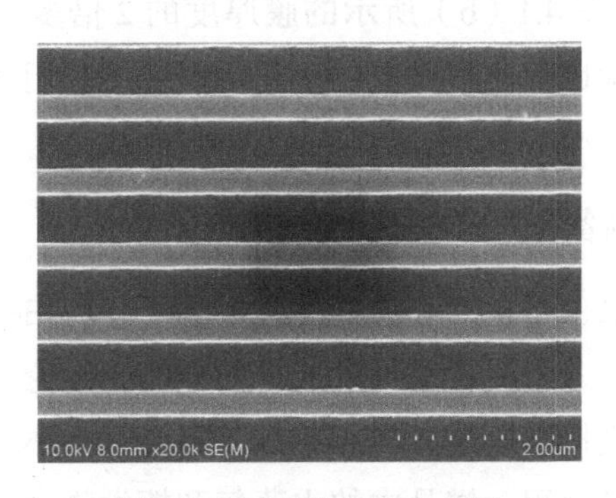

图 3.38　硅基底沉积光刻线

第 4 章

扫描电镜样品制备

样品制备在电子显微学中占有越来越重要地位，它直接关系到电子显微图像的观察效果和对图像的正确解释。与透射电镜相比，扫描电镜的样品制备相对比较简单，不像透射电镜制样需要将样品进行减薄，直至能被电子束直接穿透。在大多数情况下，扫描电镜样品制备不需要对样品进行过多的处理，在保持样品原始状态的情况下，直接观察样品的表面细节和其他物理特征。因此有很多人认为，只要把样品直接粘到样品台上，就可以进行扫描电镜观察，这个想法是完全错误的，这样做有时得不到正确的样品信息和实验结果。

图 4.1 所示为硅基底上通过磁控溅射方法沉积一层钛铝硅镍铬薄膜截面形貌，图 4.1（a）和（b）为同一样品，图 4.1（b）是将图 4.1（a）的样品直接取下后重新解理获得的截面形貌，两者的测试参数相同，但两者的截面形貌完全不同。从图 4.1（a）中看到，膜的厚度达到 1500 nm，而图 4.1（b）中的膜厚约为 500 nm。产生这样的原因是在硅片解理过程中实验人员没有区分新鲜截面和旧截面，误将旧的截面当作新鲜截面使用。图 4.1（a）所示的样品截面很脏，已严重污染，在沉积膜的表面有一层污染层，正因为这层污染层，导致图 4.1（a）所示的膜厚度是图 4.1（b）所示的膜厚度的 2 倍多。由此可见，正确的样品制备对扫描电镜实验也是非常重要的，它可以帮助我们获得正确的样品信息和实验结果。

扫描电镜的样品制备应遵守以下几条原则。

第一，样品不含水、不含油和易挥发物。除了环境扫描电镜外，绝大多数扫描电镜都不能直接观察含水或含易挥发成分的样品。无论是场发射扫描电镜还是钨灯丝扫描电镜、台式扫描电镜，样品室都需要高真空环境，从而保证入射电子在样品室中有较大的自由程。样品中的水蒸气和挥发物会降低样品室的真空度，并且进一步引起镜筒的污染。因此在进行扫描电镜实验前，样品都要进行除水和除气处理，含油的样品要除油。

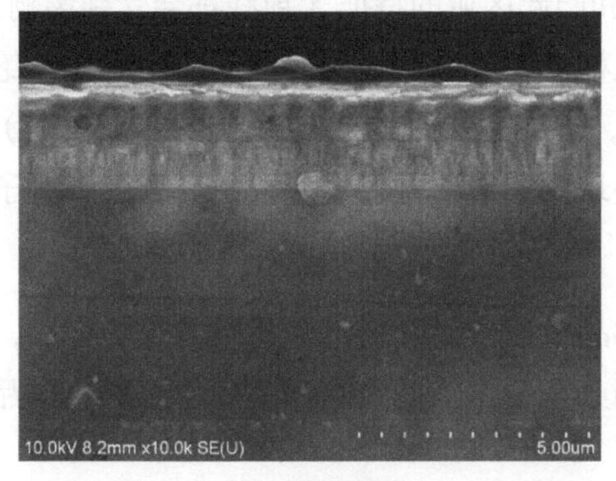

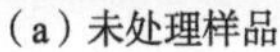
（a）未处理样品

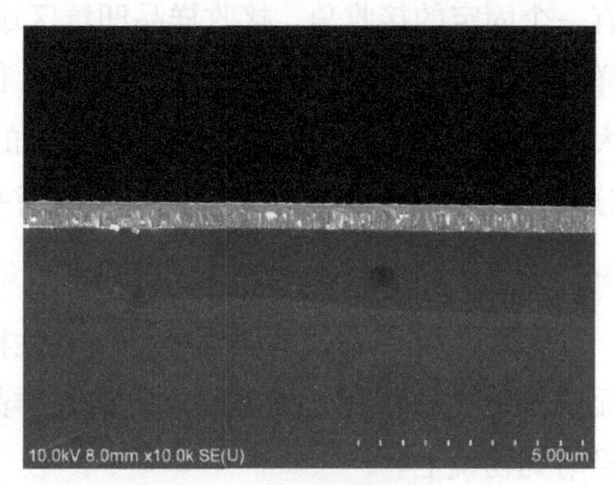

（b）重新解理样品

图 4.1　钛铝硅镍铬沉积膜截面形貌

第二，样品要新鲜。从样品制备完成到扫描电镜实验不要超过 3 天，样品在空气中放置一段时间，一方面样品本身的结构会发生微小的变化，形貌也会发生微小的变化；另一方面样品会吸附空气中的一些有机污染物，使样品表面受到污染。样品放置越久，样品结构变化越大，表面污染物也越多。

第三，样品表面要干净。不能用手触摸，更不能用嘴对着样品吹气。如果样品已经受到污染，必须进行超声清洗或等离子清洗等。超声清洗一般用无水乙醇或无水丙酮作为清洗剂，超声的时间从几分钟到半小时；等离子清洗时，使用氧等离子体轰击样品表面，氧等离子体和样品表面的有机物发生反应，生成一氧化碳、二氧化碳和水蒸气，这些气体随后被气泵抽走，从而使样品表面清洁。清洗后的样品放置在真空环境或干燥皿内保存。

第四，样品要导电。现代扫描电镜技术已有巨大进步，场发射扫描电镜的使用使低加速电压成为主流，低加速电压不仅可以大大降低图像的荷电，而且还能观察样品表面的丰富细节。但在低加速电压情况下，电子束亮度很低，图像的信噪比很差，图像的分辨率也很低，并且不导电样品也难于调试，一般情况下，调试一个不导电样品所用的时间可能是调试一个导电样品所用时间的几倍。对于不导电样品，通过在样品表面喷镀一层导电涂层，通常是 Au 或 Pt，以增加样品的导电性，还有利于提升二次电子的发射。

第五，进行能谱分析时样品表面要平整。特别是定量分析、线扫描和面扫描，有的时候样品甚至需要抛光。特征 X 射线的探测器安装在扫描电镜样品室侧壁，有一个固定的接收角，接收样品凹坑区域和凸起区域的特征 X 射线都会受到影响，样品表面的起伏影响能谱分析的精度。但样品抛光又会破坏样品的表面形貌，绝大多数情况下扫描电镜样品是不能抛光的，如果仍需要做定量（线扫描、面扫描）分析，可以通过在样品上找到一个相对平坦的区域来进行定量分析。背散射电子衍射技术原则上要求样品完全抛光。

第六，要小心处理磁性样品。磁性样品包括本身带磁的和易被磁化的样品，无论是磁性块体还是磁性粉末，磁性样品必须要牢牢固定在样品台上，防止样品吸附到物镜上。

接下来我们介绍几种常见的扫描电镜样品制备方法。

4.1 粉末样品的制备

粉末样品是扫描电镜实验室中最常见到的样品，通常在扫描电镜实验室中有近一半的样品为粉末样品。粉末样品种类繁多，有纳米化合物、沙尘、黏土、金属粉末及有机物粉末等。粉末样品常见制备方法是取一些粉末撒到导电胶带上，用高压气体吹干净后直接放入扫描电镜观察，尽管这种做法没有太大的问题，但有时很难获得满意的实验结果和高质量的形貌图片。粉末样品制备的关键就在于粉末的分散，制备的方法有超声分散法和直接分散法。

4.1.1 超声分散法

超声分散法主要针对一些极为细小的粉末样品，这类样品的特点是样品极细，极易团聚，如果将其直接撒在导电胶带上放入扫描电镜中观察，看到的大多是团聚的粉末。对于尺寸在 500 nm 以下的纳米量级粉末样品，可以采用超声分散法来制备。将一小勺（0.5 ～ 1 g）粉末倒入试管中，加入 5 ～ 10 mL 的无水乙醇，经超声清洗机超声分散 30 min 后，使其成为悬浮液，用滴管滴在硅片或铝箔上，待样品完全干燥后直接用于扫描电镜观察。

超声分散的原理是由超声清洗机发出高频振荡信号，通过换能器转换成高频机械振动传播到溶剂中。超声波对溶剂里物质的分散作用，主要依赖溶剂的超声空化作用。当超声波的振动传递到溶剂中时，由于声强很大，会在溶剂中激发出很强的空化效应，从而在溶剂中产生大量的空化气泡。随着这些空化气泡的产生和爆破，产生微射流，将溶剂中的固体颗粒击碎。同时由于超声波的振动和分散作用，使固体和溶剂更加充分的混合。采用超声分散，不需要使用分散剂。超声分散可以分散微米甚至是纳米粒子团聚。

铝箔是常见的生活用品，在商店或超市就能购买，使用铝箔前必须用酒精棉擦洗，然而铝箔很软，粘贴到样品台上时，易弯曲变形，不易粘牢，并且在高倍下观察，铝箔表面不平整，有大量磨痕和少量金属碎块，会影响纳米级粉末的形貌。

市场上的硅片通常是单面抛光硅片，抛光硅片的优点在于抛光面平整光滑，不会对纳米粉末的形貌产生影响。如果使用新的硅片，硅片上可能会有一些油污和灰尘等污渍，使用前必须将硅片在无水乙醇或丙酮中超声清洗 15 min，待干燥后解理成 5 mm × 5 mm 的方块备用；如果使用的是旧硅片，先要将硅片的抛光面用酒精棉反复擦洗干净后，再放入无水乙醇中超声清洗 15 min 备用。

无水乙醇是一种重要的有机溶剂，将无水乙醇倒入装有粉末样品的试管后，无水乙醇并不会和粉末样品发生化学反应，而是在超声过程中，将团聚块打碎，均匀分散在溶剂中。无水乙醇的优点是低剂量使用时无毒无害、蒸发快，且不留下任何残留物。无水乙醇做溶剂适合绝大多数无机粉末，但有机粉末可能会在无水乙醇中溶解。如果是有机纳米粉末，就不能用无水乙醇作为溶剂，而要改用去离子水作为溶剂。

水是最常见的溶剂，它无色无味无毒。常见的水有去离子水、蒸馏水、自来水、矿泉水和天然水等，适合于做溶剂的有去离子水和蒸馏水，因为自来水、矿泉水和天然水中都含有矿物离子，在蒸发过程中，这些矿物离子会以水碱形式析出，水碱会覆盖在粉末的表面，给实验结果带来错误信息。另外与无水乙醇相比，水的蒸发很慢，通常超过 24 h 才能蒸发完毕，因此在蒸发时，要采取特别保护措施，防止蒸发干燥过程中样品受到污染。

图 4.2 所示为 TiO_2 纳米粉末在无水乙醇中超声分散后的形貌，样品滴在硅片上。样品的背底很干净，TiO_2 呈针状结构，颗粒与颗粒之间界面清晰，没有出现粉末颗粒的相互重叠。

图 4.2　TiO_2 纳米粉末在无水乙醇中超声分散后的形貌

图 4.3 所示为 PS 球在蒸馏水中经超声分散后的形貌，样品滴在铝箔上。尽管铝箔的表面有大量划痕，不适合几十纳米以下的超细粉末，但对于像 PS 球那样几百纳米的小球则没有影响。

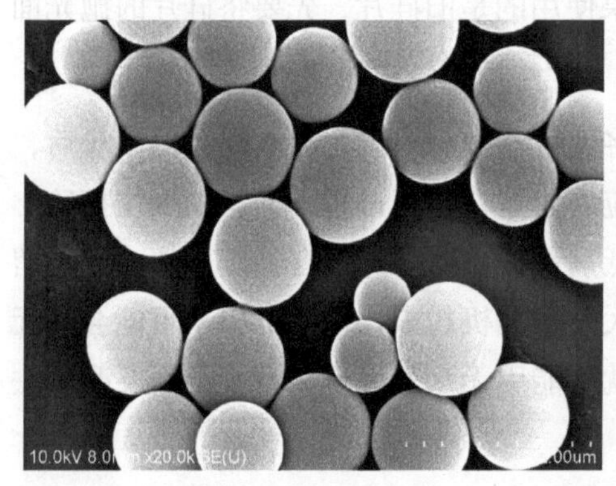

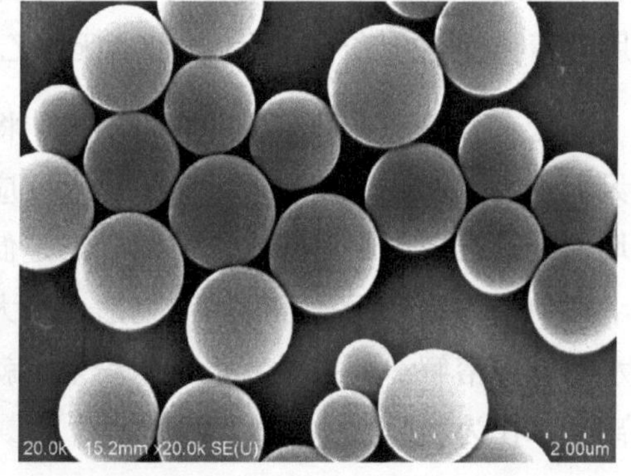

图 4.3　PS 球在蒸馏水中经超声分散后的形貌

什么样的悬浮液才是合格的悬浮液？很多操作者在实验过程中把握不好。我们可以用两条标准来判断制备的悬浮液是否是合格：第一是悬浮液要略带浑浊，如果悬浮液太清，说明粉末样品添加不够，这样的悬浮液粉末颗粒很少，在电镜下很难找到合适的视场，给扫描电镜观察增加困难，反之如果悬浮液太浊，说明粉末样品添加太多，在干燥时分散的颗粒又会重新聚集在一起，也不利于扫描电镜分析；第二是悬浮液不能有太多沉淀，沉淀太多表明粉末样品的颗粒尺寸太大，这时候需要重新研磨样品，待研磨细后，再进行超声分散。

4.1.2 直接分散法

尺寸较大的粉末样品，用直接分散法来制备。对于尺寸大于 1 μm 的粉末样品，将粉末轻轻地抖到导电胶带上，或者用牙签挑一点粉末，直接粘在导电胶带上，用高压气体或洗耳球反复吹气 3 ～ 5 次，就可以直接放入扫描电镜进行观察。

图 4.4 所示为大气沉降物粉末颗粒形貌，样品颗粒尺寸相差很大，小的颗粒有几微米，大的颗粒有几百微米，为了显示图像的整体性，尽量把粉末撒得均匀。我们的做法是用一根纤细的棉签，棉签的头部粘些粉末，用镊子轻轻敲击棉签杆，这样粉末颗粒就能均匀地落在导电胶带上。

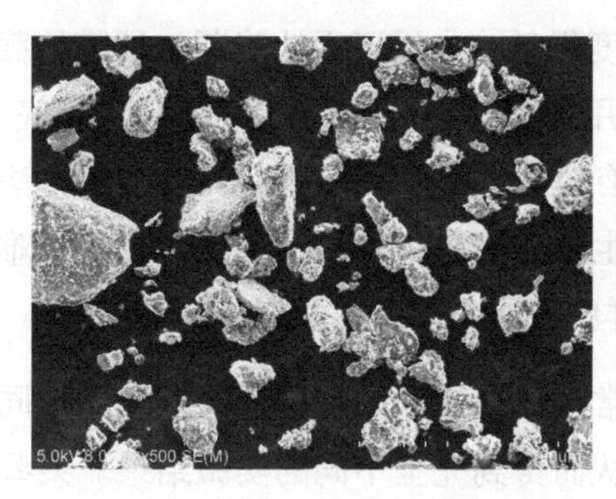

图 4.4 大气沉降物

直接分散法制备粉末样品简单、方便、实用，但很容易在样品制备过程中引起不同样品的相互干扰。为了避免不同样品的相互干扰，一个样品台上不能放置太多的样品，不同样品间留有 3 ～ 5 mm 的间隔。对于直径 20 mm 的圆形样品台，放置的粉末样品不要超过 4 个，吹气时不同的样品选择不同方向吹，以免不同样品颗粒之间相互干扰。

直接分散法制备粉末样品都必须经过高压气体或洗耳球的反复吹气才可以在扫描电镜下观察，吹气的目的一方面在于吹走悬浮在导电胶带上的粉末；另一方面让粉末紧紧粘贴在胶带上，防止粉末在电子束轰击下四处飞散，污染镜筒和样品室。

4.2 截面样品的制备

近年来，在扫描电镜实验室中测试的截面样品越来越多，截面样品主要为沉积膜样品。在材料的表面生长几层沉积膜，这是材料表面改性和制造微电子器件的常见方法。物理气相沉积（Physical Vapor Deposition，PVD）和化学气相沉积（Chemical Vapor Deposition，CVD）是两种最常见的沉积膜制备方法。在基底上可以通过PVD和CVD沉积一层到几层厚度为几纳米到几微米的沉积膜。沉积膜检测包括测量膜的厚度、膜的致密性及观察膜的生长结构等。沉积膜样品的截面分析越来越受到人们的重视，扫描电镜的截面分析已成为沉积膜检测的一个重要手段。

截面样品的制备与很多因素有关。首先与膜本身的性质有关，膜分为硬膜和软膜，如CrN、TiN和TiC等是硬膜，它们的硬度较高，常温下易脆断。而纯Al、纯Ag和纯Pd等是软膜，它们的硬度很低，常温下无法脆断。硬膜的截面可以通过解理来制备，而软膜的截面需要采用离子研磨设备来制备。其次与基底有关，通常的基底有硅片、玻璃片、金属片和有机片等，不同的基底，解理的方法也不尽相同。此外，在金属块或陶瓷块体上生长的厚膜，膜层达到几微米，很难通过解理的方法来制备截面，这时可以用镶样的方法来制备截面样品。

沉积膜截面样品的制备很重要，经常会出现这样的情况：同一样品不同实验人员制备，得到截然不同的截面形貌，从而得到完全不同的实验结果。某些习惯也会导致错误的结果，例如，很多人改不了手指触碰样品的习惯。在样品制备过程中，稍有不当处理，就会出现错误的实验结果，如图4.1所示，同一块沉积膜样品，不同制备者进行解理，就得到完全不同的实验结果。下面我们将对各种样品的截面制备进行详细介绍。

4.2.1 截面样品台

在购买扫描电镜时，标准配置的样品台通常只有表面样品台，而没有截面样品台，我们需要根据样品的特点，自己设计和制作截面样品台，图4.5所示为3款笔者设计的常用截面样品台。图4.5（a）为一款带螺丝的截面样品台，螺丝位于截面样品台的侧面，螺丝的材质选用铜合金，以避免铁质磁性材料对图像带来的影响，铜螺丝用于固定截面样品，这个样品台适合观察几十纳米及以下的超薄薄膜样品。通常情况下，样品与样品台之间需要用导电胶带来固定，而导电胶带是一种胶体，具有流动性。当使用导电胶带固定样品时，在高倍下（一般超过10万倍），由于胶体的流动，图像会发生漂移。因此当我们在观察这些超薄薄膜截面时，由于胶带中胶体的流动，很难获得稳定的图像。有了侧面的螺丝固定后，不再使用导电胶带固定样品，直接用螺丝固定样品，这样就能避免高倍下图像的漂移。但这类样品台，每次只能放置一个截面样品，给操作者带来一定的不便。

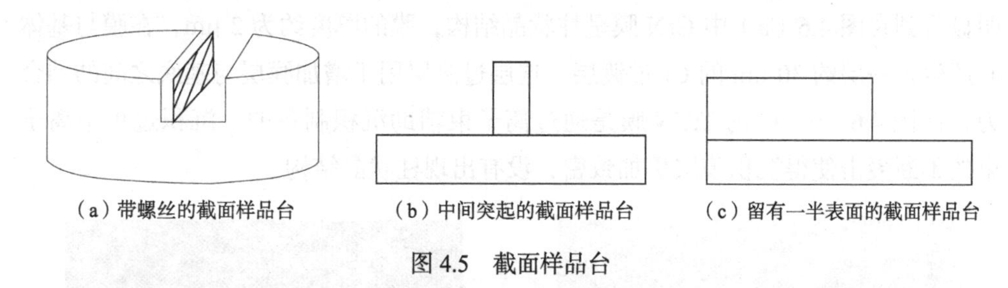

（a）带螺丝的截面样品台　（b）中间突起的截面样品台　（c）留有一半表面的截面样品台

图 4.5　截面样品台

对于膜厚度大于 500 nm 的样品，我们就可以采用图 4.5（b）所示的中间突起的截面样品台。中间突起的两个侧面都可以用于粘贴截面样品。将导电胶带粘到突起的侧面，在粘贴时，截面样品要高出样品台的突起部位约 0.5 mm。样品稍稍高出样品台，有利增加二次电子产额，二次电子的产额和样品表面的起伏有关，表面突起的地方，二次电子的产额就高，这也就是我们通常所说的边缘效应。二次电子产额增加，获得的图像也更加明亮，更加有利于截面形貌的观察。这个截面样品台的优点在于一次可以放置多个样品，并且在样品台的两个侧面都可以粘贴样品。待样品粘贴完成后，沿着样品台的两侧绑一圈导电胶带，可以大大减轻样品的漂移。

图 4.5（c）所示为留有一半表面的截面样品台。这个截面样品台的优点在于既能观察样品的表面形貌又能观察样品的截面形貌。实验中经常会碰到这样的情况，在观察样品截面的同时，还需要同时观察样品的表面，有了这个样品台，就可以免去操作过程中来回更换样品台。将表面样品贴在样品台的水平位置，而截面样品贴在样品台的侧面位置。

4.2.2　硅片上沉积膜的截面样品制备

制备沉积膜样品的时候，经常会在样品生长室内放置一些硅片，随着沉积膜样品的制备完成，这些硅片上也会生长出相同成分和结构的沉积膜，这些生长在硅片上的沉积膜常用于膜层的检测。硅片上沉积膜的截面样品制备常用手术刀片来进行解理，将手术刀片轻轻按住硅片的一边，连续按数次后，硅片就能沿某一方向自然解理，解理后样品要区分新鲜截面和原始截面，原始截面已经受到严重污染而不能使用。将新鲜截面的面冲上，膜面冲外，直接贴在截面样品台的侧面。图 4.6 所示为生长在硅片上的 CrN 膜和 TiCN 膜，其中 CrN 薄膜是由磁控溅射制备，明显看到在图 4.6（a）中 CrN 膜呈柱状晶结构，膜的厚度约为 2 μm，在膜与基体间还生长一层约 30 nm 的 Cr 过渡层，这层过渡层用于增加膜层与基底之间的结合力；而图 4.6（b）中的 TiCN 膜是通过离子束辅助沉积制备的，沉积过程中离子束的不断轰击使得沉积膜层更加致密，没有出现柱状晶结构。

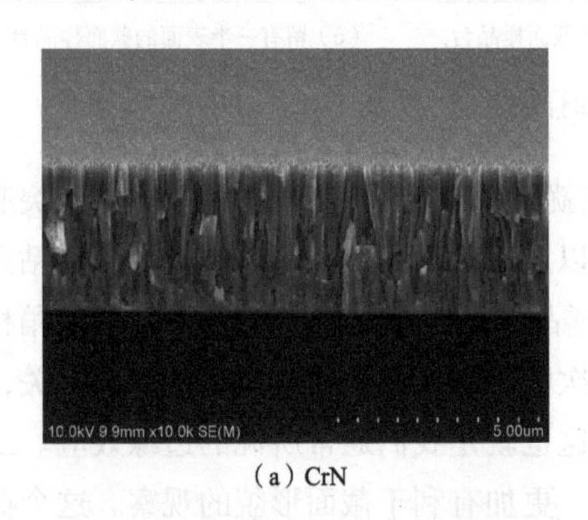

（a）CrN

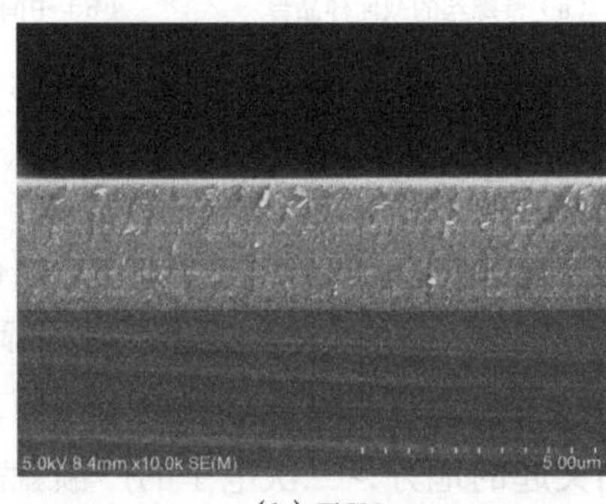

（b）TiCN

图 4.6　生长在硅片上的 CrN 膜和 TiCN 膜

硅片的解理方法很多，包括用玻璃刀在硅片背面划道后掰开，但效果都不太理想，玻璃刀在硅片背面划道后掰开的断面在高倍下会出现参差不齐的断口，不利于找到一个平整的断面。手术刀片解理硅片方便实用，为了防止手术刀片污染解理面，解理前必须用酒精棉擦洗刀片。解理过程中要注意以下两点：第一，手术刀不能按住整个膜面，否则样品的膜面就会遭到破坏，得到的结果也将是错误的结果；第二，当样品尺寸较小时，解理过程中样品极易迸溅，导致我们无法分辨是新鲜解理面还是原始解理面，这时候用一小块无纺布（或擦镜纸）包裹住样品再解理，既能防止样品的迸溅，又能准确确定样品的新鲜解理面。

图 4.7 所示为硅纳米线的截面形貌，图 4.7（a）为普通硅线，图 4.7（b）为 Z 字形硅线。两个样品的原始尺寸都很小，不到 5 mm × 5 mm 大小。解理时，很容易迸溅。用无纺布包裹住样品，解理的结果令人满意，图像清晰可见。硅纳米线是一种新型的一维半导体纳米材料，线体直径一般在 10 nm 左右，内晶核为单晶硅，外层包有一层 SiO_2 包覆层。

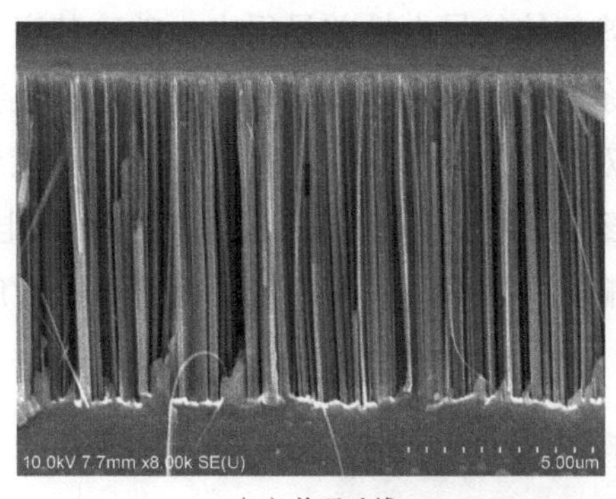

（a）普通硅线

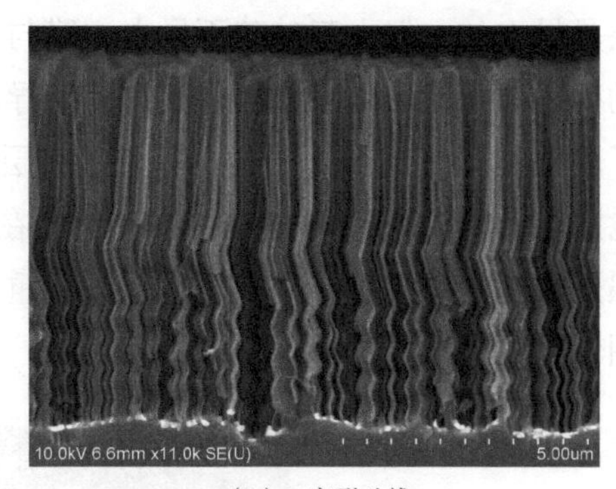

（b）Z 字形硅线

图 4.7　硅纳米线

4.2.3　玻璃片上沉积膜的截面样品制备

玻璃片也经常用于生长沉积膜，玻璃片上沉积膜的截面样品制备和硅片稍有不同，因为玻璃片很难用手术刀片来解理，这时，一把合手的扁口钳就显得很重要。扁口钳可以用来夹裂玻璃片，图 4.8 所示为我们用于解理玻璃片的扁口钳。

图 4.8　扁口钳、截面样品台和无纺布

将玻璃片用无纺布包裹后，用扁口钳夹住玻璃片的一边，轻轻一夹，玻璃片就能裂开。制备时要注意两点：第一，无纺布包裹玻璃片是为了防止在夹裂玻璃片时，玻璃碎片飞起，伤害到自己或别人；第二，不能用扁口钳夹住整块玻璃片，以免破坏膜面。

通常，玻璃片上沉积膜的截面样品还需要喷镀导电涂层（Au 或 Pt）。即使膜层是导电的，但由于玻璃不导电，膜与玻璃基体的导电性差异很大，玻璃基底上的荷电会严重影响膜层的观察。喷镀导电涂层后，消除了玻璃基底的荷电，改善了膜层与基体的衬度差异，有利于膜层的观察和分析。图 4.9 所示为没有喷镀导电涂层的玻璃片上沉积膜的截面形貌，在观察过程中，玻璃衬底每时每刻都在放电，强烈放电导致膜层的截面观察受到严重影响。在图中，玻璃衬底的荷电导致衬底图像异常明亮。

图 4.9 没有喷镀导电涂层的玻璃片上沉积膜的截面形貌

图 4.10 所示为玻璃片上的铜铟镓硒（CIGS）太阳能电池薄膜截面形貌，已喷镀导电涂层。在玻璃基底上首先生长两层作为背电极的 Mo 层，这两层 Mo 层采用磁控溅射法生长，呈柱状晶结构，厚度约为 0.5 μm；然后在 Mo 层上，又生长了一层厚约 2 μm 的 CIGS 太阳能电池层，太阳能电池的转换效率和这一层电池层晶粒的生长情况密切相关，电池层晶粒的生长越完整，电池的转换效率也就更高。由于样品已经喷镀导电涂层，消除了玻璃基底的荷电，膜层的结构清晰可见。

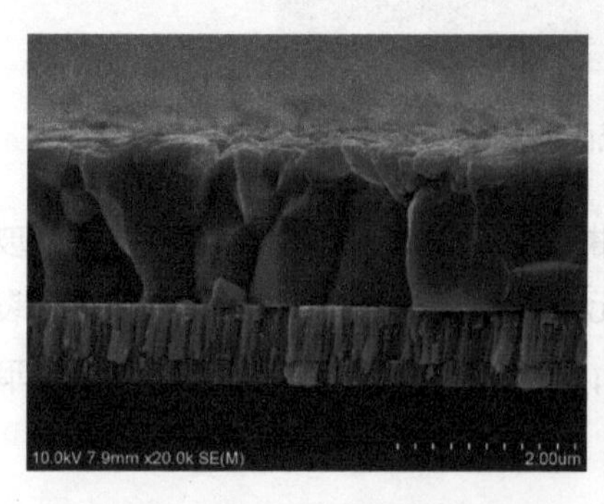

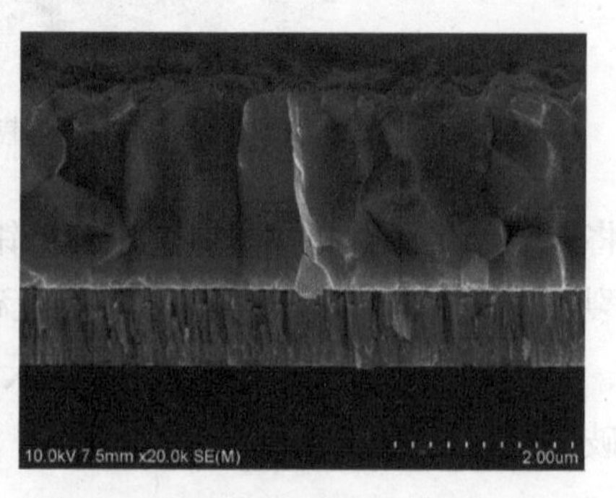

图 4.10 玻璃片上的 CIGS 太阳能电池薄膜截面形貌

CIGS 太阳能电池是 20 世纪 80 年代后期开发出来的新型太阳能电池，由 Cu、In、Ga、Se 4 种元素构成，具有光吸收能力强、转化效率高等特点。由于 CuInSe 薄膜的禁带宽度为 1.04 eV，掺入适量的 Ga 替代部分 In 形成 CuInSe 和 CuGaSe 固溶体，薄膜的禁带宽度可在 1.04 ～ 1.7 eV 范围内调整。而薄膜吸收层的理想禁带宽度为 1.5 eV，通过调整 Ga 和 In 的比例，就可以获得具有理想禁带宽度的吸收层。

4.2.4　金属薄片基底上沉积膜的截面样品制备

如果沉积膜生长在金属薄片基底上，如钛片、铜片、铝片和不锈钢片等，这些金属薄片比较薄，且能弯曲，这类样品的截面可以通过弯曲的办法来制备。通过弯曲金属薄片，待金属薄片完全折叠后直接贴在表面样品台上（不是截面样品台），放入扫描电镜后，通过观察样品的弯曲处，就能找到沉积膜的截面。金属片弯曲到完全折叠的目的就在于保证在弯曲过程中样品上的沉积膜能完全裂开，从膜的裂开处就可以观察膜的截面形貌。

图 4.11 所示为钛片基底上通过磁控溅射生长的 TiN 膜，钛片的厚度约为 1.5 mm，借助工具（钳子）就能将钛片弯曲，弯曲时膜面冲外，等到钛片弯曲到完全折叠，直接将折叠的钛片贴在表面样品台（不是截面样品台），图 4.11（a）为折叠样品低倍形貌，图 4.11（b）为放大到 3 万倍的形貌，在弯曲处可以清楚看到裂开的膜，图 4.11（c）和（d）为 10 万倍形貌，可清楚显示沉积膜截面呈柱状晶结构，膜的厚度约为 100 nm。

图 4.12 所示为不锈钢片上 Al_2O_3 薄膜的截面形貌，不锈钢片的厚度约为 2 mm，借助工具（钳子）将不锈钢片弯曲直到完全折叠。从图中看到，尽管膜的表面形貌凹凸不平，但从截面形貌看，膜层致密，膜的厚度约为 200 nm。

如果沉积膜生长在一块较厚的金属块体上，而这块金属又太厚而无法弯曲，例如沉积膜生长在无法弯曲的硬铝块或不锈钢片上，这时我们也可以用断口法来制备截面样品。首先将样品用铝箔包裹，以防制备过程中样品受到污染；然后在样品的反面用线切割进行切割，切到离膜层约有 0.5 mm 时停止切割，去除铝箔并清洗样品后，掰断样品就能直接在扫描电镜下观察断口，图 4.13 所示为硬铝块上的单层和多层 TiN 膜，图 4.13（a）所示为厚度约为 1 μm 的单层 TiN 膜层；图 4.13（b）中可以看到总厚度为 5 μm 的 5 层 TiN 膜，层与层之间清晰可分。但这样的样品有时较难找到膜层，因为基体的断口形貌会影响膜层的观察效果。

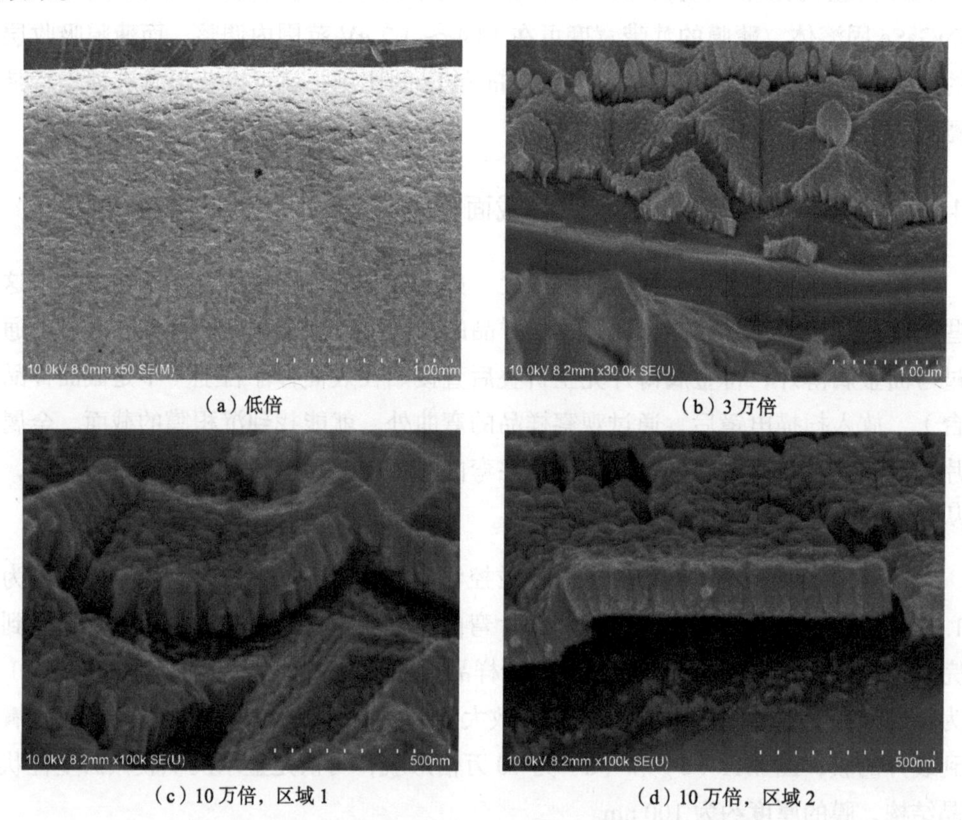

（a）低倍　（b）3 万倍

（c）10 万倍，区域 1　（d）10 万倍，区域 2

图 4.11　钛片基底上的 TiN 膜

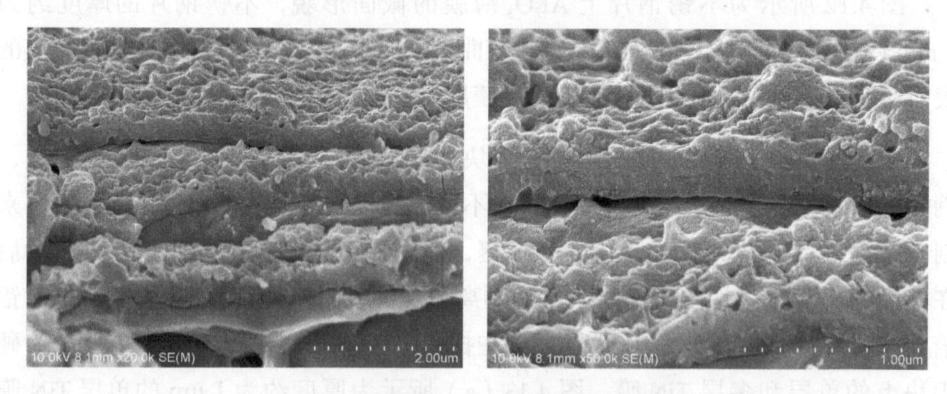

图 4.12　不锈钢片上 Al_2O_3 薄膜的截面形貌

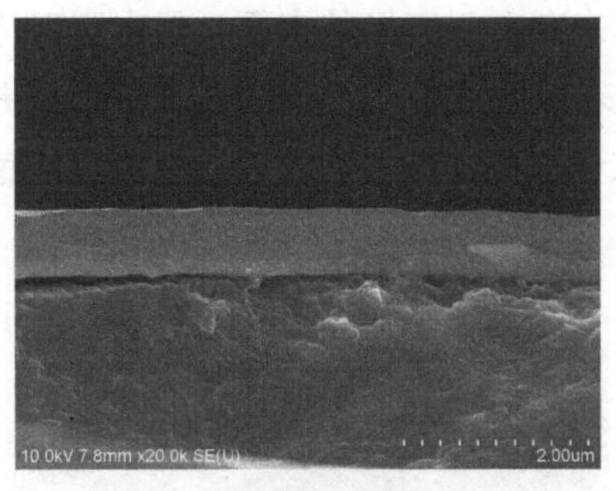

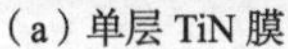
（a）单层 TiN 膜

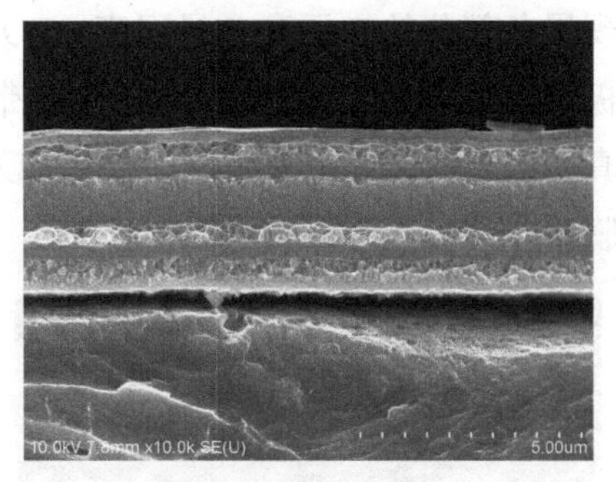

（b）5 层 TiN 膜

图 4.13　硬铝块片上的单层和多层 TiN 膜

4.2.5　锂电池正负极材料的截面样品制备

随着手机、笔记本和新能源汽车的普及，锂电池已经走进了千家万户，没有锂电池，我们的生活将受到很大影响。锂电池可分为三元锂电池和磷酸铁锂锂电池，分别由正极、负极、隔膜和电解液组成，依靠锂离子在正极和负极之间移动充放电。在充放电过程中，锂离子在两个电极之间往返嵌入和脱嵌：充电时，锂离子从正极脱嵌，经过电解质嵌入负极，负极处于富锂状态，放电时则相反。三元锂电池的三元材料是镍钴锰酸锂，而负极材料为活性物质，主要为石墨，或近似石墨结构的碳。

三元锂电池的正负极为薄片状，由正极材料或负极材料喷镀在约 20 μm 的铝箔或铜箔上，这类样品的截面如何制备？笔者也想过很多办法，最先采用剪刀和刀片，图 4.14 所示为单面三元正极材料用剪刀制备的截面形貌，在膜层的底部是一层 20 μm 的铝箔，图 4.14（b）显示，正极层的截面不整齐，并且铝箔已经被一层正极粉末覆盖。这是因为铝箔太软，剪刀在剪制过程中带着正极粉末压入铝箔中，显然这样的结果不会令人满意。

图 4.15 所示为单面三元正极材料用刀片（吉利刀片）切出的截面形貌，其中图 4.15（a）由膜面向铝箔面切，而图 4.15（b）则由铝箔面向膜面切。虽然是同一样品，但二者的形貌仍有较大不同，到底哪个截面形貌更加准确？最初笔者认为图 4.15（a）上部的黑色部分是刀片污染物引起的，但经酒精棉多次擦洗后的刀片切出的截面仍然是相似的形貌。进一步对图 4.15（a）和（b）进行面扫描分析，

发现黑色部分的 F 元素含量很高，F 元素本来存在于正极的表面，但由于刀片由正极切向铝箔，可能把表层的 F 元素带了下来。可见图 4.15（b）的截面形貌更接近真实的截面，这也就表明，如果用刀片来切这类样品，切的方向只能由基底切向膜面。

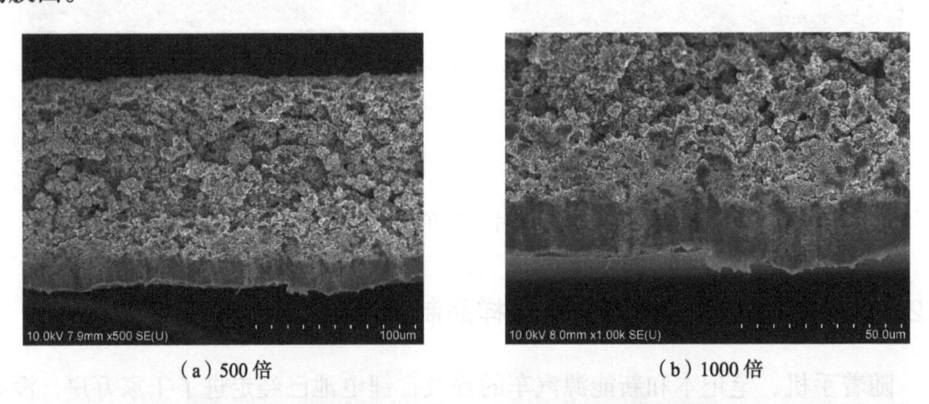

（a）500 倍　　（b）1000 倍

图 4.14　单面三元正极材料用剪刀制备的截面形貌

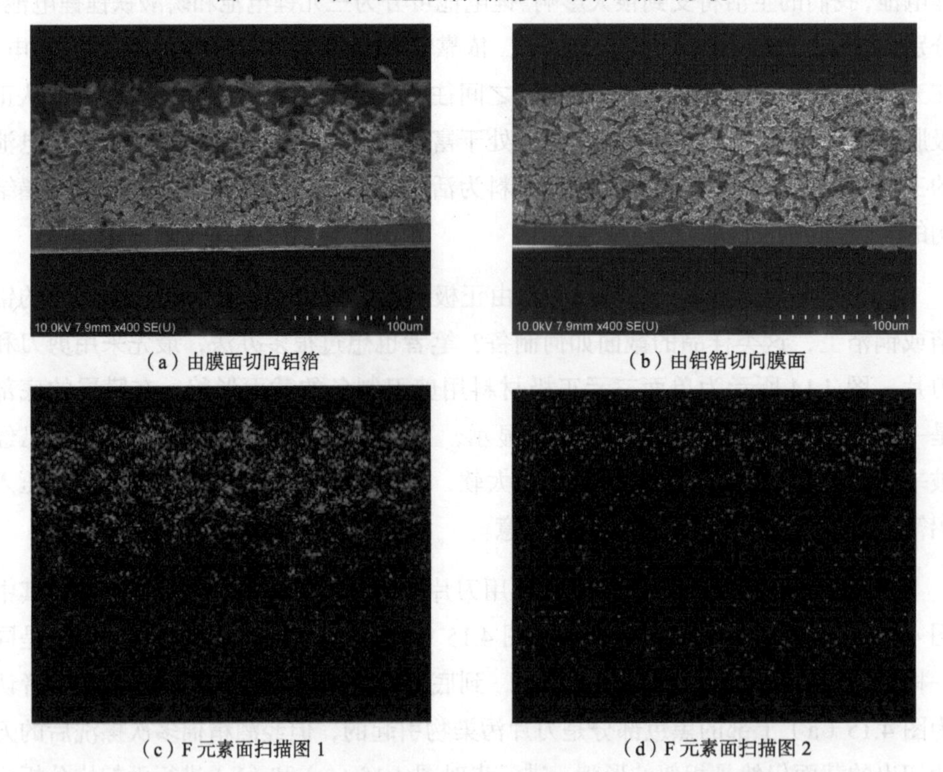

（a）由膜面切向铝箔　　（b）由铝箔切向膜面

（c）F 元素面扫描图 1　　（d）F 元素面扫描图 2

图 4.15　单面三元正极材料用刀片（吉利刀片）切出的截面形貌

用剪刀剪和用刀片切都会出现问题，我们还尝试用手撕的办法来制备截面样品。先将正极或负极薄片剪一个小口，沿小口快速用手撕开箔片，将手撕面朝上直接粘贴在截面台上，图 4.16 所示为双面三元锂电池的正负极截面形貌，正极和负极的截面形貌清晰可见。尽管手撕的办法不会出现用剪刀剪和用刀片切所出现的问题，但难以掌控，正负极片极易在手撕过程中弯曲变形。

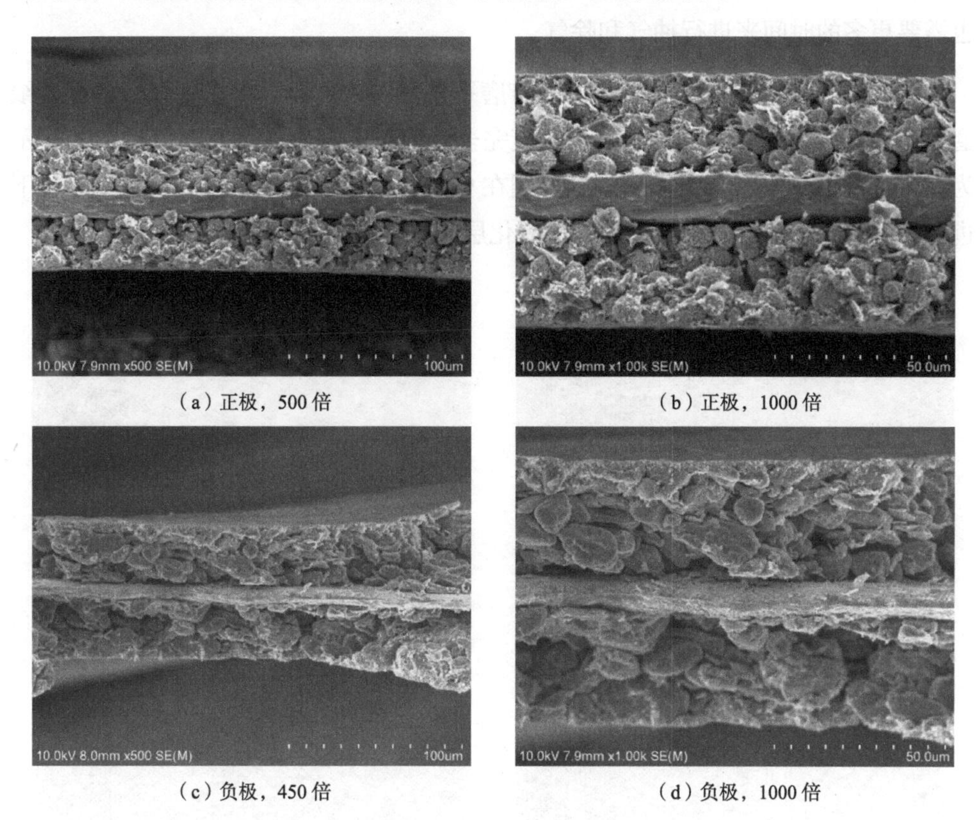

（a）正极，500 倍　　（b）正极，1000 倍

（c）负极，450 倍　　（d）负极，1000 倍

图 4.16　双面三元锂电池的正负极截面形貌

4.2.6　厚膜截面样品制备

制备厚膜样品的截面样品最常用的方法是镶嵌法，当膜层的厚度超过 2 μm，并且需要对膜层进行成分分析时，常用镶嵌法来制备截面样品，例如在铝合金或镁合金上通过微弧氧化制备一层微弧氧化膜，这层氧化膜的厚度超过 10 μm，它的截面可以用镶嵌法来制备。镶嵌法分为热镶嵌和冷镶嵌两种方法，热镶嵌法是将热固化树脂和功能性填充物的混合物，通过热镶嵌机，经过加温加

压和冷却后完成镶嵌。一般热镶嵌料的加工温度为 150 ～ 200℃，这就要求我们在进行热镶嵌时，被镶嵌样品的膜层组织不会发生变化。由于热镶嵌填充物更加致密，这种方法也更为常用。冷镶嵌技术要求低，浇注前将样品固定在模具中，然后将浇注树脂搅拌（或混合）后，慢慢倒入模具。大多数情况下室温即可固化。需要注意的是，冷镶嵌样品在常温常压下成型，样品内部存在较多的气孔，因此也需要更多的时间来进行抽气和除气。

镶嵌好的样品，还需要经过砂轮打磨平整，再依次经过由粗到细的各号砂纸磨平，磨平后的样品经过抛光直到磨痕完全除去，表面为镜面为止。图 4.17 所示为锆金属高温蒸汽氧化截面形貌，分别在 900 ℃、1000 ℃、1100 ℃和 1200 ℃下进行高温氧化，随着蒸汽温度升高，氧化层的厚度也越来越厚。

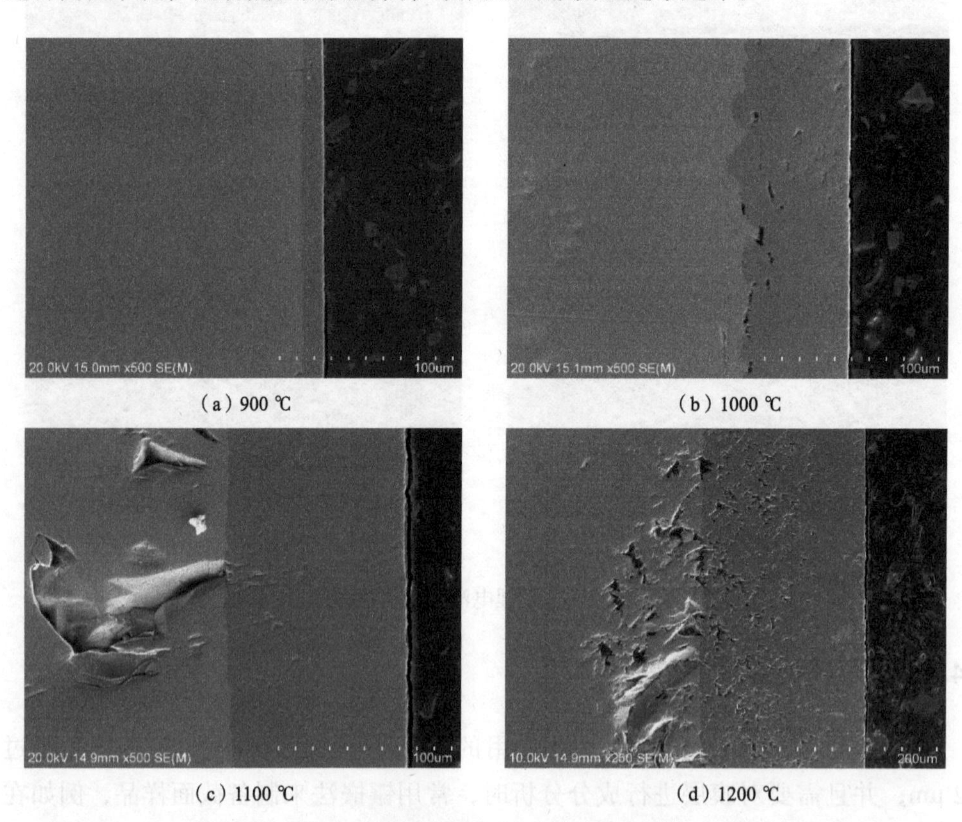

（a）900 ℃ （b）1000 ℃

（c）1100 ℃ （d）1200 ℃

图 4.17 锆金属高温蒸汽氧化截面形貌

用镶样法制备截面样品只适合膜层较厚的情况。如果膜层较薄时，例如小于

1 μm 时，镶嵌法制备截面样品就不合适了，因为在制备过程中，特别是磨光和抛光过程中，常会出现膜层脱落，即使偶尔能看到膜层，我们看到的厚度也不一定是真实的膜层厚度。

4.2.7　陶瓷微球截面样品制备

热障涂层要求涂层既有良好的隔热效果，又具有抗高温氧化性能、抗热冲击性能和高温耐蚀性能。热障涂层通过陶瓷的高耐热性、抗腐蚀性和低导热性实现对基体材料的保护。热障涂层由陶瓷层和结合底层组成，它沉积在镍基或钛基高温合金的表面，起到隔热和降低基体温度作用，保证用其制成的器件（如发动机涡轮叶片）能在高温下长时间运行。

热障涂层通常采用喷涂技术在耐高温合金的表面上喷涂一层陶瓷层。为了增加陶瓷粉的流动性，先将陶瓷粉进行球化处理，制备几微米到几十微米的陶瓷微球，那么陶瓷微球的截面如何制备?

陶瓷微球截面也常用镶嵌法来制备，但是由于陶瓷微球内部疏松，镶样时固化树脂和填充物容易在加热和加压过程中进入球体，从而影响截面形貌的观察。这里介绍一种既简单又实用的陶瓷球截面制备方法。

将一小勺陶瓷球粉放入研钵中，轻轻研磨约半分钟，将研磨的粉末撒到导电胶带上，用洗耳球吹匀后进行喷金处理。图 4.18 所示为 ZrO_2 陶瓷微球截面形貌，经过研磨后，部分球已经破碎，在扫描电镜下，很容易找到陶瓷微球的截面，放大后发现在微球的内部仍然是纳米粉体，而微球的表面则包裹着一层 1 ～ 2 μm 的致密层。

需要注意的是，这类球体样品不能通过增加喷镀次数来消除样品的荷电，由于球的侧面很难喷镀上导电涂层，即使在表面喷镀再多的导电涂层，注入样品表面的电荷仍然无法离开样品流入大地，它们仍会在样品表面积累，产生荷电，影响样品的观察。那么，对这类球体样品如何进行喷镀导电层?我们的做法是分两步走，第一步把样品台平放在喷镀仪中，在样品的表面喷镀一层导电涂层；第二步将样品倾斜约 45° 再次放入喷镀仪中，在样品的侧面再喷镀一层导电涂层，经过这两步后，陶瓷球的荷电就能基本消除。

（a）ZrO_2 陶瓷微球　（b）ZrO_2 陶瓷微球截面

（c）ZrO_2 陶瓷微球外的致密层　（d）微球内部的纳米粉体

图 4.18　ZrO_2 陶瓷微球截面形貌

4.2.8 软膜截面样品制备

在扫描电镜实验中，除了经常见到的 TiN、CrN 和 TiAlN 等硬膜样品外，还能见到纯 Al 和纯 Ag 之类的软膜样品，有机膜也属于软膜。硬膜和软膜的区别就在于硬膜的硬度高、脆性易解理；而软膜硬度低、韧性不易解理。这类软膜样品该怎么制备截面样品？

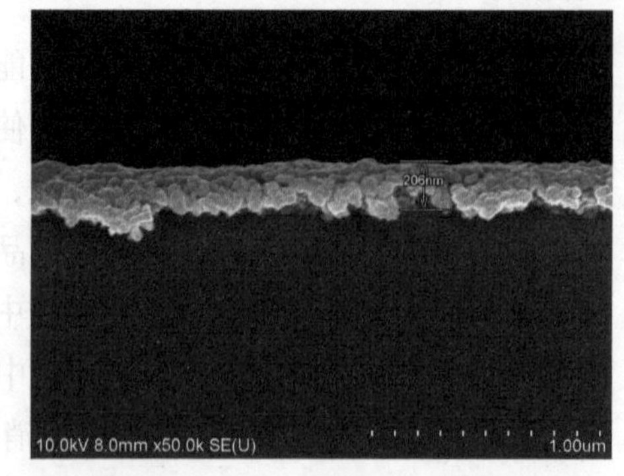

图 4.19　生长在玻璃片上的纯 Ag 膜

图 4.19 所示为生长在玻璃片上的纯 Ag 膜通过解理获得的截面形貌，膜厚约 200 nm，膜是通过化学镀的方法生长的，膜的表面呈颗粒状结构，通过解理的膜截面参差不齐，在大部分区域解理膜也塌了下来，所以我们所看到截面实质是一个是弯曲的膜的表面形貌，很难通过这样的截

面来确定膜的真实厚度。

图 4.20 所示为生长在陶瓷块上的 Pd 膜，通过扁口钳解理来制备截面样品。可以看到，膜的大部分表面也都塌下来了，只有大约 1/3 的区域显出断口形貌。由于 Pd 膜很软，韧性很好，解理过程实质是一个拉伸过程，因此就呈现出柔软金属的拉伸断口特点，显然这样的截面不能正确反映出样品的真实截面。

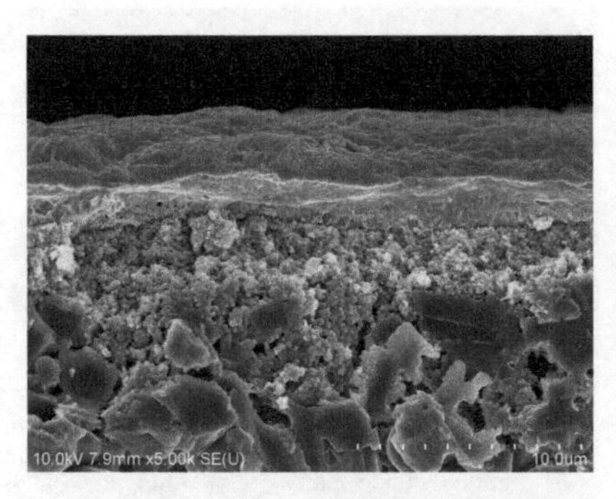

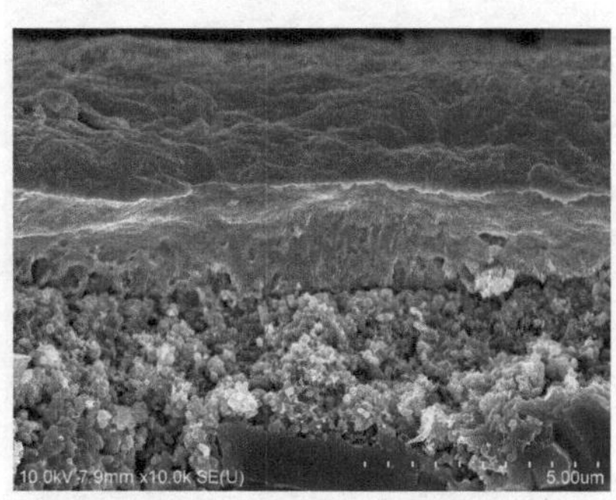

图 4.20　生长在陶瓷块上 Pd 膜

软膜截面样品的制备可以借助离子研磨仪，图 4.21 所示为日立 IM4000Plus 离子研磨仪，利用氩离子对样品既可以进行平面研磨，也可以进行截面切割，是对样品进行无应力加工的理想工具，不会产生传统的切割或机械抛光带来的变形、错位、机械应力或划痕等。截面研磨原理如图 4.21（b）所示，在样品和氩离子枪之间安装一个遮挡板，使样品局部突出遮挡板边缘，然后用离子束轰击样品，将突出遮挡板边缘的部分溅射掉，由此可获得切割均匀的截面。截面研磨普遍适用于块状样品和多层结构等机械研磨难以精加工处理的样品。

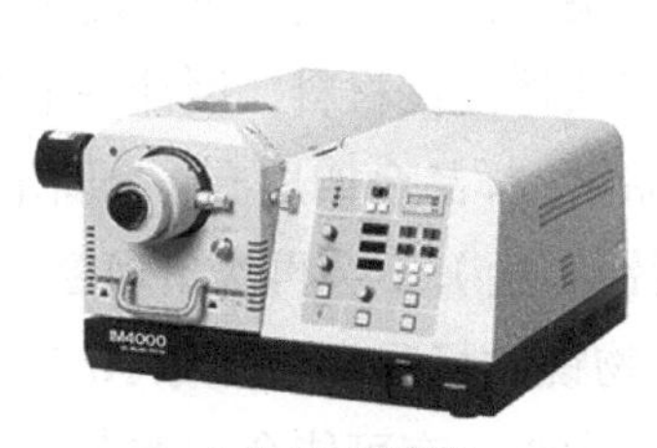

（a）离子研磨仪

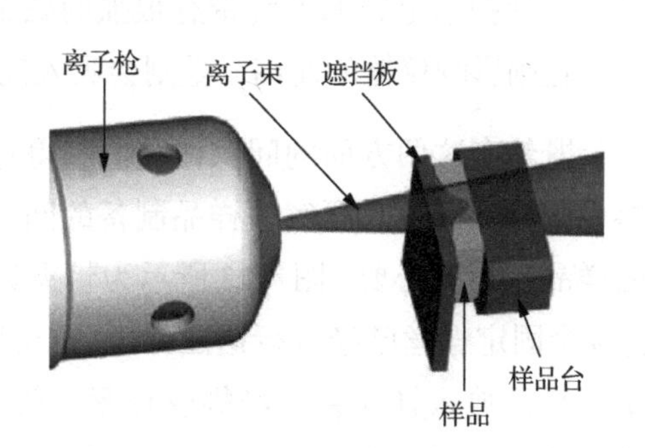

（b）截面研磨原理

图 4.21　日立 IM4000Plus 离子研磨仪和截面研磨原理示意图

图 4.22 所示为采用离子研磨法制备的锂电池正极材料截面形貌。正极材料已进行了多次循环处理，循环后的正极材料已膨胀，很脆且易碎，无法再用刀片进行切割。采用截面研磨加工，不会对正极材料施加任何外部应力，可完整呈现样品循环后真实的截面结构，而且膜层结构也不会受到破坏，可以清晰显示三元材料和导电剂在膜层中的分布。

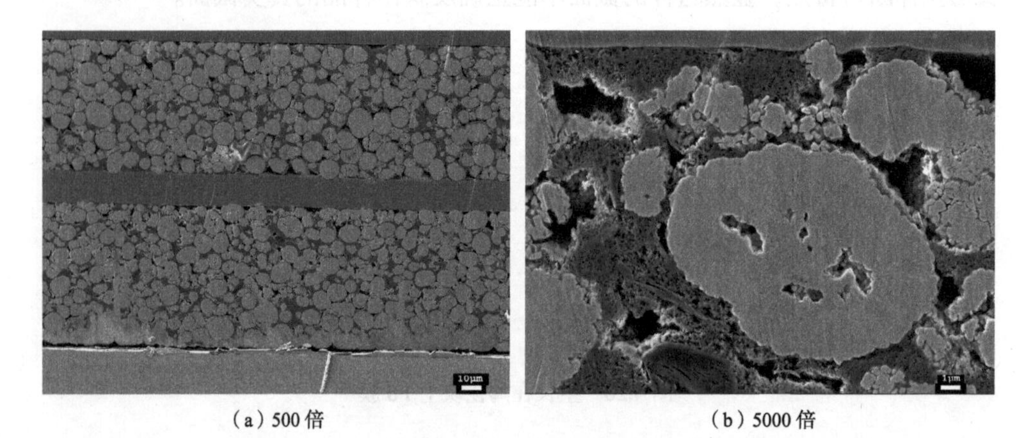

（a）500 倍　　（b）5000 倍

图 4.22　采用离子研磨法制备锂电池正极材料截面形貌

4.3　磁性材料样品的制备

磁性材料分为本身带磁的材料（如铁氧体）和易被磁化的材料（如碳钢）。磁性材料被很多扫描电镜实验室拒绝测试，是因为测试磁性材料风险很大，一方面磁性材料的磁性可以干扰入射电子束，使电子束发生偏移，影响到图像质量；另一方面扫描电镜的物镜带有很强的磁场，稍有操作失误，就会把磁体吸到物镜上，轻则影响仪器的使用，重则会吸入镜筒内，损坏扫描电镜。

既然有这两方面的问题，我们就得想办法解决。让扫描电镜可以测试磁性材料，归根到底还是要解决样品制备的问题。对于块体磁性材料，设计一个带夹具的样品台很有必要，图 4.23 所示为带夹具的样品台，样品台四周有 4 个固定螺丝，这 4 个固定螺丝已经进行退磁处理（也可以采用铜螺丝），不会再次出现磁化现象。块体样品放入样品台，经螺丝拧紧，就不会被物镜磁场吸走，但像 NbFeB 这样的强磁体仍不适合扫描电镜实验，因为它的磁性太强，有可能会把整个夹具都吸到物镜上去。

图 4.23　带夹具的样品台

磁性粉末是一个令人头疼的问题，我们无法通过设计一套夹具来固定磁性粉末，磁性粉末会在不经意间被吸到物镜末端，图 4.24 所示为物镜末端吸上磁性粉末后的低倍照片，可以看到扫描电镜经过一段时间的运行，在物镜末端的内圈吸上一些磁性粉末，如图 4.24（a）箭头所示，随着运行时间的增加，吸上的磁性粉末也会增加，有时整个内圈都吸上磁性粉末，见图 4.24（b），为了突出磁性颗粒被吸附的结果，我们将照片进行了裁剪。当物镜内圈吸上这么多磁性粉末时，电子束形状将会受到影响，导致扫描电镜变得难以对中和消像散，仪器将无法正常使用。

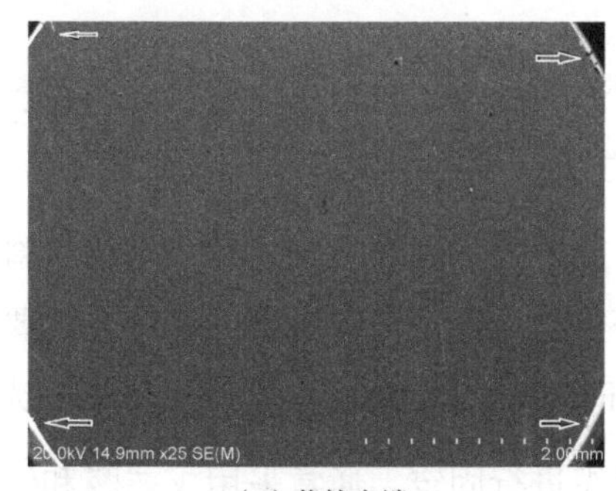

（a）物镜末端

（b）放大图

图 4.24　物镜吸上磁性粉末

磁性粉末样品如何制备？安全的做法是用液体导电胶（不是导电胶带）来固定。先将液体导电胶涂在样品台上，用细棉签沾上磁性粉末轻轻地抖落到液体导电胶上，待液体导电胶干透后，用气枪或洗耳球吹气 3 ～ 5 次，然后放入扫描电镜中进行观察。如果用导电胶带来固定磁性粉末，需要用牙签将粉末在导电胶带上轻压几下，将粉末压入胶带，以增加磁性粉末和胶带的结合力。很多磁性粉末不导电，还要适当喷镀导电涂层，观察时选择的工作距离不得低于 8 mm。图 4.25 是 Fe_3O_4 和 Co_3O_4 磁性混合粉末，在高倍下，磁性颗粒的形貌清晰可见。

图 4.25　Fe_3O_4 和 Co_3O_4 磁性粉末

磁性粉末显然不适合超声分散的制样方法，如果磁性粉末通过超声分散成悬浮液滴到硅片上干燥，磁性粉末与硅片之间没有任何黏合力，在扫描电镜的物镜磁场内，磁性粉末很容易吸到物镜末端，对仪器造成巨大损害。

4.4　生物样品的制备

除了一些含水很少、自然干燥不会造成形貌变化的材料，如植物的花粉、动物的骨头等不需要干燥处理外，所有含水的生物材料都需要进行脱水干燥处理。

生物样品的制备过程通常如下：清洗、固定、干燥和喷金。某些生物材料表面常常带有血液、分泌物、淋巴液或黏液等异物，掩盖住要观察的部位，需要在固定之前用蒸馏水或生理盐水清洗干净。如果表面污染物较多，则需要超声清洗。

扫描电镜生物样品制备时需要对生物组织进行固定。通常采用戊二醛和锇酸固定，锇酸不仅可以完好地保存细胞的组织结构，而且还能增加材料的导电性，提高二次电子产额，改善扫描电镜的图像质量。固定后样品中仍然含有大量的水分，必须进行干燥处理，干燥方法不当，会造成样品形貌的损伤和破坏。生物样品的干燥不能采用自然蒸发，因为自然蒸发产生很大的表面张力，对生物组织细胞的表面精细结构造成严重的损伤。生物样品采用临界点干燥法或冷冻干燥法进行脱水干燥。临界点干燥法的原理是任何物质都有固态、液态和气态，当外部条件变化时，3 个状态可以互相转换。选择适当温度和压力，使液态达到临界状态（液态和气态间界面消失），从而避免在干燥过程中由水的表面张力所造成的样品变形。对含水生物材料直接进行临界点干燥时，用液体二氧化碳作为干燥媒介液，用醋酸异戊酯作为中间置换液。

将干燥后的样品用液体导电胶或导电胶带粘贴在样品台上，然后放置在离子溅射仪中喷镀一层导电涂层（通常为 Au 或 Pt），以提高样品的导电性，同时提高二次电子产额，改善图像质量，并且导电涂层还可以进一步防止样品受热和辐射损伤的影响。图 4.26 所示为经过临界点干燥法进行干燥的细胞形貌，细胞饱满，外形清晰，细胞的绒毛清晰可见。

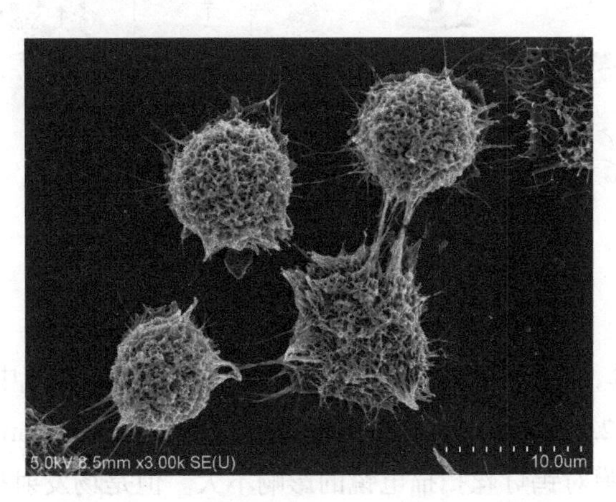

图 4.26 临界点干燥法进行干燥的细胞形貌

4.5 喷镀导电涂层

不导电样品可以通过喷镀导电涂层来增加样品的导电性。图 4.27 所示为喷镀导电涂层的离子溅射仪及其工作原理，该离子溅射仪为二极结构，样品台为正电极，样品放置在样品台上，连接着仪器外壳并且接地；溅射靶为负电极，通常施加 1 ～ 3 kV 负电压。当腔内达到一定真空度（约 6 Pa）时，阴极开始发射电子，轰击真空室中的残留气体，促使其电离为阳离子和电子，电离的电子在电场中被加速，继续轰击残留气体，从而产生级联电离，形成等离子体。等离子体中的阳离子受到阴极的加速直接撞击阴极靶材，当阳离子的能量高于靶材原子的电离能时，靶材原子脱离靶材，又经过与残余气体多次碰撞，最终脱落的靶材原子沉积到样品表面，在样品表面形成一层厚度均匀的导电薄膜。

溅射镀膜厚度经验公式如下，

$$D = 0.1KIUt \tag{4.1}$$

式中，D 为镀膜厚度；K 为系数，与靶材、充入气体和工作距离有关，当工作距离（靶材与样品的距离）为 50 mm，采用金靶，气体为氩气时，$K = 0.17$，气体为空气时，$K = 0.07$；I 为离子流；U 为阴极（靶）电压；t 为溅射时间。

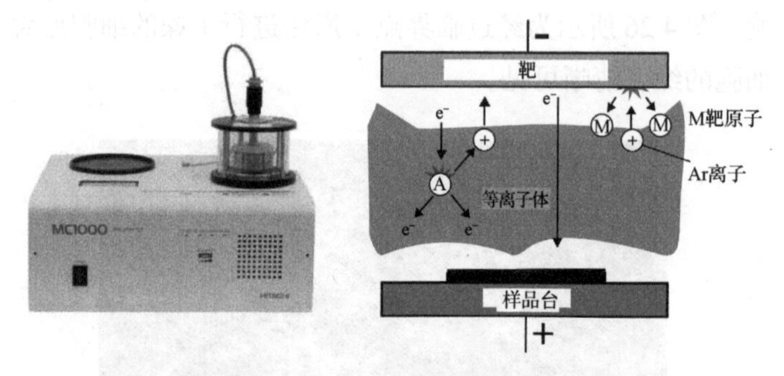

图 4.27　离子溅射仪及其工作原理

通过简单计算，离子流为 10 mA，阴极电压为 1 kV，在空气中溅射时间为 30 s，Au 膜的厚度约为 2.1 nm。钨灯丝扫描电镜的分辨率大致为 6 nm，远大于 Au 膜的厚度，此时，Au 膜对钨灯丝扫描电镜的影响不大。但是场发射扫描电镜的分辨率高达 1 nm，Au 膜的影响不可忽略，当放大倍数超过 5 万倍时，Au 颗粒清晰可辨。为了解决 Au 膜颗粒粗大的问题，现在普遍采用喷涂 Pt 来代替 Au，不仅保留 Au 的优点，并且 Pt 颗粒更细小，对于高倍图像的影响也更小。但我们在习惯上仍将喷 Pt 和喷 Au 统称为“喷金”。

4.6　样品清洗

如果在制备样品时，我们的手不小心触碰样品，会发生什么情况？图 4.28 为陶瓷块表面沉积 Pd 膜表面形貌，其中图 4.28（a）和（b）是没有被手碰到的区域，膜的表面干净整洁，放大后膜上的颗粒清晰可见；图 4.28（c）和（d）是膜的表面被手触碰以后形貌，手上的汗渍、污渍和油渍就会沾到样品表面，在低倍下，膜的表面出现大量黑色块，放大后，黑色块呈无定型结构。其能谱结果见表 4.1，表明黑色块中 C、O 的成分明显增加，并且还增加了 Na、Cl 和 K 等元素，其中 Na 和 Cl 的原子比接近 NaCl 的原子比，说明这些黑色块是有机物和盐渍的混合体。这些黑色块覆盖在样品表面，严重地影响了膜的表面分析，如果把这些黑色块当成样品的一部分，将给实验结果带来严重的误导。

（a）干净表面，低倍形貌

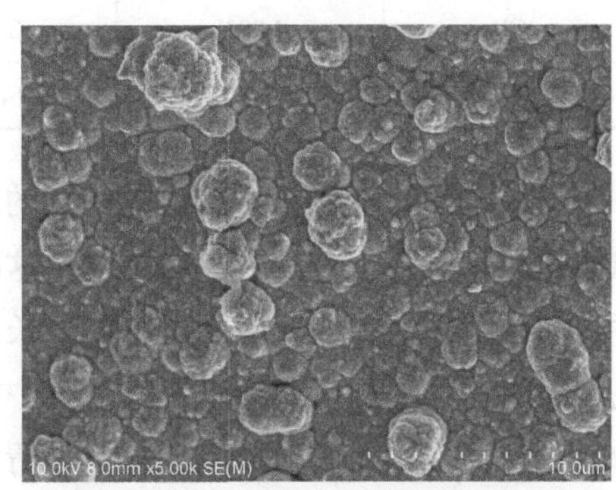

（b）干净表面，高倍形貌

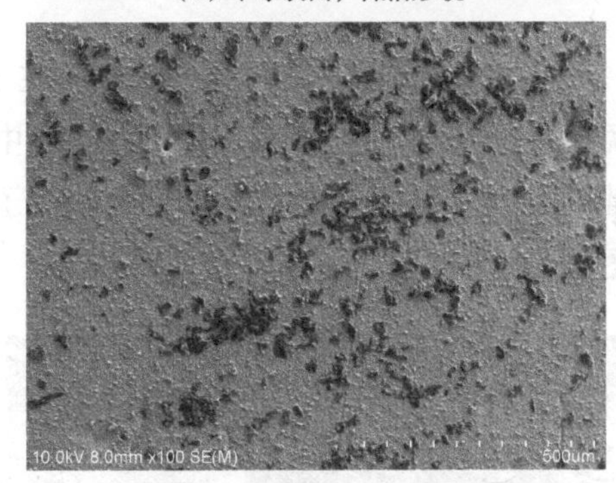

（c）手触碰后，低倍形貌

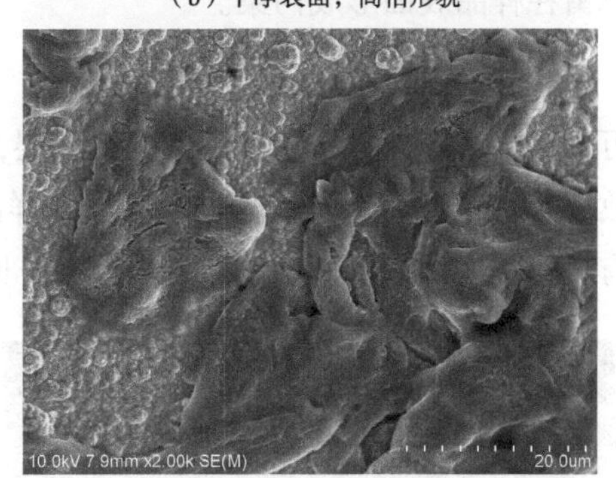

（d）手触碰后，高倍形貌

图 4.28　陶瓷表面沉积 Pd 膜表面形貌

表 4.1　能谱结果

元素	黑色块区域		白色干净区域	
	质量百分比	原子百分比	质量百分比	原子百分比
C	22.43%	54.41%	5.32%	28.21%
O	10.39%	18.92%	3.89%	15.50%
Na	2.90%	3.67%		

续表

元素	黑色块区域		白色干净区域	
	质量百分比	原子百分比	质量百分比	原子百分比
Al	0.46%	0.50%	1.09%	2.58%
S	0.57%	0.52%		
K	4.97%	3.70%		
Cl	4.22%	3.47%		
Pd	54.07%	14.81%	89.70%	53.71%

样品污染问题是一个无法被忽视的问题，我们经常在观察样品时，看到一些和样品本身形貌不符的黑色黏稠物，这时候样品有可能已经被污染了。样品受到污染的原因很多，如样品制备时间过长，在空气中暴露太长的时间，就会吸附空气中有机物分子形成污染；制样过程中样品和身体部位直接接触，身体上的有机物就会粘在样品表面形成污染；样品清洗过程中，选用的溶剂不合适，导致溶剂残留在样品表面形成污染。

图 4.29 所示为光学元件截面形貌，是一个多层膜结构，新鲜解理的样品在 1 万倍下可清晰地分辨出 5 层不同的膜层，见图 4.29（a）。当制备的样品在空气中放置大约 1 个月（用培养皿盖着），样品截面已经受到严重污染，截面上沾满了有机污染物，膜层被覆盖而无法分辨，见图 4.29（b）。

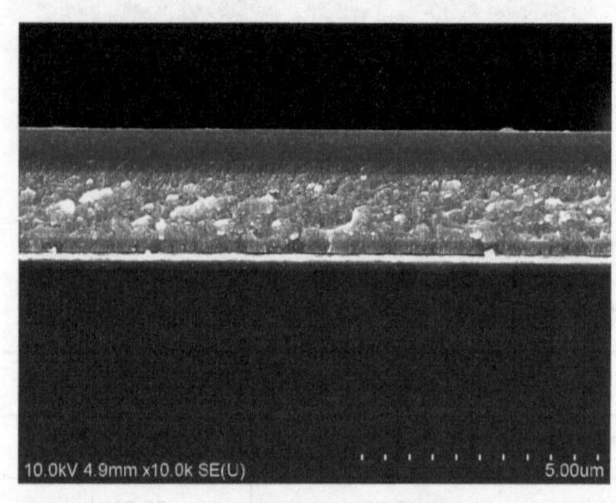

（a）新鲜解理的样品截面

（b）放置 1 个月后的样品截面

图 4.29　光学元件截面形貌

清除样品污染的方法很多，但最有效的办法还是超声清洗，超声清洗和超声分散原理一样，利用超声波产生大量气泡迅速膨胀又突然闭合的瞬间产生的巨大冲击波，使气泡周围产生巨大的局部压力，这种超声空化所产生的巨大压力能破坏不溶的污染物而使他们分化于溶液中，从而达到清洗样品表面的目的。

一旦样品被污染，即使清洗也不可能成为干净表面，因此及时观察样品非常重要。样品的放置时间最好不要超过 3 天，如果不能及时观察样品，最好的保存环境是真空，也可以保存在干燥皿中。现在大家都喜欢用自封袋来保存样品，这是错误的。自封袋本身不干净，在制造过程中粘黏油污，并且自封袋本身也会慢慢释放污染物，这些污染物导致样品被多次污染。如果用自封袋临时存放样品，也要把样品用铝箔完全包裹后，再放入自封袋暂存。

第5章 场发射扫描电镜在生物、环境和材料领域中的应用

随着扫描电镜技术的发展，特别是场发射扫描电镜的普遍使用，扫描电镜的应用范围得到进一步拓展。扫描电镜以其超高的分辨率，良好的景深及样品制备相对简单等优势，广泛应用于材料、化工、生物、医学、地矿、考古、食品、微电子和环境等领域。它既可以观察样品表面形貌，又可以对样品的微区进行元素的定性和定量分析及晶体结构分析。场发射扫描电镜的分辨率优于1 nm，以前很多需要使用透射电镜完成的工作，现在都可以由场发射扫描电镜来完成，例如，钨灯丝扫描电镜的分辨率为6 nm，无法分辨小于6 nm的单个纳米颗粒，以前这类材料的分析工作只能由透射电镜来完成，现在可以用场发射扫描电镜来完成。场发射扫描电镜已成为材料研究的重要手段。下面我们介绍场发射扫描电镜在植物花粉、纳米材料、$PM_{2.5}$颗粒物、建筑材料、沉积膜、磁性粉末和纳米催化剂等研究中的应用。

5.1 在植物花粉研究中的应用

花粉指种子植物的微小孢子堆，由雄蕊中的花药产生。典型的小孢子由一个花粉母细胞经减数分裂形成4个小孢子，外壁具有雕纹。各种植物花粉形状、大小、对称性、极性、萌发孔的数目、壁的结构及表面雕纹等各不相同。花粉多为球形，赤道轴长于极轴的称为扁球形；相反，极轴长于赤道轴的称为长球形。花粉在极面观所见赤道轮廓，可呈圆形、角状和裂片状等。在赤道面观，花粉轮廓可呈圆形、椭圆形、菱形和方形等。

花粉千姿百态，纹饰丰富多样。花粉的大小在几微米到几百微米不等，无法

用肉眼观察，需要借助显微镜来观察与研究。扫描电镜的高分辨率和大景深，非常适合观察花粉的形态。

5.1.1　样品制备

从干燥的植物标本上取下花药，取出少量的花粉直接粘在导电胶带上。如果是新鲜花粉，待鲜花盛开后，取下花朵，将花粉直接粘到导电胶带，放在干燥皿内自然干燥 72 h。花粉颗粒尺寸相对较大，又不导电，在扫描电镜观察前进行喷金处理，喷金的条件为 10 mA 束流，喷镀时间为 150 s。

5.1.2　扫描电镜参数选择

扫描电镜的参数主要包括加速电压、探测器和工作距离，我们分别对这 3 个参数进行选定。图 5.1 所示为加速电压对花粉形貌的影响，加速电压分别选择 5 kV、10 kV 和 20 kV，采用高位探测器，工作距离为 8 mm。图 5.1（a）的加速电压为 5 kV，图像的细节丰富，但图像信噪比较差，清晰度也较差，整体图像较暗；图 5.1（b）的加速电压为 10 kV，图像的细节也丰富，形貌更加清晰，信噪比也大有改善；图 5.1（c）的加速电压增加到 20 kV，电子束直接穿透样品，图像显得通透。比较这 3 个图像清楚显示，加速电压为 10 kV，图像的细节、清晰度和信噪比都较合适。

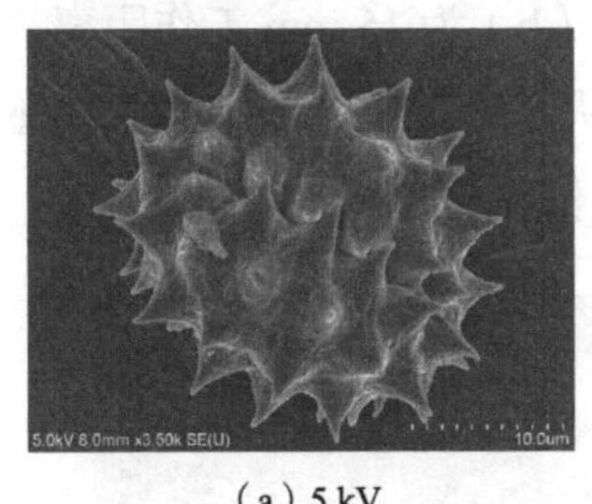

（a）5 kV

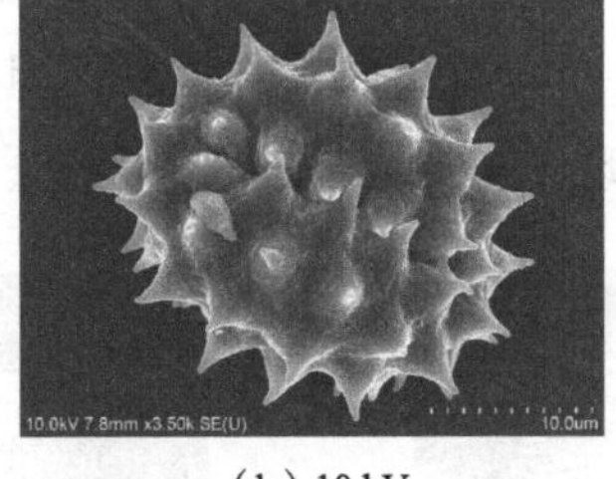

（b）10 kV

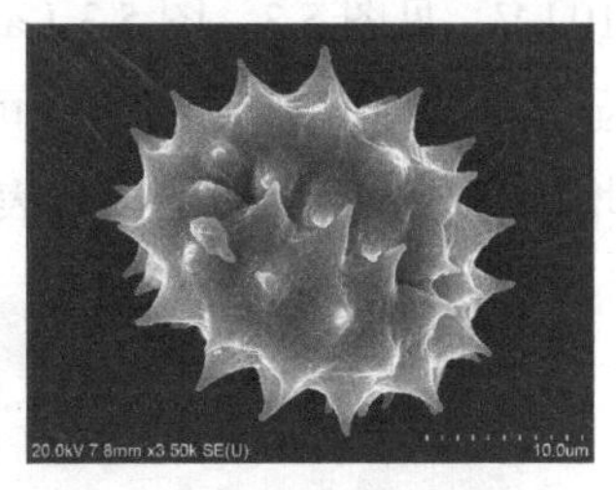

（c）20 kV

图 5.1　加速电压对花粉形貌的影响

我们进一步对高位、低位探测器和混合探测器的图像进行比较，选择加速电压为 10 kV，工作距离为 8 mm，见图 5.2。图 5.2（a）为采用高位探测器获得的形貌，图像清晰，信噪比合适，立体感也适中。图 5.2（b）为采用低位探测器获得的形貌，立体感得到进一步改善，但图像的清晰度和信噪比都有较大下降。

图 5.2（c）为采用混合探测器获得的形貌，形貌细节和高位探测器接近，立体感也有所改善。

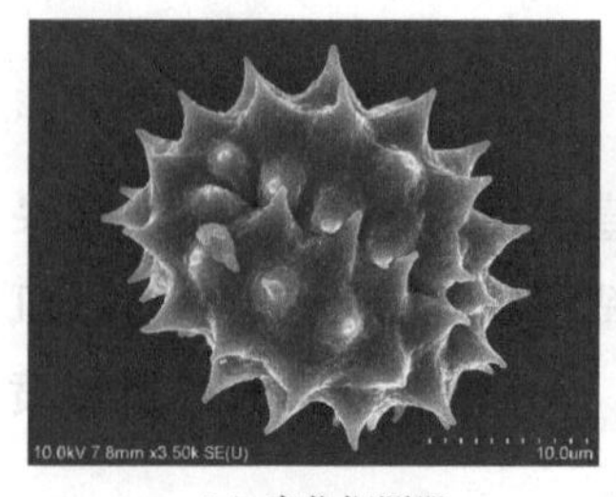

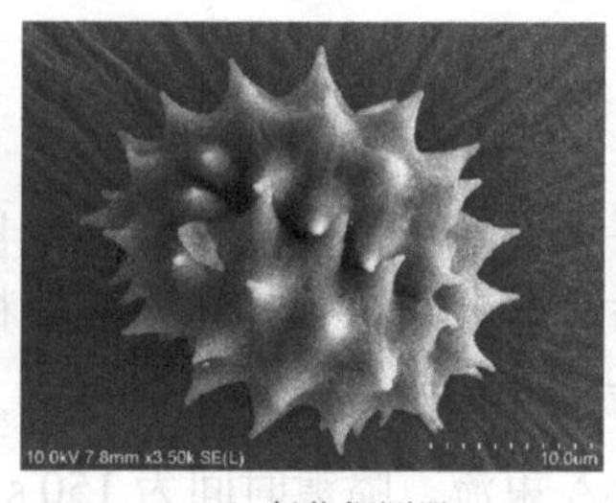

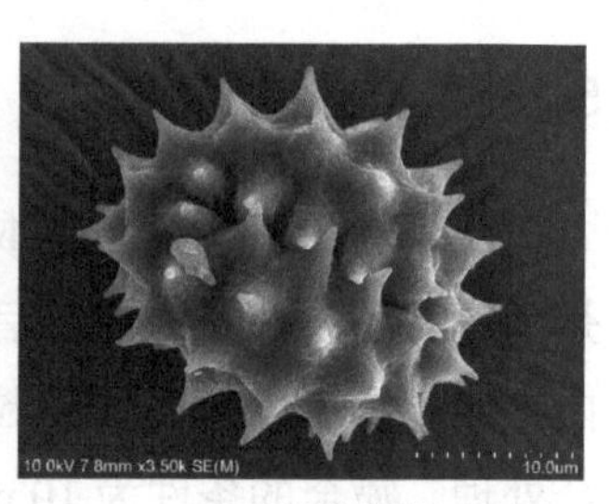

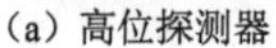

（a）高位探测器　（b）低位探测器　（c）混合探测器

图 5.2　探测器对花粉形貌的影响

我们知道，高位探测器采集的信号主要为二次电子信号，它来自入射电子对样品的直接激发，因此图像分辨率高，但立体感略显不足；低位探测器的信号主要是低角背散射电子和由背散射电子撞击腔室内壁、物镜和样品台组件产生的 SE_3，来自样品的内层，立体感提高，但分辨率和信噪比都有很大下降。对比图 5.2（a）和（b），图 5.2（a）的图像清晰度和信噪比都可以接受，但立体感稍显不足。而混合探测器是高位和低位探测器同时使用，它保持了高位探测器的清晰度和信噪比，又弥补了立体感不足的问题，见图 5.2（c）。

我们比较了 8 mm 和 15 mm 的工作距离，选用高位探测器，加速电压为 10 kV，见图 5.3。图 5.3（a）为 8 mm 工作距离，图 5.3（b）为 15 mm 工作距离，显然，增加工作距离的确可以增加图像的立体感，但从 8 mm 到 15 mm，立体感增加有限，但图像的整体表现（包括清晰度、分辨率、信噪比）却在下降。

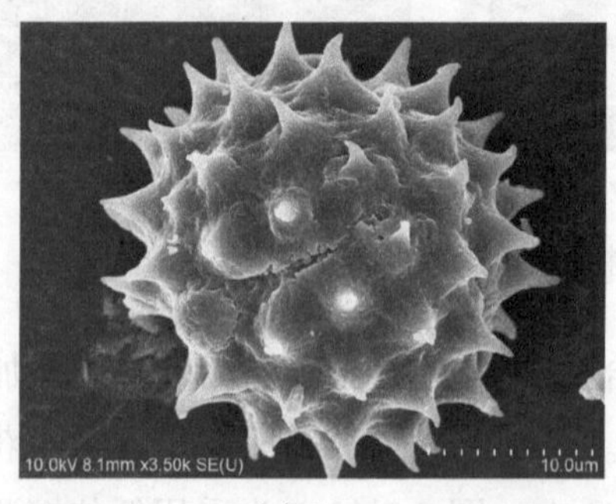

（a）8 mm

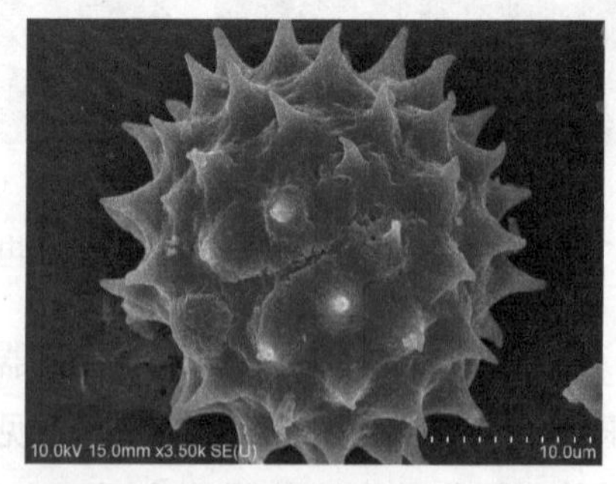

（b）15 mm

图 5.3　工作距离对花粉形貌的影响

5.1.3　几种植物花粉的形貌

对于植物花粉，我们可以选择扫描电镜的工作参数如下：加速电压为 10 kV，工作距离为 8 mm，选用混合探测器或高位探测器。我们进一步对一些常见的植物花粉进行扫描电镜的观察与拍摄。图 5.4 所示为某植物花粉形貌，我们分别从不同侧面进行观察。图 5.5 所示为赛菊芋花粉形貌，图 5.6 所示为玉簪花粉形貌，图 5.7 所示为碧冬茄花粉形貌，图 5.8 所示为连翘（迎春花）花粉形貌。其中赛菊芋、玉簪、碧冬茄和连翘样品都采自新鲜的花粉，有的花粉还没有完全成熟。

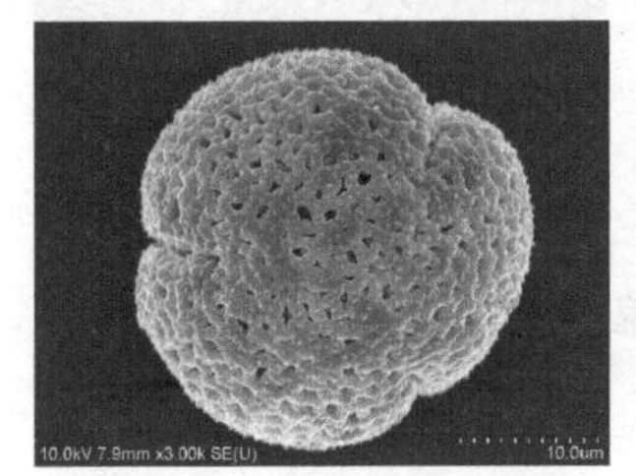

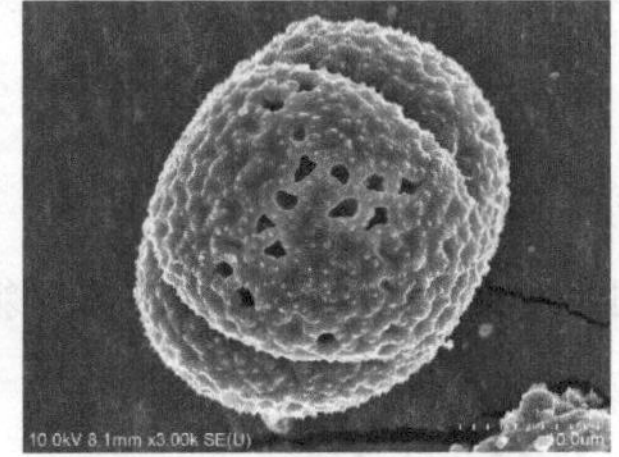

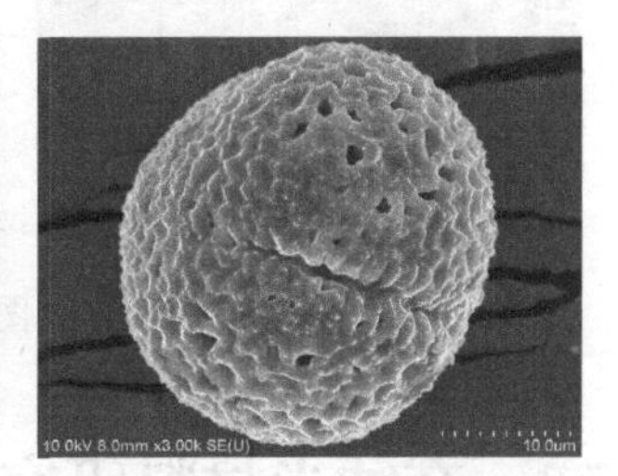

图 5.4　某植物花粉形貌

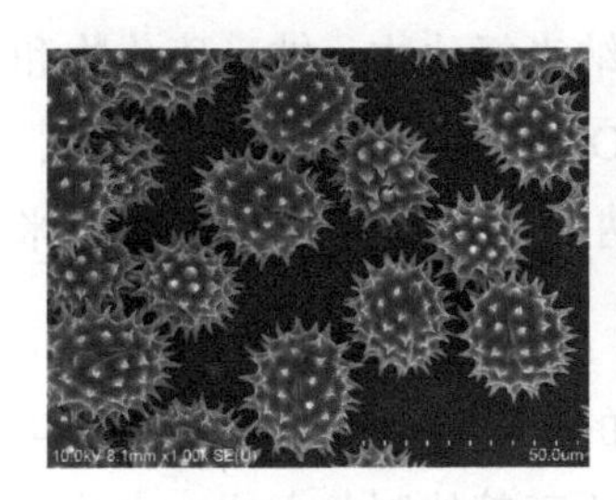

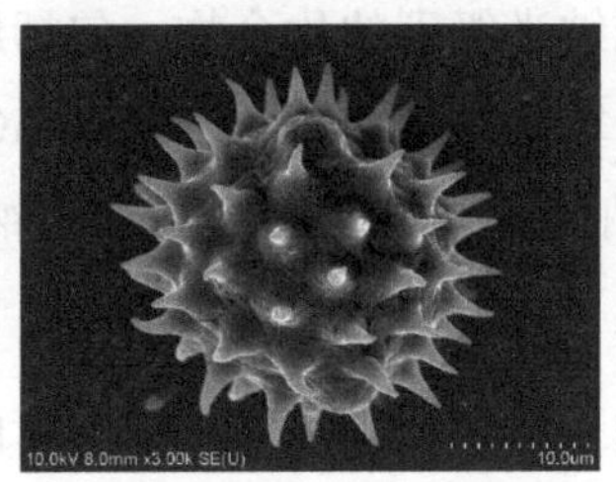

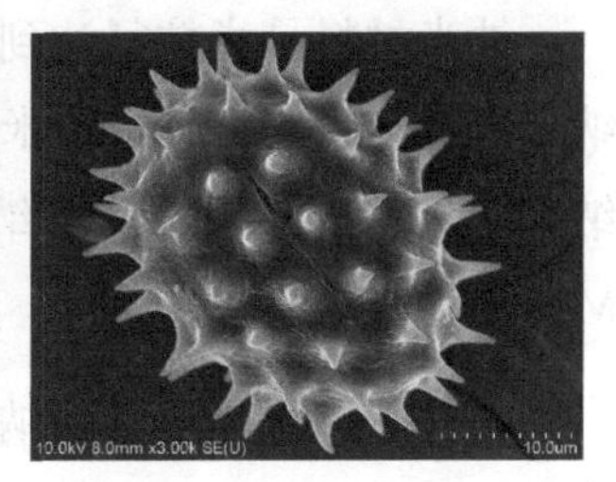

图 5.5　赛菊芋花粉形貌

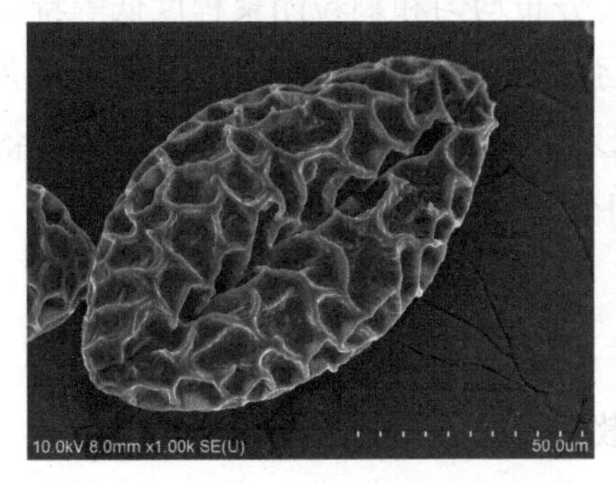

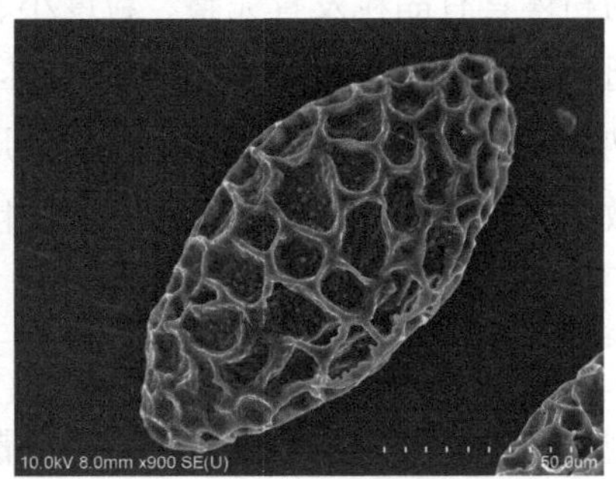

图 5.6　玉簪花粉形貌

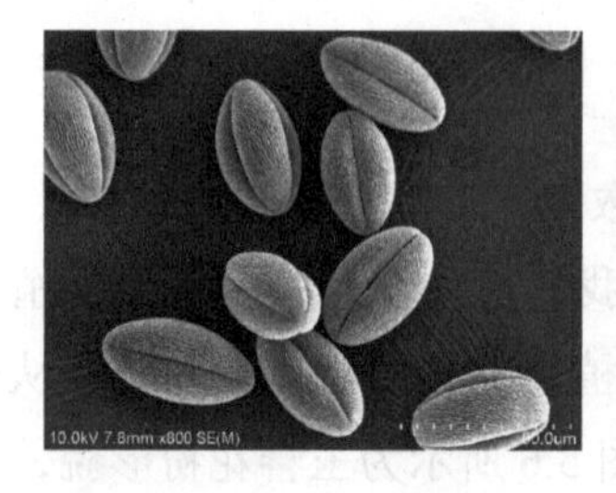

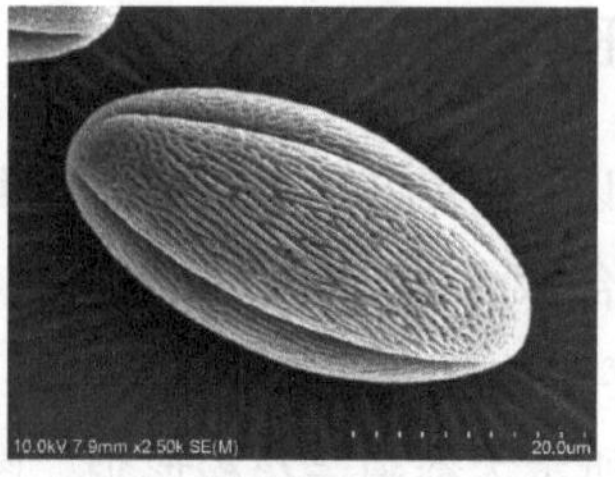

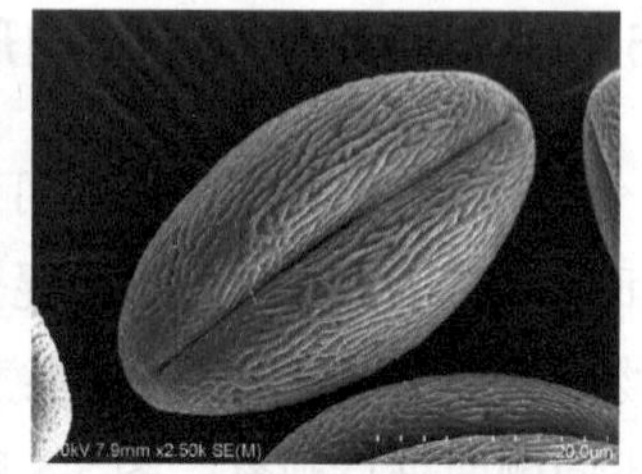

图 5.7　碧冬茄花粉形貌

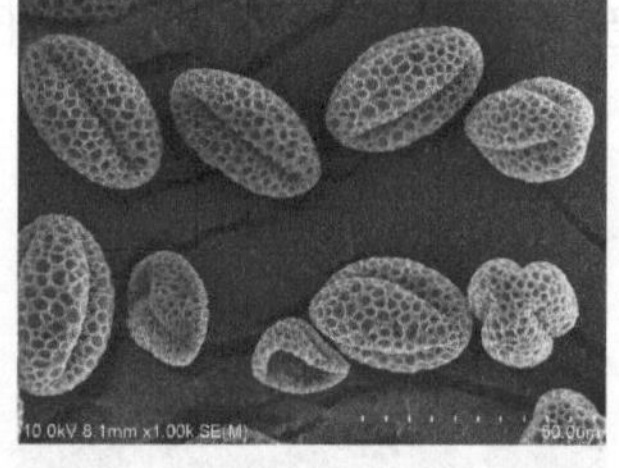

图 5.8　连翘（迎春花）花粉形貌

5.2　在纳米材料研究中的应用

纳米材料是指粒径达到纳米级别的化合物，包括纳米氧化物、纳米硫化物和纳米氢氧化物等，其中纳米氧化物最多，例如纳米 TiO_2、纳米 SiO_2、纳米 ZnO、纳米 Al_2O_3、纳米 ZrO_2、纳米 Fe_2O_3、纳米 MgO、纳米 PbS、纳米 CdS、纳米 MoS_2 和纳米 $Fe(OH)_3$ 等。

通常采用水热法制备纳米材料。水热法是在密封的压力容器中完成的湿化学方法，以水作为溶剂，经溶解和再结晶制备材料。相比于其他制备方法，水热法制备的粉体具有晶粒发育完整、粒度小、分布均匀和颗粒团聚程度低等特点。水热法通常使用的温度为 130 ～ 250℃，压强为 0.3 ～ 4 MPa。通过调节反应条件可控制纳米颗粒的大小、晶体结构、结晶形态和晶粒纯度等。水热法既可制备单组分的微小单晶体，又可制备双组分或多组分的化合物晶体粉末。

5.2.1　样品制备

制备纳米材料的样品可采用超声分散法。取一小勺纳米粉末倒入试管中，加入 10 mL 无水乙醇，放入超声清洗机中超声 30 min，做成悬浮液，用滴管将悬浮液滴在硅片上，蒸发干燥后，直接在扫描电镜下观察。

纳米化合物的颗粒尺寸为纳米量级，喷镀导电涂层会覆盖样品表面的精细结构和微观形貌，所以样品不能喷金。为了充分保证纳米颗粒的清晰度和分辨率，采用低加速电压和小工作距离模式。实验中我们可以采用 3 kV 或 5 kV 加速电压，工作距离为 3 ～ 4 mm。我们也曾尝试过更低的加速电压，如 1 kV 和 500 V 等，结果不太理想。加速电压低至 1 kV 或以下，电子束的亮度下降很多，色差增加，导致图像的分辨率下降，同时也引起图像信噪比变差。

5.2.2　纳米 ZnO

纳米 ZnO 是最为常见的纳米氧化物。ZnO 属于六方晶系，纳米 ZnO 大多呈六方结晶形貌。纳米 ZnO 同时具有纳米材料和传统 ZnO 材料的双重特性。与传统 ZnO 材料相比，纳米 ZnO 的比表面积大、化学活性高，具有优异的催化性能和光催化活性，并具有抗红外线、紫外线辐射及杀菌性能。

图 5.9 所示为六方结晶纳米 ZnO，在反应釜内经溶解和再结晶后生长，极易形成六方结晶形貌，这是典型的纳米 ZnO 形貌。图 5.9（b）所示为一个完整的六方结晶 ZnO，该 ZnO 纳米颗粒实际上由大量更细小的 ZnO 纳米颗粒组成。图 5.9（c）和（d）为 ZnO 纳米环。这是 ZnO 长大过程中内核被重新溶解造成的。在反应釜内受到高温高压的影响，最先生长的 ZnO 内核又被重新溶解，而外壳还在继续生长，这样就长成了 ZnO 纳米环。

随着生长条件的变化，ZnO 的形貌也发生很大变化。图 5.10 所示为自组装生长的纳米 ZnO。图 5.11 所示为纳米六角筐，它也是自组装结构，内部为空心。图 5.12 所示为哑铃状纳米 ZnO，是由很多棒状 ZnO 组装在一起形成的。图 5.13 所示为棒状和线状纳米 ZnO，图 5.14 所示为球状纳米 ZnO。

纳米 ZnO 是一种多功能新型无机材料，颗粒尺寸约在 1 ～ 100 nm。由于晶粒细小，其表面电子结构和晶体结构发生变化，产生了大尺寸 ZnO 所不具有的表面效应。它在催化、光学、磁学、力学等方面展现出许多特殊性能，具有普通 ZnO 无法比拟的特殊性能和用途。纳米 ZnO 在纺织和涂料等领域可用于生产防晒剂和抗菌剂等。

（a）5 万倍　　（b）15 万倍

（c）ZnO 纳米环，内核开始溶解　　（d）ZnO 纳米环

图 5.9　六方结晶纳米 ZnO

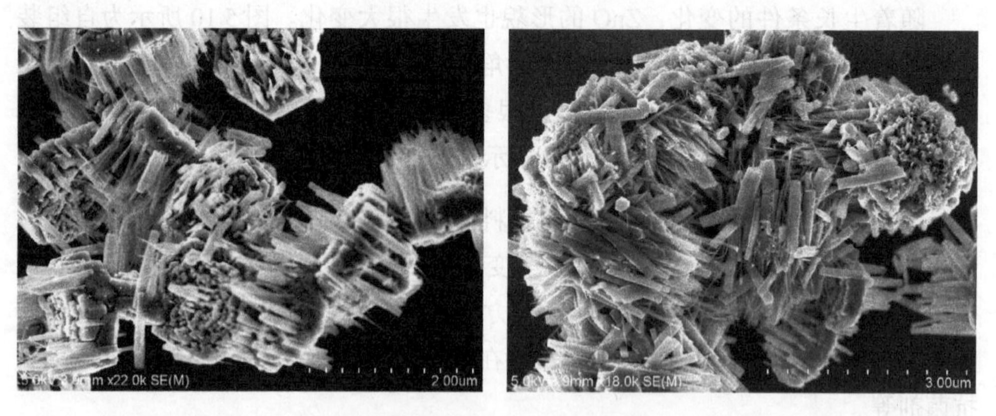

图 5.10　自组装生长的纳米 ZnO

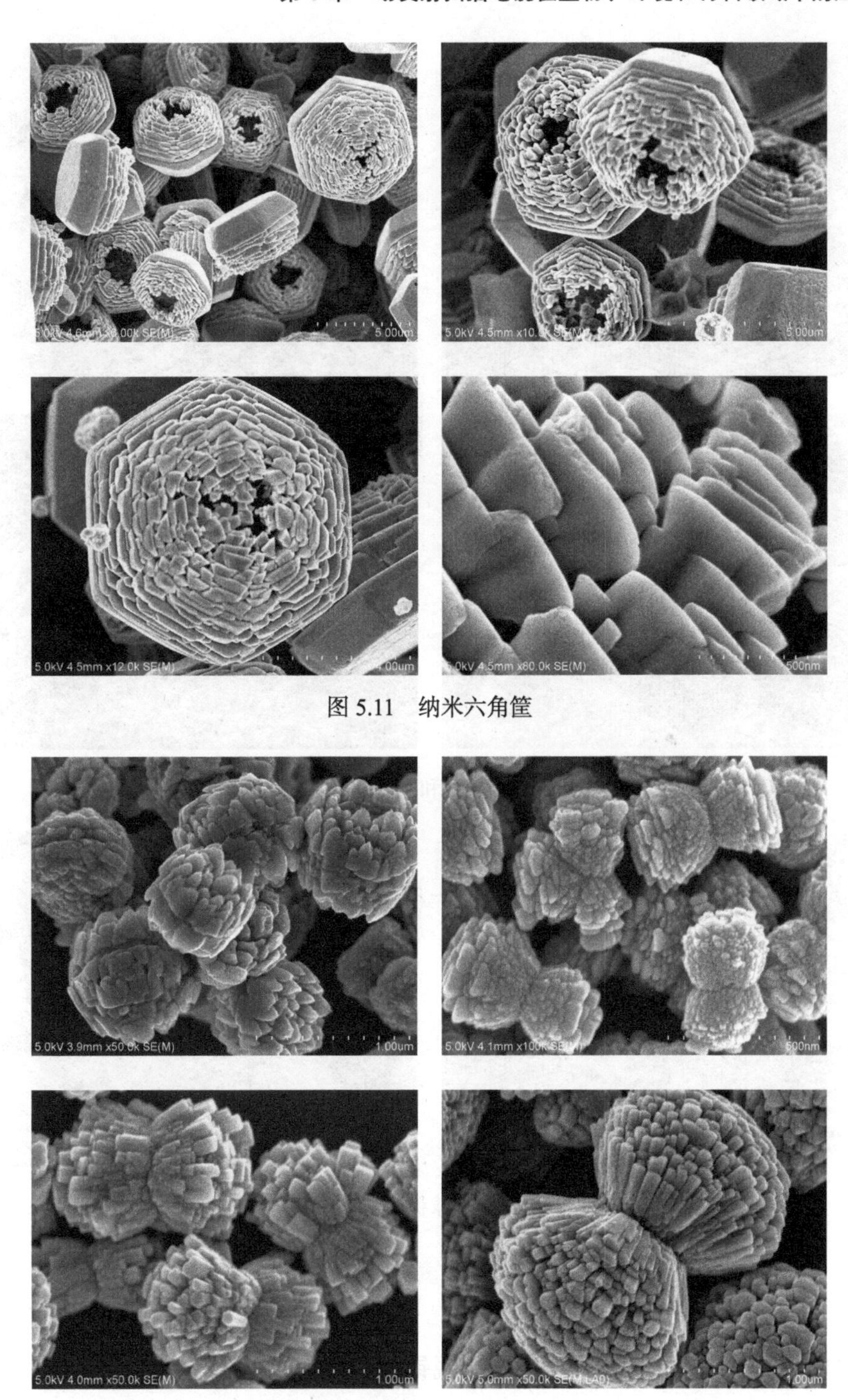

图 5.11　纳米六角筐

图 5.12　哑铃状纳米 ZnO

图 5.13　棒状和线状纳米 ZnO

图 5.14　球状纳米 ZnO

5.2.3　纳米 TiO_2

纳米 TiO_2 主要有两种结晶形态：锐钛型（Anatase）和金红石型（Rutile）。金红石型 TiO_2 更为稳定且致密，有较高的硬度、密度、介电常数和折射率等，具有较高遮盖力和着色力。锐钛型 TiO_2 在可见光短波范围的反射率高，带蓝色色调，对紫外线的吸收力低，光催化活性高。在一定条件下，锐钛型 TiO_2 可转化为金红石型 TiO_2。

图 5.15 为纳米 TiO_2 形貌，纳米 TiO_2 容易形成团簇状结构，见图 5.15（a）～图 5.15（c），提高放大倍数到 10 万倍，发现每个团簇都是由大量极细的纳米线组成，这些纳米线自组装在一起，形成一个大团簇。图 5.15（d）所示为絮状团簇结构。这些呈团簇状结构的纳米 TiO_2 大大增加了 TiO_2 的比表面积。线状和絮状团簇的纳米 TiO_2 吸附空气中污染物或污水中污染物的能力特别强，从而起到净化空气或净化污水的作用。

（a）团簇状纳米 TiO_2，3 万倍　（b）团簇状纳米 TiO_2，4 万倍

（c）团簇状纳米 TiO_2，10 万倍　（d）絮状团簇纳米 TiO_2

图 5.15　纳米 TiO_2 形貌

随着生长条件的变化，纳米 TiO_2 的形貌也有很大变化。图 5.16 所示为另一组纳米 TiO_2 形貌，图 5.16（a）呈细棒状；图 5.16（b）是由细棒组装成的团簇结

构，经放大后发现，这些细棒大多是中空的；图 5.16（c）是细带状，具有很大的长径比。

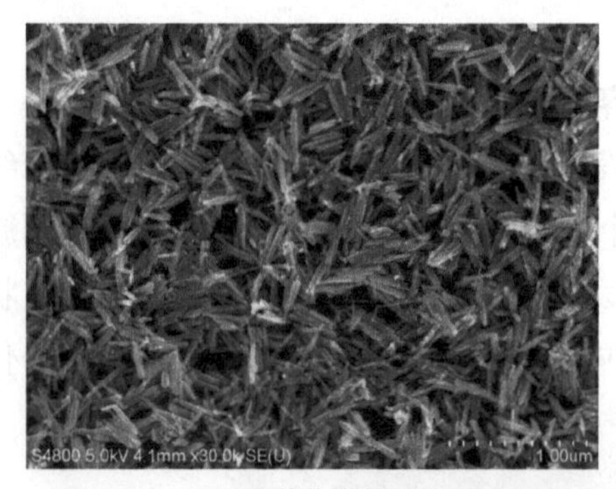

（a）细棒状纳米 TiO_2

（b）细棒组装纳米 TiO_2 团簇

（c）细带状纳米 TiO_2

图 5.16 纳米 TiO_2 形貌

纳米 TiO_2 具有很强的光催化性能，广泛应用于环保行业。纳米 TiO_2 通过光催化反应可将吸附在其表面的有害气体分子分解，从而起到净化空气作用。另外，纳米 TiO_2 在光照条件下对环境中的微生物起到抑制或杀灭作用。对废水的处理效果也十分理想，以 TiO_2 为光催化剂，在日光照射下，可使水中的烃类、卤代物、羧酸等发生氧化还原反应，并逐步降解，最终完全分解为 CO_2 和 H_2O 等无害物质。纳米 TiO_2 的光学活性可使无机污染物中的重金属元素由有毒的高价转化为无毒的低价，从而起到净化污水的作用。

5.2.4 纳米 PbS

PbS 晶体具有典型的 NaCl 结构，是一种重要的带隙半导体材料。PbS 晶体中含 S 较多时为 p 型半导体，含 Pb 较多时为 n 型半导体。图 5.17 所示为枝晶状纳米 PbS，这是水热法制备纳米 PbS 过程中经常出现的形貌。枝晶有大有小，大的有几十微米，小的有 1 ～ 2 μm。

（a）15000 倍　　（b）20000 倍

（c）22000 倍

图 5.17　枝晶状纳米 PbS

图 5.18 所示为多面体纳米 PbS，图 5.18（a）为八面体，而图 5.18（b）和（c）是十四面体。图 5.18（c）中这些多面体自组装在一起，形成多面体墙形貌。

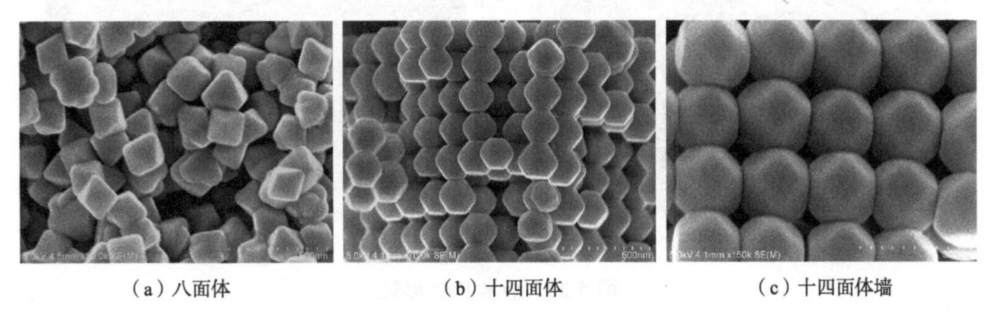

（a）八面体　　（b）十四面体　　（c）十四面体墙

图 5.18　多面体纳米 PbS

PbS 具有相对较大的激子玻尔半径，在室温下，能带间隙为 0.41 eV，是一种研究量子尺寸效应的典型材料。纳米 PbS 能带从近红外蓝移到可见光区域，呈现出奇特的光学性质和电学性质，在非线性光学器件、红外探测器、发光二极管和太阳能电池方面有很好的应用前景。

5.2.5 其他纳米化合物

图 5.19 为纳米 Al_2O_3 形貌，呈六角片状结构。图 5.20 为纳米 FeO 形貌，图 5.20（a）所示为枝晶结构，图 5.20（b）所示为六角片状结构。图 5.21 为片状纳米 NiS 形貌。图 5.22 为纳米 CeO_2 形貌，其中，图 5.22（a）呈枝晶状，图 5.22（b）为圆盘状自组装结构，图 5.22（c）为哑铃状结构。

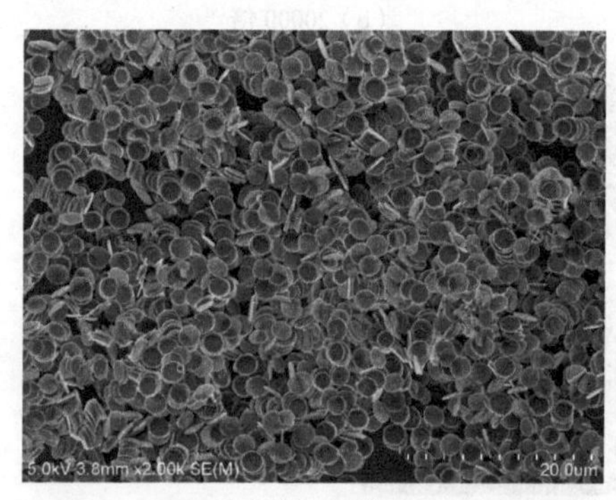

（a）2000 倍

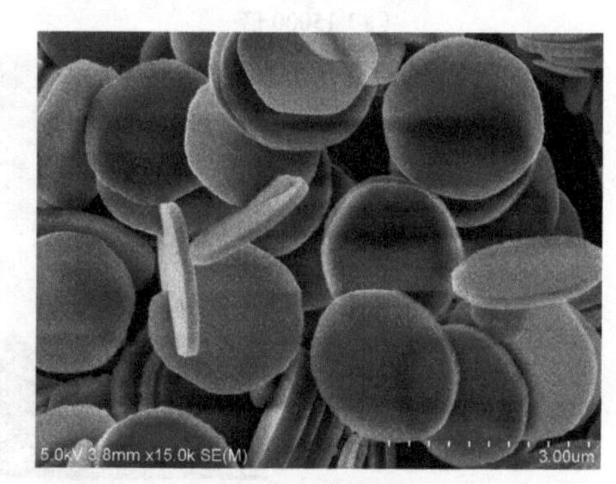

（b）15000 倍

图 5.19　纳米 Al_2O_3 形貌

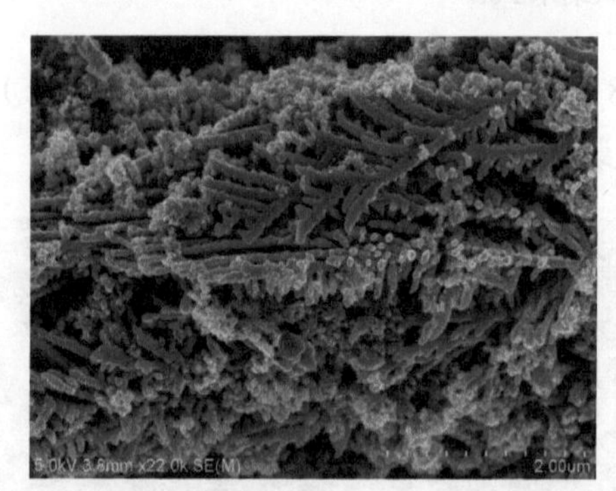

（a）枝晶状纳米 FeO

（b）片状纳米 FeO

图 5.20　纳米 FeO 形貌

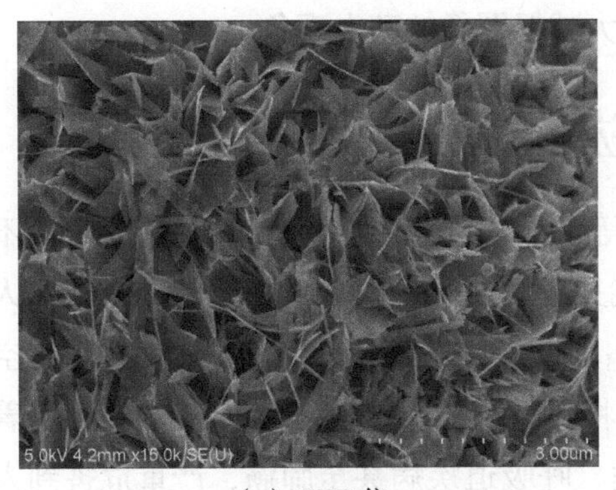

（a）16000 倍

（b）45000 倍

图 5.21　片状纳米 NiS 形貌

（a）枝晶状纳米 CeO_2

（b）圆盘状自组装纳米 CeO_2

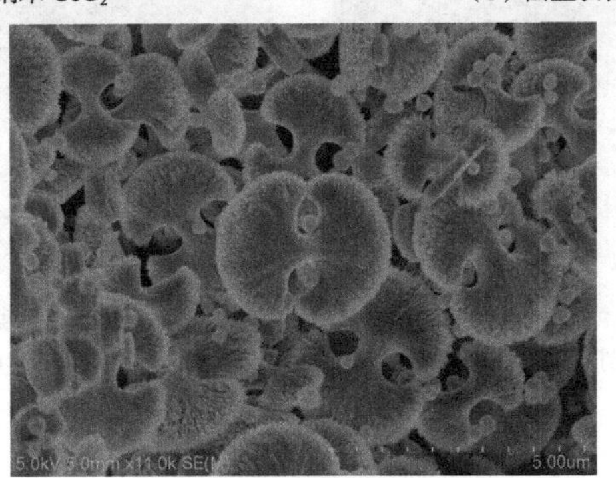

（c）哑铃状纳米 CeO_2

图 5.22　纳米 CeO_2 形貌

这些纳米化合物样品的导电性都很差，特别是 Al_2O_3 和 CeO_2，几乎不导电，我们在实验中不仅要采用低加速电压，而且要使用积分模式进行照相，积分模式经常用于观察纳米化合物的形貌，可以大大减轻图像的荷电现象。

5.3 在 $PM_{2.5}$ 颗粒物研究中的应用

$PM_{2.5}$ 颗粒物是指空气中直径小于或等于 2.5 μm 的细微颗粒物，它的直径不到头发丝的二十分之一，对空气质量和能见度影响很大。环境污染问题已成为人们日常生活中的一个重要话题。由于 $PM_{2.5}$ 颗粒物极其细小，可以长时间飘浮在空中，当我们呼吸时，我们的呼吸器官无法将它阻止在人体外部，$PM_{2.5}$ 颗粒物随着空气直接进入我们的肺部，引发心血管病、呼吸道疾病甚至肺癌，严重危害到人们的身体健康。

$PM_{2.5}$ 颗粒物采用滤膜采样器采集，采集地点为北京，采集时间为 2013 年 1 月，采集时长为 2 h。采集时使用两种不同的滤膜，分别是石英纤维滤膜和 Teflon 滤膜。图 5.23 分别为两种干净滤膜的扫描电镜图像，图 5.23（a）为石英纤维滤膜，纤维粗细不一，从几十纳米到几微米，纤维之间空隙很大，几十微米的颗粒也能穿过。图 5.23（b）为 Teflon 滤膜，滤膜的纤维很细，约为几十纳米，纤维的间隙非常细小，几微米的颗粒都很难通过。

（a）石英纤维滤膜

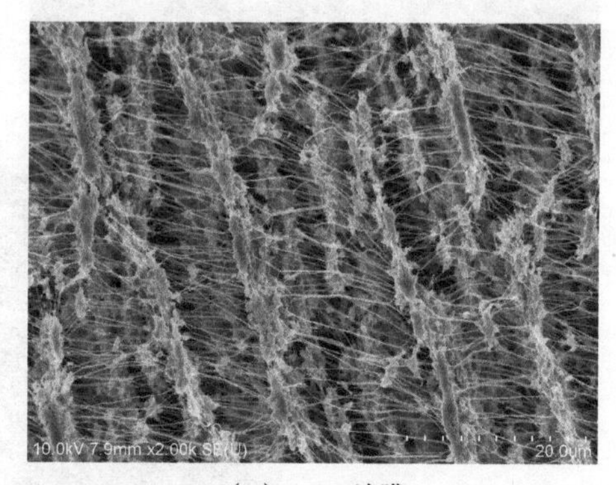

（b）Teflon 滤膜

图 5.23　两种空白滤膜的扫描电镜照片

分别对两种滤膜进行成分分析，结果见表 5.1，石英纤维滤膜的成分为 Si、O 和少量的 C，其中 O 的含量超过了 SiO_2 的比例，超出的 O 和 C 元素来自空气中有机污染物，这种滤膜极易吸附空气中的有机污染物，有机污染物主要由 C、H、O 元素组成。而 Teflon 滤膜由 C、F 和少量 Al 组成。

表 5.1　石英纤维滤膜和 Teflon 滤膜能谱分析结果

样品	元素	质量百分比	原子百分比
石英纤维滤膜	C	4.15%	6.44%
	O	59.65%	69.53%
	Si	36.20%	24.03%
Teflon 滤膜	C	25.15%	34.73%
	F	74.63%	65.14%
	Al	0.22%	0.14%

图 5.24 是石英纤维滤膜采集的 $PM_{2.5}$ 颗粒物形貌，图 5.24（a）是放大到 2000 倍的形貌，石英纤维的表面沾满了大小不等的类球形颗粒，图 5.24（c）为放大到 10000 倍的形貌，除了这些类球形颗粒，纤维的表面还沾了一层黏膜，这层黏膜黏附在石英纤维的表面。进一步放大到 20000 倍发现，在滤膜上还可以看到许多大小约为 50 nm 的细颗粒组成的团簇，见图 5.24（d）。

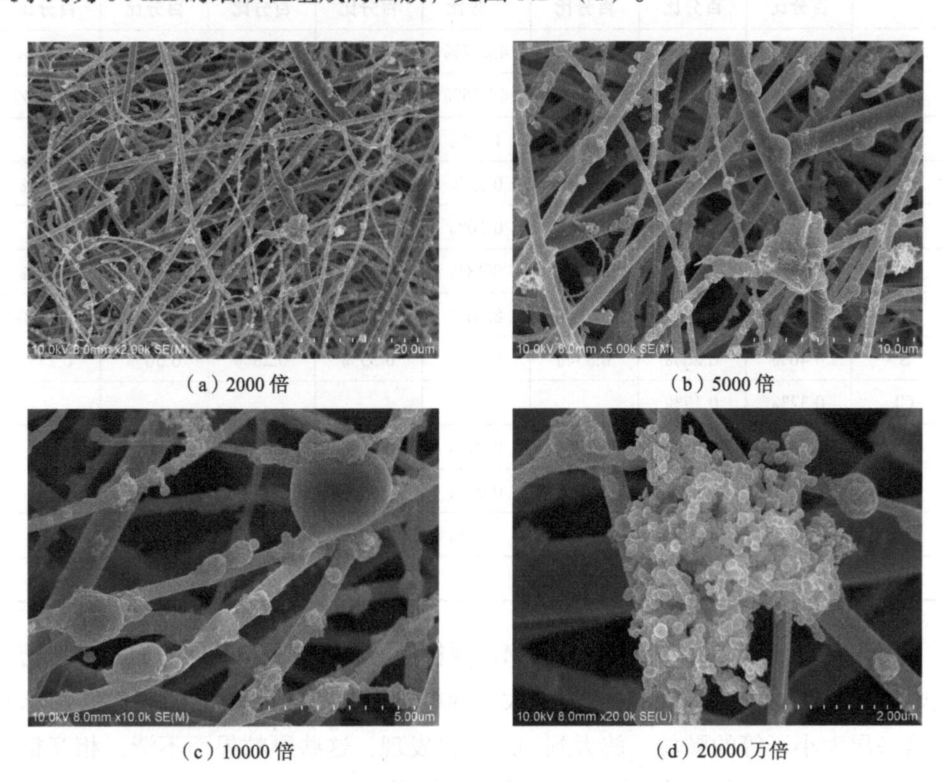

（a）2000 倍　（b）5000 倍

（c）10000 倍　（d）20000 万倍

图 5.24　石英纤维滤膜采集的 $PM_{2.5}$ 颗粒物形貌

我们对这些大小不等的类球形颗粒进行成分分析，同时也对图 5.24（d）的纳米团簇进行成分分析，结果见表 5.2。随机选择 4 个颗粒进行成分分析，其中颗粒 4 是图 5.24（d）所示的纳米团簇，可以发现，所有颗粒的 C 含量远高于石英纤维表面的 C 含量，这表明，所有颗粒都含有大量 C；所有颗粒都含有 S，S 是酸雨的主要成分，来自燃煤的烟尘，这表明所有颗粒都和燃煤废气有关；颗粒 1 和颗粒 2 中测到了 N 和 Cl，N 和 Cl 也都是酸雨的重要成分，来自工业废气和汽车尾气排放的氮氧化物等；在颗粒 1 中测到了重金属元素 Zn，过量 Zn 对人体有害；图 5.24（d）中纳米团簇 C 含量更高，是未燃尽的 C 颗粒，可能是燃油车或燃煤燃烧不充分所致。

表 5.2　石英纤维滤膜上 $PM_{2.5}$ 颗粒物成分分析

元素	颗粒 1 的成分		颗粒 2 的成分		颗粒 3 的成分		颗粒 4 的成分	
	质量百分比	原子百分比	质量百分比	原子百分比	质量百分比	原子百分比	质量百分比	原子百分比
C	11.20%	17.17%	33.59%	43.37%	38.63%	48.63%	39.60%	50.37%
O	53.15%	61.19%	46.16%	44.75%	45.12%	42.64%	40.83%	38.99%
N			1.70%	1.88%				
Na	2.59%	2.07%	0.77%	0.52%	0.33%	0.22%	0.26%	0.17%
Mg	1.63%	1.24%	0.16%	0.10%				
Al	3.60%	2.46%	0.67%	0.38%	0.12%	0.07%	0.13%	0.07%
Si	19.85%	13.02%	14.78%	8.16%	15.13%	8.14%	18.62%	10.13%
S	0.46%	0.26%	0.85%	0.41%	0.59%	0.28%	0.56%	0.27%
Cl	0.32%	0.17%						
K	0.34%	0.16%	0.22%	0.09%	0.08%	0.03%		
Ca	0.87%	0.40%	0.20%	0.08%				
Fe	3.79%	1.25%	0.91%	0.25%				
Zn	2.20%	0.62%						

图 5.25 所示为 Teflon 滤膜上的 $PM_{2.5}$ 颗粒物形貌，由于 Teflon 滤膜更加致密，吸附的颗粒更多，图 5.25（a）为放大 2000 倍形貌，Teflon 滤膜的表面密密麻麻覆盖一层大小不等的颗粒。放大到 10000 倍发现，这些颗粒界面不清，相互粘连在一起，颗粒之间有半透明的膜相互连接，见图 5.25（c）。

（a）2000 倍

（b）5000 倍

（c）10000 倍

图 5.25　Teflon 滤膜上的 $PM_{2.5}$ 颗粒物形貌

$PM_{2.5}$ 颗粒物能够长时间在空中悬浮，与空气中水分、工业废气、汽车尾气和生活废气等混合在一起，他们之间发生着物理反应和化学反应，从图 5.25（c）可以发现，$PM_{2.5}$ 颗粒物已经和水发生融合反应，水重塑了颗粒的形貌，颗粒的边界变得模糊不清，颗粒之间相互粘连。取 4 个颗粒（实际上是模糊不清的颗粒）进行成分分析，其结果见表 5.3。可以发现，所有颗粒都含有 S 和 N，这两种元素是酸雨的主要成分；有 3 个颗粒含有 Cl，Cl 也是酸雨的主要成分。

表 5.3　Teflon 滤膜上的 $PM_{2.5}$ 颗粒物成分分析

元素	颗粒 1 的成分		颗粒 2 的成分		颗粒 3 的成分		颗粒 4 的成分	
	质量百分比	原子百分比	质量百分比	原子百分比	质量百分比	原子百分比	质量百分比	原子百分比
C	39.61%	49.48%	38.01%	48.48%	35.46%	45.67%	34.88%	44.91%
N	4.98%	5.33%	4.58%	5.00%	4.34%	4.79%	4.88%	5.39%
O	36.84%	34.55%	7.01%	6.72%	5.78%	5.58%	6.82%	6.59%
F	4.11%	3.25%	47.53%	38.32%	53.01%	43.16%	51.98%	42.32%
Na	0.80%	0.52%	0.53%	0.35%	0.55%	0.37%	0.50%	0.33%
Mg	0.29%	0.18%						
Al	1.58%	0.88%	0.14%	0.08%			0.20%	0.12%
Si	8.59%	4.59%	0.21%	0.12%	0.23%	0.12%		
S	1.11%	0.52%	1.63%	0.78%	0.49%	0.24%	0.51%	0.25%
Cl	0.52%	0.22%	0.15%	0.07%			0.22%	0.10%
K	0.45%	0.17%	0.20%	0.08%	0.15%	0.06%		
Ca	0.14%	0.05%						
Fe	0.97%	0.26%						

石英纤维滤膜的孔隙大，大量细小的颗粒会从孔隙中流走，只有较大尺寸的颗粒粘在纤维上，所以它采集的 $PM_{2.5}$ 颗粒物相对较大；而 Teflon 滤膜的孔隙更

细小，它能把更细小的颗粒留在膜上，因此 Teflon 滤膜采集的颗粒更细小。我们在石英纤维滤膜上，只有少量颗粒上测出 N 和 Cl，而 Teflon 滤膜几乎所有颗粒都能测出 N 和 Cl，这表明那些被石英纤维漏掉的细颗粒，含有更多的酸雨成分，它们对环境产生的影响也将更大。

虽然 $PM_{2.5}$ 颗粒物只是地球大气成分中含量很少的一部分，但它对空气质量和大气能见度产生巨大的影响。随着 $PM_{2.5}$ 指数的升高，大气能见度快速下降，这主要是因为 $PM_{2.5}$ 颗粒物引发散射消光，$PM_{2.5}$ 颗粒物的散射消光占总消光度的 80%。另外，$PM_{2.5}$ 颗粒物对人体的危害更大，与更大的 PM_{10} 颗粒物相比，$PM_{2.5}$ 颗粒物能长期悬浮在空中，输送的距离很远。粒径越小的 $PM_{2.5}$ 颗粒物，进入我们呼吸道的部位也越深。PM_{10} 颗粒物一般只能进入上呼吸道，而 $PM_{2.5}$ 颗粒物可以进入支气管和肺泡。这些细颗粒物进入人体肺泡后，将直接影响肺的通气功能，导致人体容易处在缺氧状态。

$PM_{2.5}$ 颗粒物长期悬浮在空中，与大气中的各种有害废气混杂在一起。$PM_{2.5}$ 颗粒物极易吸附多环芳烃等有机污染物及重金属元素。多环芳烃和重金属元素是致癌物质，$PM_{2.5}$ 颗粒物在它们进入人体的过程中起到载体的作用，大气中的大多数多环芳烃吸附在这些细颗粒物的表面，进入人体后，可使人体致癌、致畸、致基因突变。长期暴露在存在 $PM_{2.5}$ 颗粒物的环境下，导致心血管疾病、呼吸道疾病及肺癌的概率增加，死亡概率大大上升。

5.4 在建筑材料研究中的应用

中国是基建大国，每年都会修建大量的公路、高速公路、铁路、高铁和各种桥梁，同时每年还要建设大量的楼房和大量的城市基础设施。无论是各种超级工程如港珠澳大桥、胶州湾大桥、杭州湾跨海大桥，还是青藏铁路、南水北调工程，以及海上巨型风机和城市地标建筑等，都离不开最基本建材——混凝土。

混凝土是土木工程中用途最广、用量最大的一种建筑材料。混凝土可分为无机胶凝材料混凝土（如水泥混凝土、石膏混凝土、硅酸盐混凝土、水玻璃混凝土等）和有机胶结料混凝土（如沥青混凝土、聚合物混凝土等），其中水泥混凝土的用量最大。本节对扫描电镜在水泥混凝土研究中的应用进行介绍。

水泥与水拌合后成为既有可塑性又有流动性的水泥浆，同时发生水化反应。

随着水化反应的进行，水泥浆逐渐失去流动能力到达初凝。待完全失去可塑性，具备一定结构强度，即为终凝。随着水化、凝结的继续，浆体逐渐转变为具有一定强度的坚硬固体水泥石，即为硬化。扫描电镜具有的高分辨率和大景深特别适合分析和研究水泥石的结构和水化产物，结合能谱仪进行微区成分分析，可以对水泥的水化过程进行研究。

将硬化的水泥块砸碎，取一薄片状样品，粘在样品台上。选择薄片状样品的目的在于样品和导电胶带有较大的接触面，从而降低样品在高倍下的漂移，另外水泥块内部的孔隙率很高，如果样品太厚，会大大影响扫描电镜的抽气速度。样品经喷金处理后进行扫描电镜观察，形貌观察选择 10 kV 加速电压，工作距离为 8 mm；能谱分析时选择 20 kV 加速电压，工作距离为 15 mm。

图 5.26 所示为水泥块断面形貌，图 5.26（a）为放大 2000 倍的形貌，上面布满了大量细小的水化物，图 5.26（b）是放大到 10000 万倍的形貌，水化物形态呈薄片网络状结构，这种水化物就是水化硅酸钙。图 5.26（c）所示为水化硅酸钙的另一种形貌，呈无定形线状团簇结构。这两种形貌经常会交织生长在一起。

（a）2000 倍

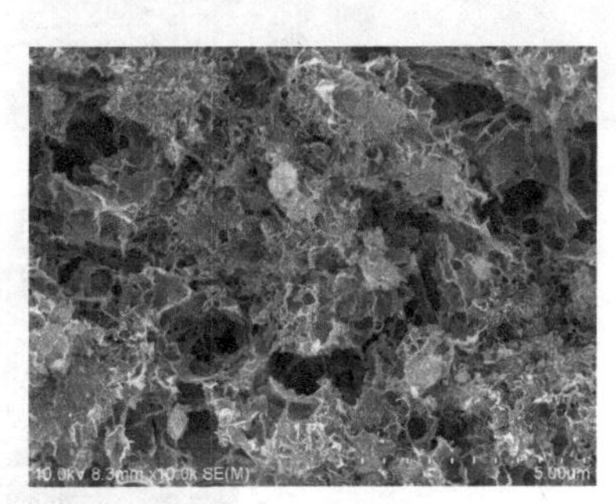

（b）10000 倍

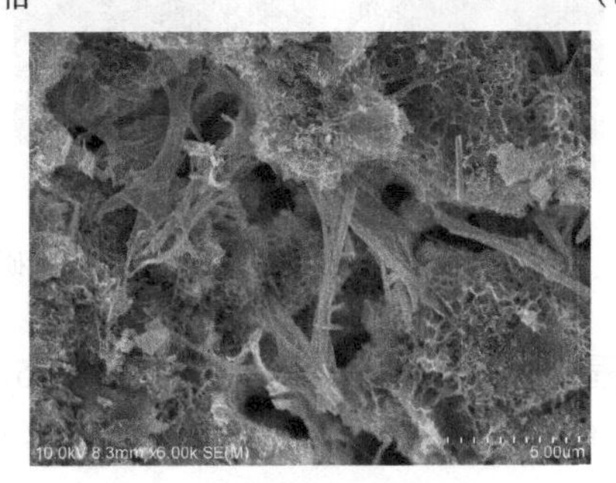

（c）无定形线状团簇结构

图 5.26　水泥块断面形貌

水化硅酸钙生成于水化反应的初期，不溶于水，并以胶体微粒形式析出，逐渐凝聚成为水化硅酸钙凝胶，它的结晶度很差，为近程有序、远程无序的微晶，它占整个水化产物的70%，因此在水泥块中的占比很大。

水泥块中的水化物除了水化硅酸钙外，还有$Ca(OH)_2$、钙矾石等。在完全水化的水泥石中，水化硅酸钙约占70%，$Ca(OH)_2$约占20%，钙矾石和水化硫铝酸钙约占7%。图5.27所示为$Ca(OH)_2$晶体和钙矾石晶体，其中图5.27（a）为层片状$Ca(OH)_2$晶体，图5.27（b）为薄片状六角$Ca(OH)_2$晶体，而图5.27（c）为六角细棒状钙矾石晶体。$Ca(OH)_2$和钙矾石都是晶体，具有晶体外形。在水化物中，$Ca(OH)_2$晶体经常呈薄片状六角形貌，而钙矾石表现为六角细棒状形貌。

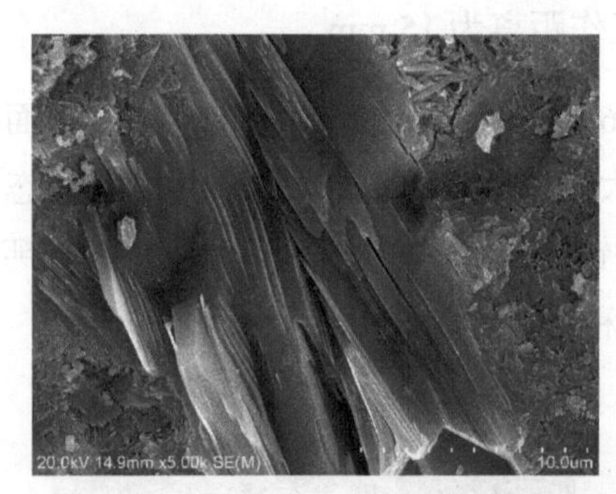

（a）层片状$Ca(OH)_2$晶体

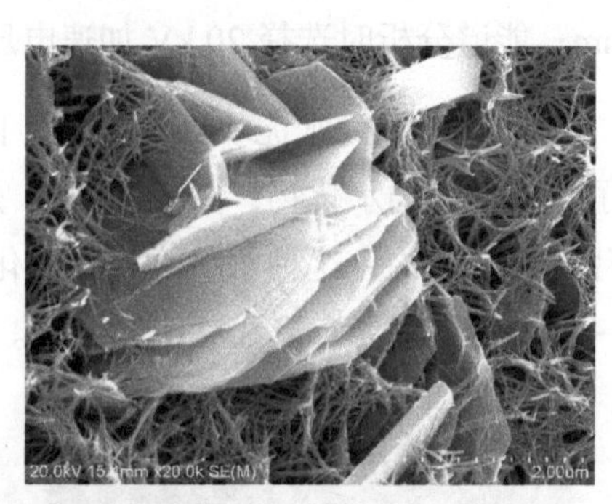

（b）薄片状六角$Ca(OH)_2$晶体

（c）六角细棒状钙矾石晶体

图5.27　水泥块水化物中的$Ca(OH)_2$晶体和钙矾石晶体

在水化物的分析过程中，能谱分析必不可缺。对图5.26中的水化硅酸钙成分进行分析，以氧化物含量进行计算，结果见表5.4。从表5.4可以知道，在图5.26（b）所示的水化硅酸钙中，CaO和SiO_2的成分比为1.6∶1，而在图5.26（c）中CaO和SiO_2的成分比为1.9∶1。

表 5.4　水化硅酸钙能谱分析

元素	薄片网络状结构的水化硅酸钙成分				无定形线状团簇结构的水化硅酸钙成分			
	质量百分比	原子百分比	化合物质量百分比	化学式	质量百分比	原子百分比	化合物质量百分比	化学式
Mg	3.00%	2.93%	4.98%	MgO	0.70%	0.70%	1.17%	MgO
Al	4.68%	4.11%	8.84%	Al_2O_3	5.80%	5.22%	10.96%	Al_2O_3
Si	14.00%	11.83%	29.96%	SiO_2	12.59%	10.89%	26.94%	SiO_2
S	1.33%	0.98%	3.32%	SO_3	0.83%	0.63%	2.08%	SO_3
K	1.11%	0.68%	1.34%	K_2O	1.83%	1.14%	2.21%	K_2O
Ca	35.10%	20.77%	49.11%	CaO	37.89%	22.95%	53.01%	CaO
Ti	0.72%	0.36%	1.20%	TiO_2	0.75%	0.38%	1.25%	TiO_2
Fe	0.97%	0.41%	1.25%	FeO	1.85%	0.80%	2.38%	FeO
O	39.08%	57.93%			37.75%	57.29%		

表 5.5 为 $Ca(OH)_2$ 晶体的能谱分析结果。我们只对图 5.27（a）的层片状 $Ca(OH)_2$ 进行能谱分析，因为图 5.27（b）的 $Ca(OH)_2$ 晶体片层较薄，小于能谱的分析深度（能谱分析深度为 1 ～ 3 μm）。从表 5.5 知道，这些层状晶体主要成分为 $Ca(OH)_2$，约占 65%，剩下的 35% 为水化硅酸钙，这也同时表明，在水化产物中，$Ca(OH)_2$ 和水化硅酸钙经常生长在一起，互相伴生。

表 5.5　$Ca(OH)_2$ 晶体的能谱分析

元素	质量百分比	原子百分比	化合物质量百分比	化学式
Mg	1.16%	1.19%	1.92%	MgO
Al	3.34%	3.10%	6.31%	Al_2O_3
Si	9.69%	8.64%	20.74%	SiO_2
S	1.13%	0.88%	2.82%	SO_3
K	0.92%	0.59%	1.10%	K_2O
Ca	46.74%	29.18%	65.39%	CaO
Fe	1.34%	0.60%	1.72%	FeO
O	35.69%	55.83%		

水泥混凝土是指由水泥、砂、石等用水混合搅拌后，结合成整体的复合材料。在水泥混凝土中经常添加石粉、粉煤灰、煤矸石等工业废渣和尾矿。掺入适量的

粉煤灰有利于改善混凝土的流动性，减少大体积混凝土的内部水化放热，防止大体积混凝土产生裂缝。图 5.28 所示为水泥混凝土的石块表面和粉煤灰表面的水化物，可见在它们表面覆盖了一层硅酸钙水化物，正因为这些水化物，使水泥混凝土成为一个整体，提高了混凝土的强度。

（a）石块表面水化物　（b）粉煤灰表面水化物

图 5.28　石块表面和粉煤灰表面的水化物

5.5　在沉积膜研究中的应用

PVD 和 CVD 是目前最常用的两种沉积膜技术。PVD 是在一定真空条件下，利用物理方法将原子或分子从靶材沉积到其他物体表面的薄膜制备技术。它可以将某些具有特殊性能（强度高、耐磨性好、散热性好、耐腐蚀等）的材料沉积到性能较差的基体上形成一层保护涂层，从而提高基体的性能。PVD 主要分为 3 种：真空溅射镀膜、真空离子镀膜和真空蒸发镀膜。CVD 由金属卤化物、有机金属、碳氢化合物等发生热分解、氢还原或使其混合气体在高温下发生化学反应，以析出金属、氧化物、碳化物等无机材料的方法。PVD 的沉积温度为 500 ～ 700℃，膜层厚度可达 2 μm；CVD 的沉积温度为 900 ～ 1100℃，膜层厚度可达 5 ～ 10 μm。

5.5.1　Fe 和 Al_2O_3 多层膜

Fe 和 Al_2O_3 多层膜采用磁控溅射技术制备，生长在单晶硅片上。将单晶硅片解理后，采用带螺丝的截面台固定硅片，表面样品贴在截面台的平面上。扫描电镜的工作条件选用 10 kV 加速电压，工作距离为 5 mm，选用高位探测器，由于样品的膜层很薄，不喷镀导电涂层直接观察。

图 5.29 所示为 Fe 层和 Al_2O_3 层循环生长一次的表面形貌和截面形貌。图 5.29（a）为表面形貌，膜层的表层是一层 Al_2O_3，这一层是由细小的纳米 Al_2O_3 颗粒组成，颗粒的大小约为 20 nm。图 5.29（b）和（c）都是截面形貌，其中图 5.29（b）为二次电子像，分辨率高，膜的上层为 Al_2O_3 层，结构致密，没有出现柱状晶；下层为 Fe 层，呈柱状晶结构，但 Al_2O_3 层和 Fe 层的衬度反差并不明显。图 5.29（c）所示为模拟背散射像，LA5 表示图像的主要信号为二次电子信号，它保持二次电子信号的高分辨率特性，但添加了少量的背散射电子信号。由于 Al_2O_3 的平均原子序数与 Fe 的原子序数相差较大，因此在 LA5 图像上，Al_2O_3 层和 Fe 层的反差进一步加大，Al_2O_3 层显得更暗，而 Fe 层更亮。Fe 层厚度约为 80 nm，呈柱状晶结构，而 Al_2O_3 层厚度约为 30 nm，呈细颗粒结构。

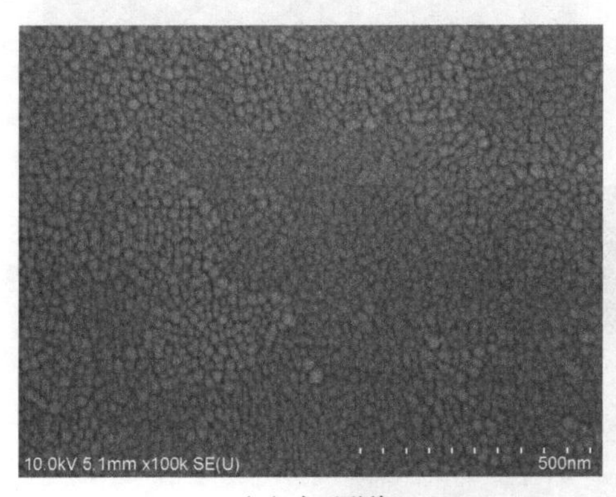

（a）表面形貌

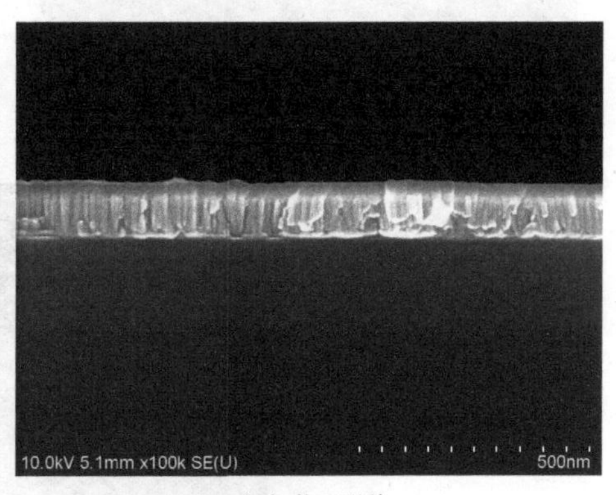

（b）截面形貌

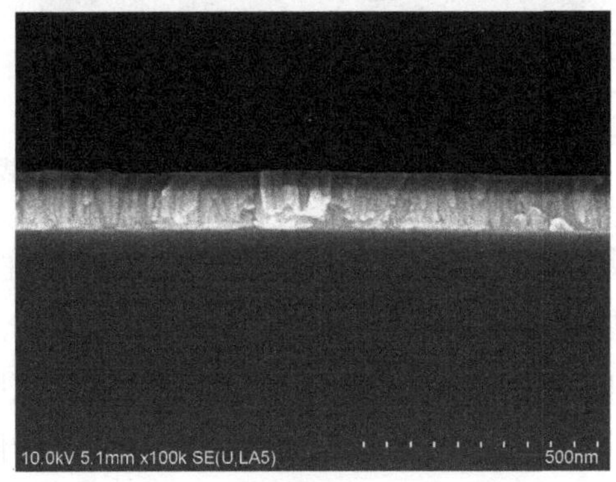

（c）截面形貌，LA5

图 5.29　Fe 层和 Al_2O_3 层循环生长一次的表面形貌和截面形貌

图 5.30 所示为 Fe 层和 Al_2O_3 层循环生长 4 次的表面形貌和截面形貌。图 5.30（a）显示表面 Al_2O_3 的颗粒更细小了，颗粒尺寸大约为 10 nm。图 5.30（b）和（c）都是截面形貌，其中图 5.30（b）为二次电子像，分辨率高，层与层之间界面清晰。图 5.30（c）为模拟背散射像（LA5），进一步突显了 Al_2O_3 层和 Fe 层的反差。Fe 层的厚度约为 20 nm，为柱状晶结构，Al_2O_3 层的厚度约为 10 nm，呈细颗粒状结构。

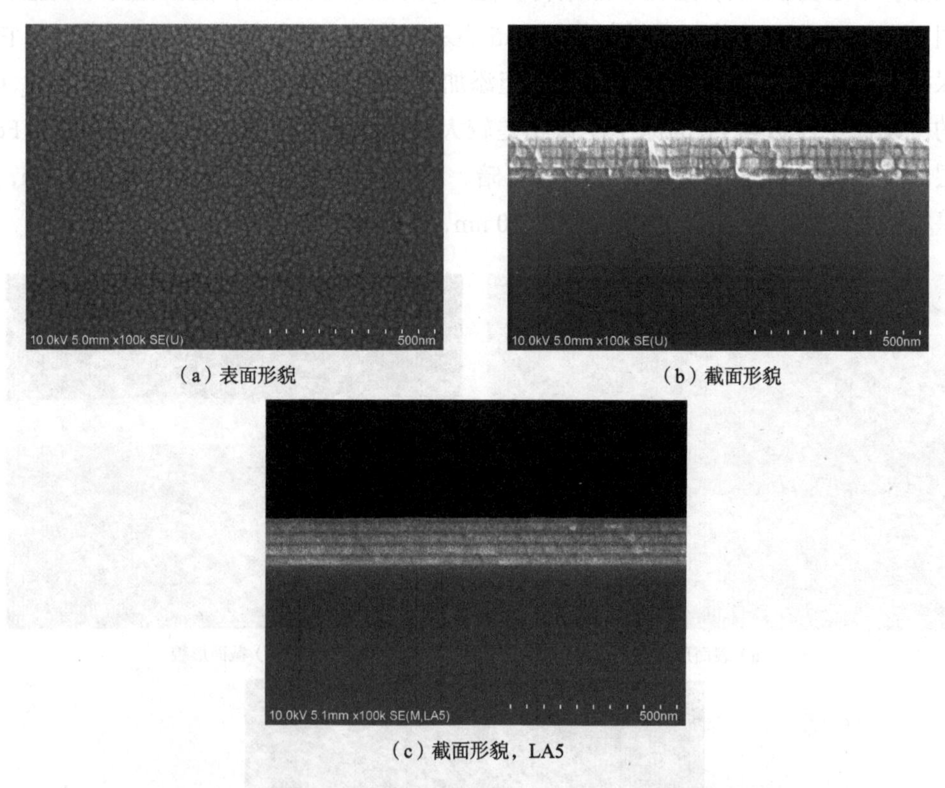

（a）表面形貌

（b）截面形貌

（c）截面形貌，LA5

图 5.30　Fe 层和 Al_2O_3 层循环生长 4 次的表面形貌和截面形貌

这个样品由于膜层很薄，操作难度较大。操作过程中要注意以下几点：第一，Fe 层是导体，Al_2O_3 层是绝缘体，但样品的表层是 Al_2O_3 层，因此样品表面的导电性很差，表面图像的信噪比也很差，但这个样品不能通过喷镀导电涂层来增加导电性，导电涂层会覆盖住细小的 Al_2O_3 颗粒。只能通过降低工作距离来提高图像分辨率；第二，截面样品要用螺丝固定，样品的导电性差，在高倍下，样品的漂移严重，螺丝固定可以大大减轻样品的漂移；第三，样品的表面很容易发生辐照损伤，我们在采集图像时，先聚焦，再移动样品，确定感兴趣区域后立即扫描图像。

5.5.2　光学元件

在光学仪器中，光学元件表面的反射不仅影响光学元件的通光能量，而且反射光还会在仪器中形成杂散光，影响光学仪器的成像质量。为了解决这个问题，通常在光学元件的表面镀上一层（或多层）膜，以减少元件表面的反射光，这层（或多层）能够增加透射光强度的膜就是增透膜，反之就是增反膜。增透膜的最小厚度是光波波长的 1/4，增透膜主要用在各种镜头、眼镜和仪器面板上。

图 5.31 所示为光学元件的增透膜，是一个双层膜，为了分析双层膜的结构和各层的组成，我们对双层膜进行能谱 mapping 分析。结果表明，基底为 ZnSe，由基底往上第一层为（Y，Yb，Ba）F 层，厚度为 900 nm，第二层为 ZnSe 层，厚度为 240 nm。

（a）截面形貌

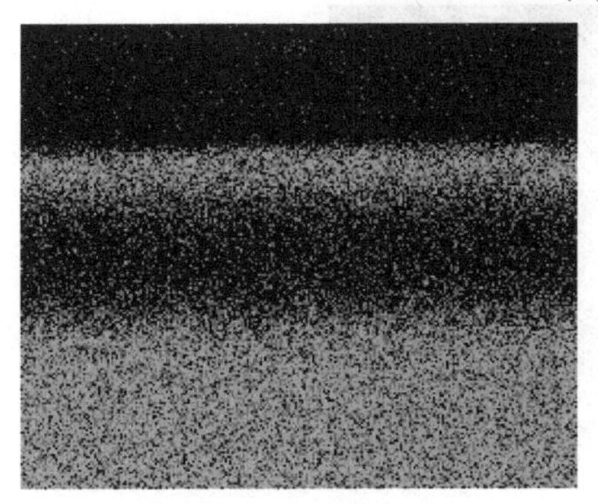

（b）Se mapping

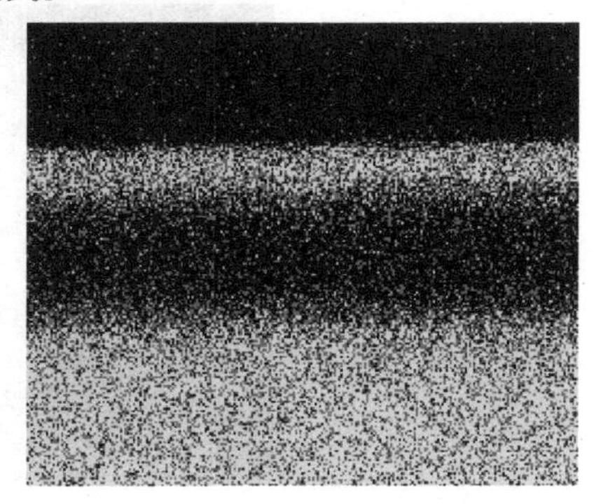

（c）Zn mapping

图 5.31　光学元件的增透膜

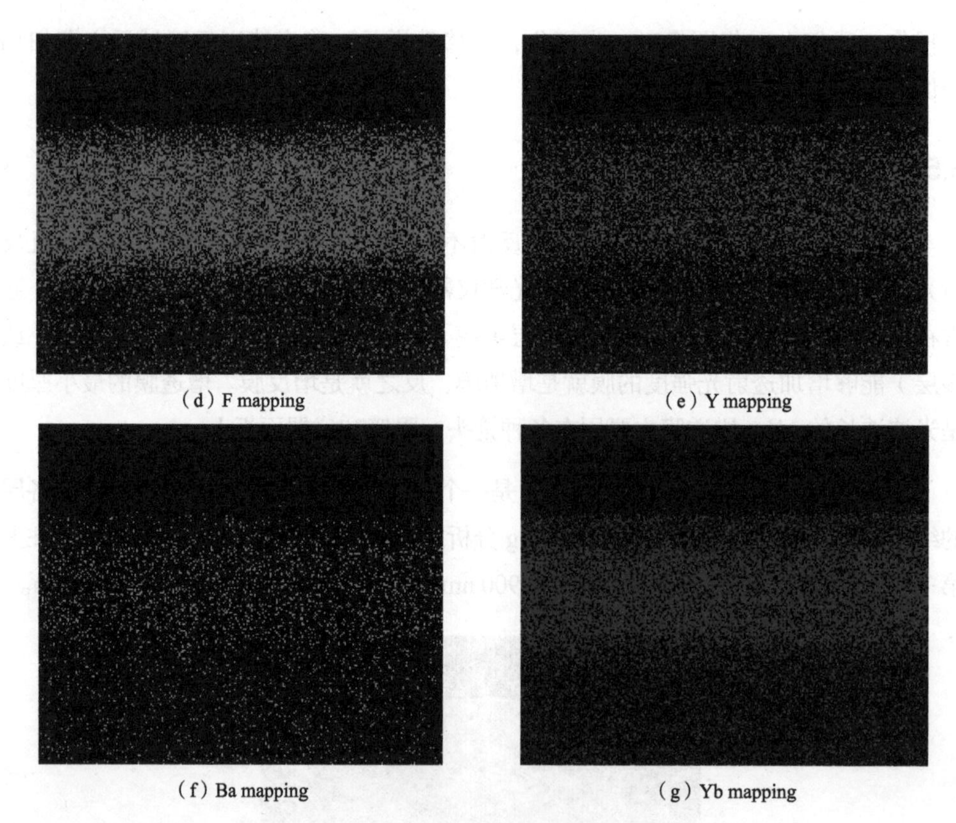

（d）F mapping

（e）Y mapping

（f）Ba mapping

（g）Yb mapping

图 5.31　光学元件的增透膜（续图）

图 5.32 所示为另一个光学元件的增透膜，为多层膜。我们也对这个膜进行能谱 mapping 分析，以确定各层的元素组成。

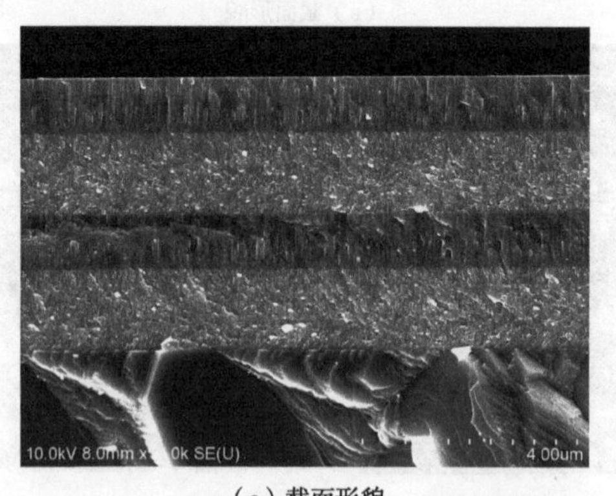

（a）截面形貌

图 5.32　另一个光学元件的增透膜

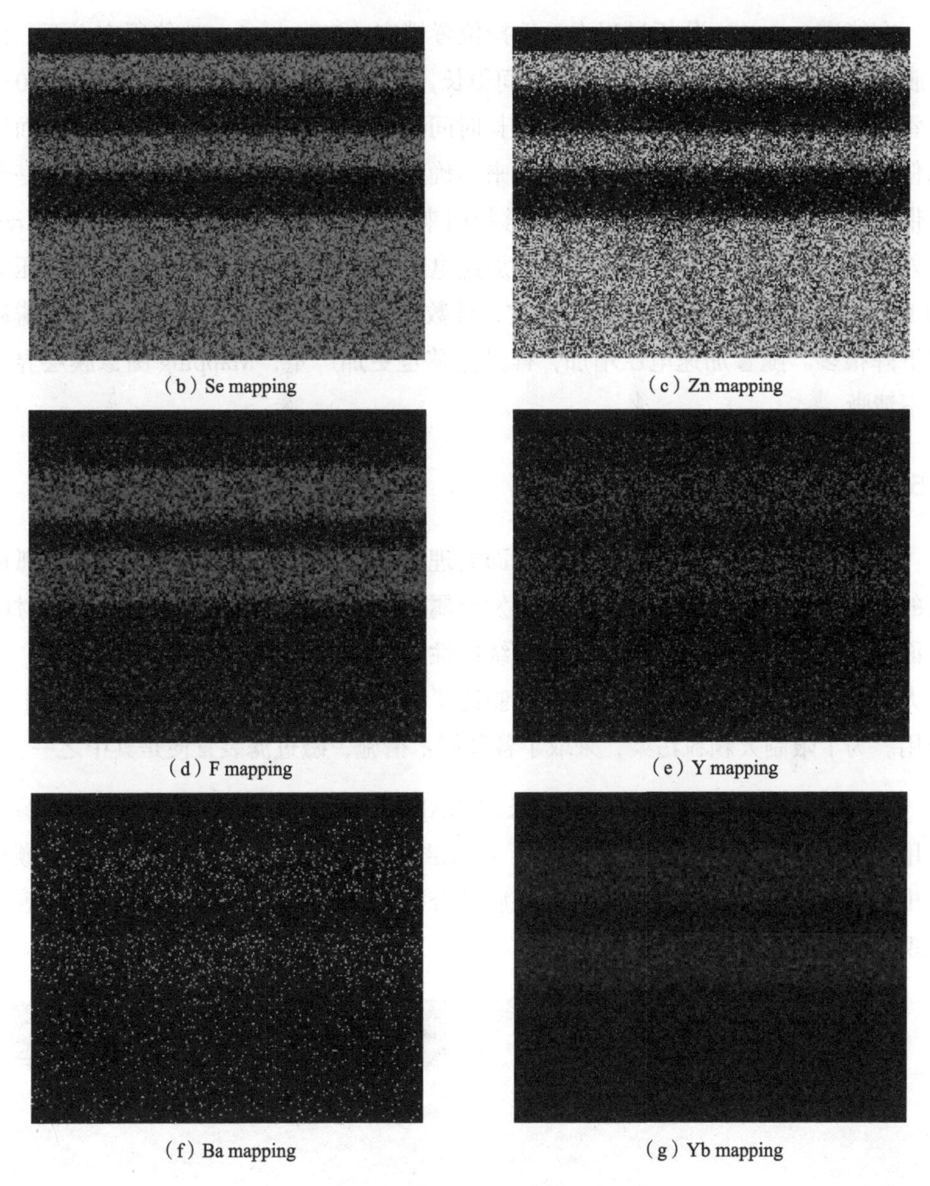

（b）Se mapping　（c）Zn mapping　（d）F mapping　（e）Y mapping　（f）Ba mapping　（g）Yb mapping

图 5.32　另一个光学元件的增透膜（续图）

这个光学元件共有 4 层沉积膜，通过能谱 mapping 分析可以确认基底为 ZnSe，由基底往上，第一层为（Yb，Y，Ba）F，第二层为 ZnSe，第三层为（Yb，Y，Ba）F，第四层为 ZnSe。其中 ZnSe 层的厚度约为 1 μm，（Yb，Y，Ba）F 层的厚度约为 1.5 μm。

在能谱 mapping 分析过程中，选择位置锁定（Side Lock）功能很有必要。由于膜层较薄，能谱 mapping 的采集时间很长，采集一个 mapping 谱大概需要 300 s。尽管我们已经使用螺丝固定样品，但长时间的采集，样品漂移仍然会发生，而样品任何微小的漂移都会对膜层分析带来不确定性。位置锁定功能是能谱仪的一个自带功能，可以利用软件将微小的漂移拉回来，以保证采集过程中，膜层保持不动。另外 mapping 采集时不宜使用过高的加速电压，我们在实验中，选择加速电压为 10 kV。如果将加速电压提高到 20 kV，计数率可以成倍提高，但 mapping 分辨率将下降很多。随着加速电压增加，样品漂移也更加严重，Mapping 图像膜层界面更不清晰。

5.5.3 TiAlSiN 膜

多弧离子镀是目前应用广泛的表面处理技术之一。多弧离子镀是采用电弧放电的方法，在固体阴极靶材上直接蒸发金属，沉积在基材表面，用于改善基材的表面性能。其优点是薄膜附着力强、绕射性好、膜材广泛等。但镀膜过程中产生的大颗粒严重影响膜层的表面质量，制约了其在半导体行业高性能薄膜制备中的应用。为了限制大颗粒污染，采取了各种技术措施，磁过滤装置便是其中之一。

图 5.33 是磁过滤多弧离子镀生长的 TiAlSiN 膜的表面形貌和截面形貌，基材选用硅片。图 5.33（a）为表面形貌，采用磁过滤后，膜层表面平整，没有大颗粒的出现。截面下，膜层致密，膜与基底结合完美，没有孔隙、裂纹和大颗粒等的出现，见图 5.33（b）。

（a）表面形貌

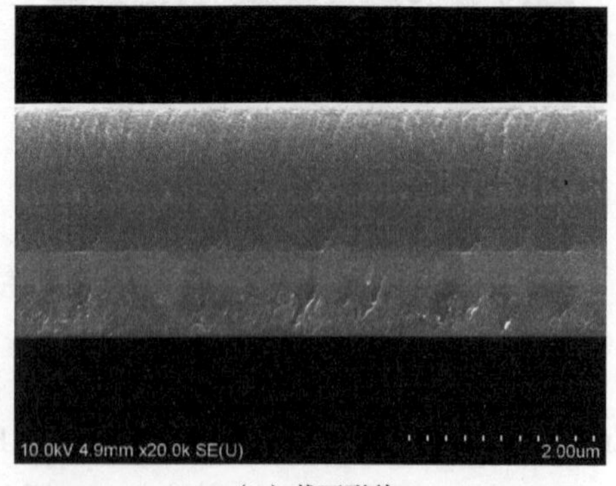

（b）截面形貌

图 5.33　磁过滤多弧离子镀生长的 TiAlSiN 膜

为了进一步分析各个元素在膜层中的分布，对 TiAlSiN 膜的截面进行 mapping 分析，见图 5.34。明显看到，各个元素在膜层中分布均匀。

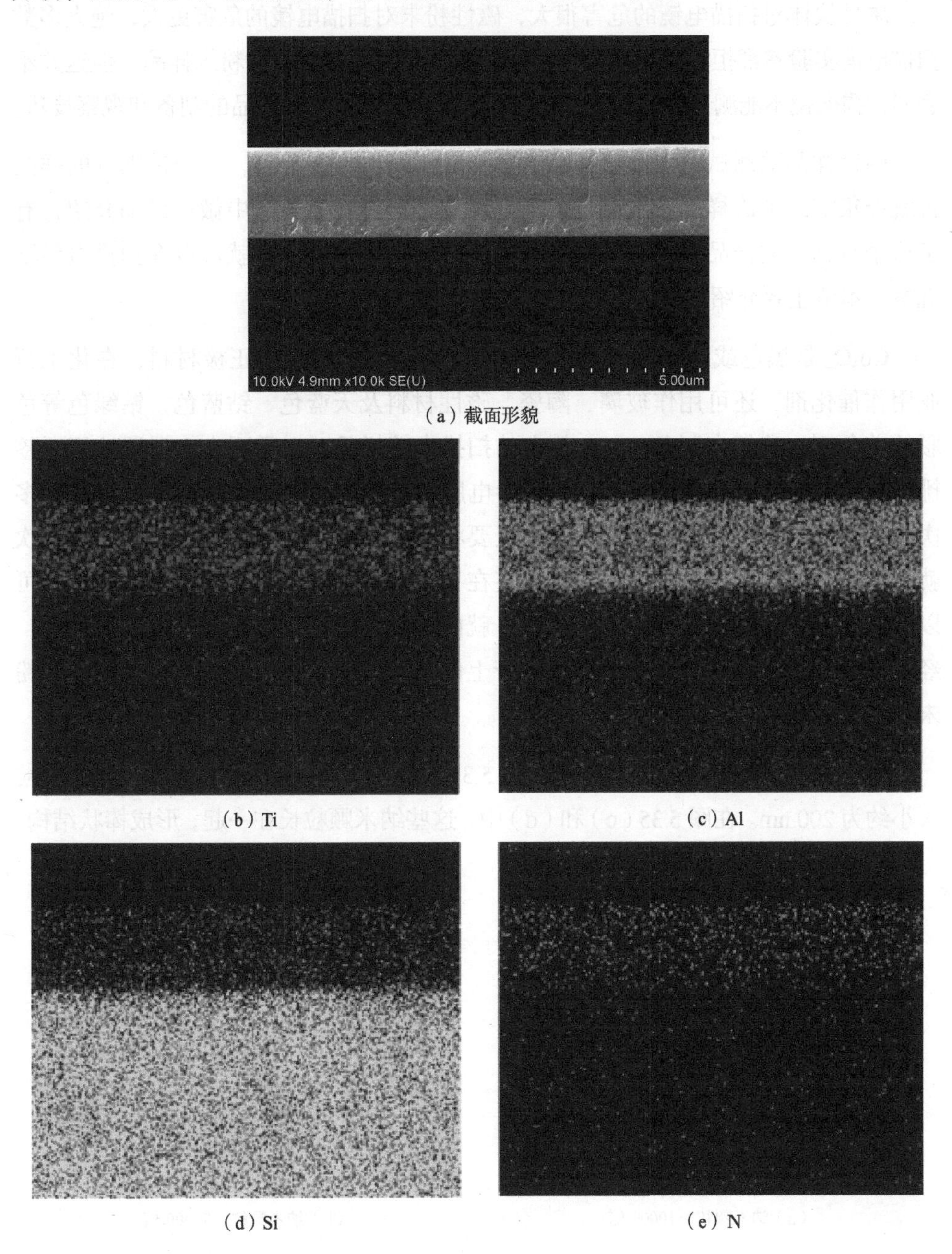

（a）截面形貌

（b）Ti

（c）Al

（d）Si

（e）N

图 5.34　TiALSiN 截面 mapping 分析

5.6 在磁性粉末研究中的应用

磁性块体对扫描电镜的危害很大，磁性粉末对扫描电镜的危害更大，绝大多数扫描电镜实验室都拒绝接收磁性样品的测试，更不会接收磁性粉末样品，但这并不表明扫描电镜不能测试磁性粉末样品，本节将介绍磁性粉末样品的制备和观察技巧。

磁性样品的测试难点在于样品制备。对于块体样品而言，一个带夹具的样品台就能很好地解决样品存在磁性的问题，我们已经在第 4 章中做过详细介绍，有了这个带夹具的样品台，在观察磁性样品时夹紧磁性块体，就可以在扫描电镜下观察。本节主要介绍磁性粉末样品的制备实例。

Co_3O_4 是黑色或灰黑色粉末，带磁性，用作钴锂电池的正极材料，在化工行业用作催化剂，还可用作玻璃、陶瓷、磁性材料及天蓝色、钴蓝色、钴绿色等色彩的着色剂。我们在制备 Co_3O_4 粉末的扫描电镜样品时，需要小心翼翼地用牙签挑一点 Co_3O_4 粉末，将粉末轻轻压入导电胶带，用高压气体或洗耳球进行反复多次吹气。对于没有磁性的普通粉末，只要将粉末撒在导电胶带上用洗耳球吹几次就可以了。但对于磁性粉末，通过牙签在导电胶带上轻压几下很有必要，这样可以将大部分磁性粉末压入导电胶带里，就能大大增加磁性粉末与胶带的黏结力，经过高压气体多次吹气，吹掉浮在胶带上的粉末，保证在观察磁性粉末样品时粉末不会被吸到物镜上。

图 5.35 所示为 Co_3O_4 粉末形貌，图 5.35（a）和（b）是 Co_3O_4 纳米颗粒，颗粒大小约为 200 nm。在图 5.35（c）和（d）中，这些纳米颗粒长在一起，形成棒状结构。

（a）纳米颗粒，10000 倍

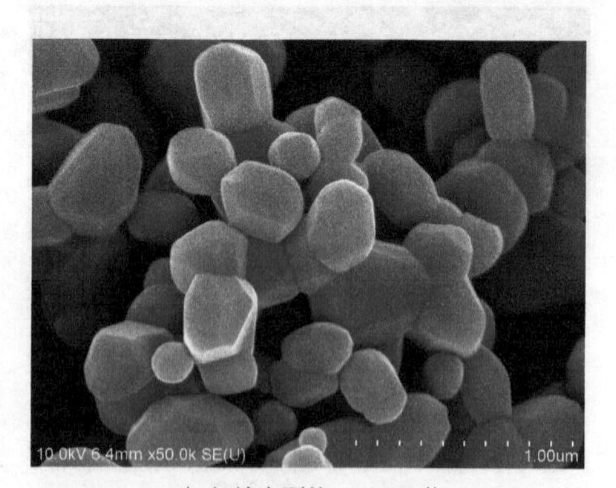

（b）纳米颗粒，50000 倍

图 5.35　Co_3O_4 粉末形貌

（c）棒状，5000 倍

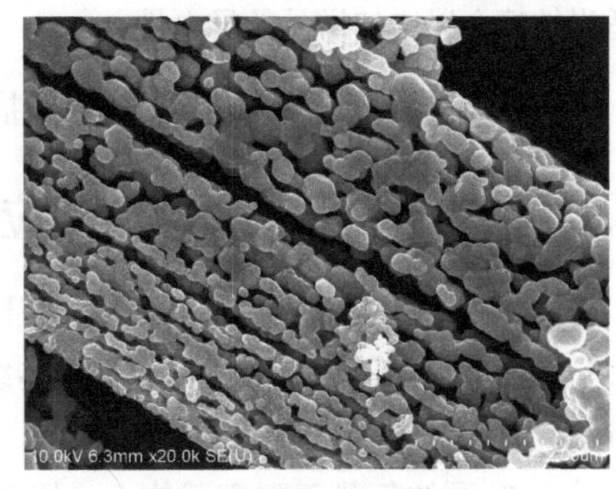

（d）棒状，10000 倍

图 5.35　Co_3O_4 粉末形貌（续图）

表 5.6 列出了 Co_3O_4 粉末能谱分析结果，Co 和 O 的比例约为 3∶4。能谱分析结果与 Co_3O_4 的成分一致。

表 5.6　Co_3O_4 粉末能谱分析结果

元素	质量百分比	原子百分比
O	26.20%	56.67%
Co	73.80%	43.33%

对于磁性粉末样品，操作过程中需要时刻注意风险，磁性粉末吸入镜筒对仪器的损害是巨大的。我们不建议没有磁性样品测试经验的实验室人员接收磁性粉末样品，更不建议用高性能扫描电镜来测试磁性粉末样品。在测试磁性粉末样品时要注意以下几点。

第一，磁性粉末不能用超声分散法制备。超声分散后，悬浮液滴到硅片或铝箔上，硅片（铝箔）和磁性粉末之间没有结合力，磁性粉末很容易在扫描电镜操作过程中被吸到物镜上。

第二，工作距离不能太短。自从场发射扫描电镜普遍使用以来，特别是冷场高分辨扫描电镜的出现，低加速电压和小工作距离成为大家的首选测试条件，但对于磁性粉末样品，工作距离不宜太小，建议不能小于 8 mm。

第三，大多数磁性粉末（如铁氧体类磁性粉末）样品的导电性都不好，可以适当地喷金以增加样品的导电性。

第四，磁性很强的粉末不能进行扫描电镜分析，如 NbFeB 粉末。

5.7 在纳米催化剂研究中的应用

纳米催化剂是近年来广受大家关注的研究方向，纳米催化剂具有比表面积大、表面活性高等特点，显示出许多传统催化剂不具备的优异特性，广泛应用于石油、化工、能源和环境保护等领域。Pt 纳米催化剂是一种常见催化剂，通过将纳米 Pt 颗粒负载于陶瓷载体上，用于氨氧化、石油烃重整、不饱和化合物氧化，以及气体中一氧化碳和氮氧化物的脱除等反应。Pt/C 纳米催化剂可用于燃料电池。

图 5.36 为 Pt 纳米颗粒负载于 Al_2O_3 载体的形貌，选择 5 kV 加速电压，工作距离为 5 mm，采用高位探测器，样品没有喷镀导电涂层。Al_2O_3 载体为陶瓷球，便于增加催化过程中的流动性。图 5.36（a）为二次电子像，图 5.36（b）为相应的模拟背散射像。由于 Al_2O_3 载体的导电性很差，二次电子像的荷电现象非常严重，图像不仅出现压扁扭曲，而且还显现异常亮、异常暗和黑色条纹，这些现象都是荷电的表现形式。荷电现象导致我们无法分辨负载的 Pt 颗粒。对比图 5.36（a）和（b），我们可以发现，在载体较为平坦的区域，二次电子像泛白色，在凹坑区域异常暗，而图像中的 Pt 颗粒偏暗。

（a）二次电子像

（b）模拟背散射像

图 5.36　Pt 纳米颗粒负载于 Al_2O_3 载体的形貌

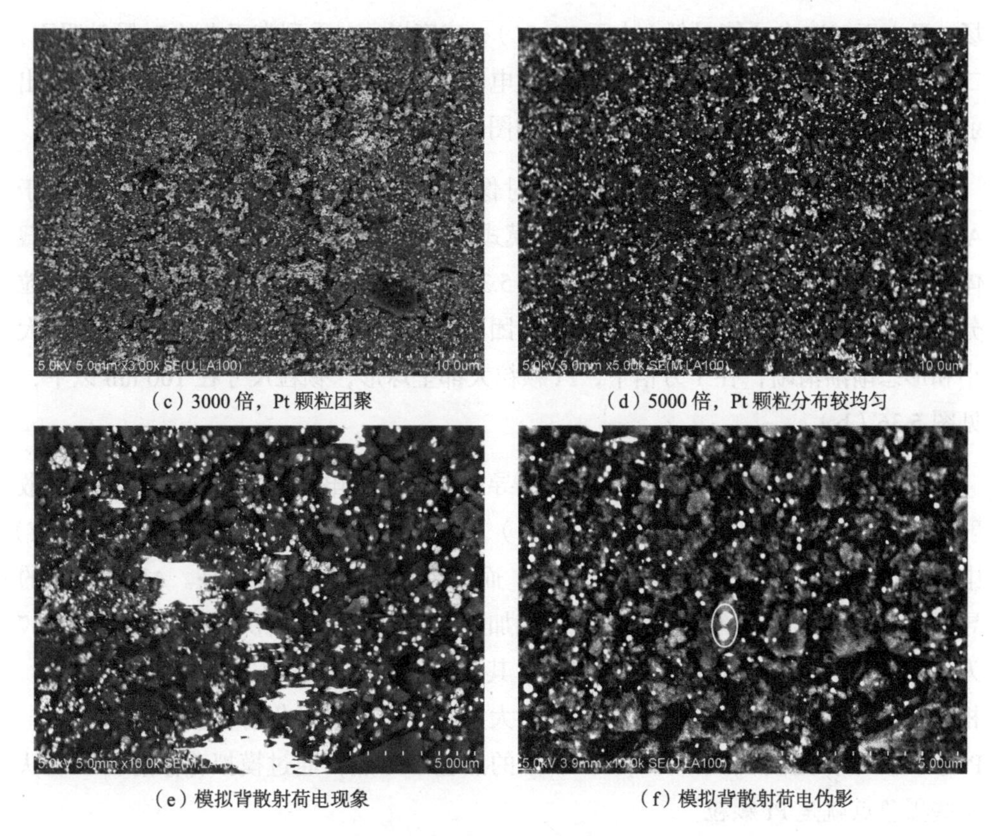

（c）3000 倍，Pt 颗粒团聚　（d）5000 倍，Pt 颗粒分布较均匀

（e）模拟背散射荷电现象　（f）模拟背散射荷电伪影

图 5.36　Pt 纳米颗粒负载于 Al_2O_3 载体的形貌（续图）

导致图 5.36（a）的荷电现象的可能原因如下。Al_2O_3 载体的表面不平整，局部平坦，局部有凹坑，由于 Al_2O_3 载体的导电性很差，入射电子进入载体后不能被及时导走，在载体内积累电子。当入射电子束入射较为平坦的样品表面时，积累的负电荷导致样品平坦部分带负电，这样促使更多的二次电子离开表面而被探测器接收，因此在图像上显示为异常亮。而当入射电子入射凹坑部分时，一方面凹坑本身不易逸出二次电子，另一方面凹坑四周的负电场进一步抑制凹坑内二次电子的发射，因此凹坑区域呈现出异常暗。而对于 Pt 颗粒，它是一个纳米小球，理应表现为更明亮，但它却呈现暗色，这是为什么？

Pt 颗粒属于高原子序数纳米球，当入射电子入射 Pt 颗粒时，它的二次电子和背散射电子产额都很高，并且它们的逸出路径更短，更易逸出颗粒表面，当 Pt 颗粒的表面有过多的电子逸出时，导致 Pt 颗粒表面带正电，与基体形成局部的正电场。又由于二次电子能量低（小于 10 eV），速度慢，它受到带正电的 Pt 颗粒吸引，二次电子运动轨迹发生偏离， 部分二次电子回流到 Pt 颗粒，这样又导致颗粒上出射二次电子的产额变小，因此 Pt 颗粒的图像发暗。

图 5.36（b）～（f）为模拟背散射像，由于 Pt 的原子序数为 78，远高于 Al_2O_3 的平均原子序数，在模拟背散射模式下，Pt 颗粒显得异常明亮，而 Al_2O_3 载体则表现得更暗，在低倍形貌下，见图 5.36（c）和（d），我们可以发现 Pt 颗粒分布并不均匀，局部区域有较为严重的团聚。随着放大倍数的增加，Pt 颗粒的大小和形态渐渐清晰，在 1 万倍下，Pt 颗粒大都呈球形，颗粒尺寸在 100 nm 以下，见图 5.36（b）。

尽管模拟背散射能够有效地解决不导电样品的荷电问题，但是采用模拟背散射仍然无法完全消除荷电，见图 5.36（e），甚至还会出现荷电伪影，见图 5.36（f）中间的两个亮点，它们并非是 Pt 颗粒，而是由荷电引起的异常亮。Al_2O_3 载体的导电性很差，我们试图通过进一步降低加速电压的办法来解决荷电问题，图 5.37 为 1 keV 入射电子束的扫描电镜图像，其中图 5.37（a）和（b）为二次电子像，相比采用 5 keV 入射电子束，荷电现象大大减轻，但图像仍有轻微压扁和泛白，Pt 颗粒发暗，见图 5.37（a）和（b）中的黑色小圆点，通过模拟背散射可以确认这些黑色点就是 Pt 颗粒。

图 5.37（c）和（d）为模拟背散射像，图像的荷电已完全消除，尽管 Pt 颗粒和基体的衬度差异没有 5 kV 加速电压条件下那么明显，但仍能明显地区分 Pt 颗粒和基体。然而加速电压降到 1 kV，仪器的性能有了较大下降，像散消除也变得较为困难，对于一些更为细小的颗粒，如几纳米的颗粒，分辨它们将变得异常困难。

模拟背散射特别适合观察这类负载重金属纳米颗粒的纳米催化剂，如果载体是不导电的，这类样品也不能通过喷镀导电涂层来增加导电性，因为导电涂层会覆盖那些更加细小的纳米颗粒（如几纳米的颗粒）。通过模拟背散射和降低入射电子束能量来消除荷电是我们常用的办法，同时选择小工作距离来提高图像的分辨率。但对于含有 Fe、Co 和 Ni 的磁性纳米催化剂，一定要做好防护措施，防止纳米颗粒被吸入物镜，损坏仪器。

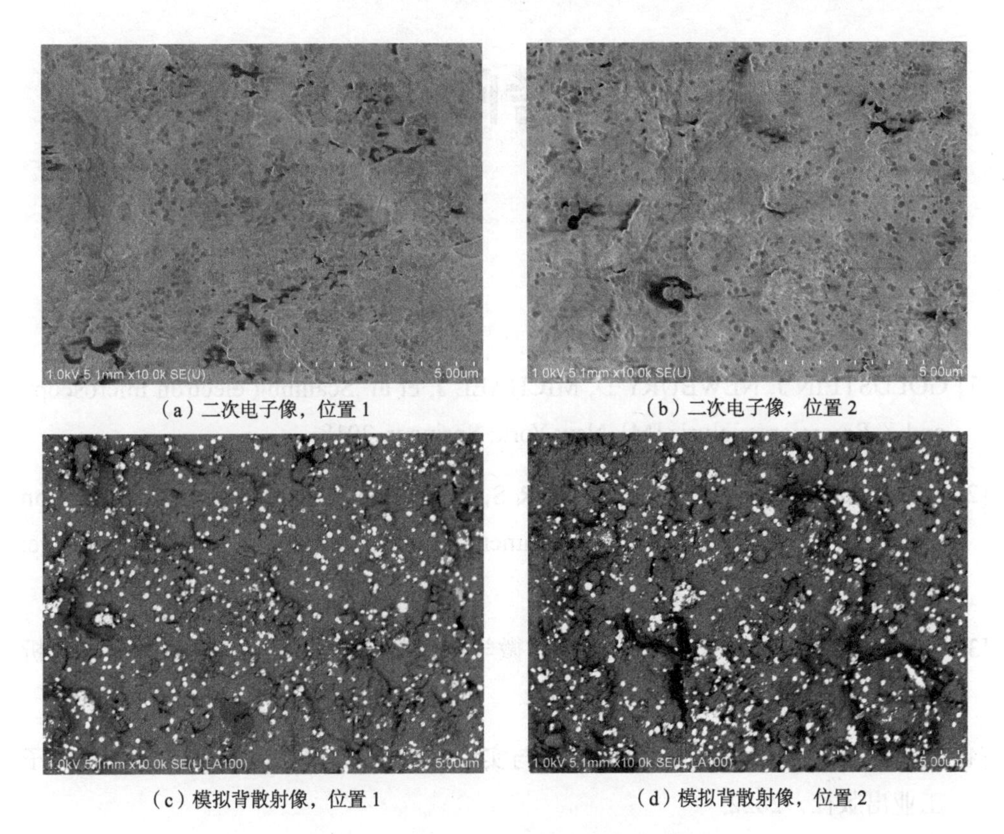

（a）二次电子像，位置 1　（b）二次电子像，位置 2

（c）模拟背散射像，位置 1　（d）模拟背散射像，位置 2

图 5.37　1 keV 入射电子束的扫描电镜图像

参考阅读

[1] GOLDSTEIN J, NEWBURY D, MICHAEL J, et al. Scanning electron microscopy and X-Ray microanalysis [M]. New York: Springer, 2018.

[2] KRINSLEY D, PYE K, BOGGS JR S, et al. Backscattered scanning electron microscopy and image analysis of sediments and sedimentary rocks[M]. Cambridge: Cambridge University Press, 1998.

[3] 林中清，李文雄，张希文．电子显微学中的辩证法：扫描电镜的操作与分析[M]．北京：人民邮电出版社，2022.

[4] 施明哲．扫描电镜和能谱仪的原理与实用分析技术 [M]．第 2 版．北京：电子工业出版社，2022.

[5] 曾毅，吴伟，刘紫微．低电压扫描电镜应用技术研究 [M]．上海：上海科学技术出版社，2015.

附录

书中符号说明

符号	单位	概念	说明
d	nm	分辨率	仪器能分辨的最小极限
λ	nm	波长	光波或电子波波长
E，E_0，E_L	keV	电子束能量	E 为入射电子束能量，E_0 为初始能量，E_L 为着陆能量
Z		原子序数	
R_{Bethe}	nm	贝特射程	入射电子射程，入射电子在样品内的全部路径总和
$R_{K\text{-}O}$	nm	K-O 射程	入射电子射程，入射电子的深度
α	°	入射角	入射电子束与样品局部表面夹角
θ	°	倾转角	入射电子束与样品局部表面法向夹角，与 α 互补
φ	°	接收角	出射电子与样品局部表面法线的夹角
δ		二次电子产额	二次电子的数量（N_{SE}）在入射电子总数（N_B）中的占比
η		背散射电子产额	背散射电子数量（N_{BSE}）在入射电子总数（N_B）中的占比
SE_1		第 1 类二次电子	样品在入射点处逸出的二次电子，具有高分辨和表面高敏感的特征

续表

符号	单位	概念	说明
SE_2		第 2 类二次电子	背散射电子在靠近样品表面区域激发的二次电子，带有背散射电子信息
SE_3		第 3 类二次电子	离开样品的背散射电子撞击其他金属表面（如物镜极靴、腔室壁和样品台组件等）产生的二次电子，带有背散射电子信息
E_c	keV	壳层电子的电离能	K 层电离能为 E_K，L 层电离能为 E_L
ω		荧光产额	发生 X 射线电离事件的占比
U		过电压	$U=\frac{E}{E_c}$
$\frac{P}{B}$		峰背比	特征 X 射线与韧致辐射 X 射线强度的比值
d_p	nm	电子束直径	电子束轰击样品表面时的直径
I_b	μA，nA	电子束束流强度	每秒撞击样品表面的电子数
α		电子束会聚角	聚焦电子束锥体开合角的一半
β	$A \cdot m^{-2} \cdot sr^{-1}$	电子束亮度	单位立体角的电流密度
W	mm	工作距离	物镜末端到样品表面的距离
D_f	mm	景深	保持成像清晰的条件下，样品在物平面上可上下移动的最大距离
ψ	°	仰角	探测器与水平面夹角
ζ	°	方位角	探测器投影在水平面上与固定方向夹角

后记

随着场发射扫描电镜的应用，一些新的技术相继出现，扫描电镜已经进入了一个崭新的时代。基于量子隧穿效应的电子发射源提供了更小的电子束束斑直径和更高的电子枪本征亮度，为扫描电镜进一步提高性能打下基础。目前高性能场发射扫描电镜的分辨率已经达到 0.4 ～ 0.6 nm，许多原本需要透射电镜才能完成的工作，现在都可以用扫描电镜来完成。扫描电镜已经广泛地应用在材料、化学、生物、微电子、半导体和环境等领域，为各个学科的高速发展起到重要作用。

我国拥有大量扫描电镜，自 2013 年起，每年新增扫描电镜达 500 多台，其中很大一部分是高性能的场发射扫描电镜，但扫描电镜操作人才储备远远不够。多年的工作经验告诉我们，要想成为合格的扫描电镜操作人员，不仅需要掌握扫描电镜的原理，而且要了解每一步操作背后的物理意义。扫描电镜的调试、工作参数的选择及样品制备对于获得高质量图像至关重要。但很多操作人员常常因为不熟悉仪器而无法将仪器调试到位；更多的操作人员因为参数选择不合理，而无法获得满意的高质量图像。虽然扫描电镜的相关专著已经珠玉在前，但我们还是迫切希望向读者们推荐这本将理论与实操相结合的专著。本书从高性能场发射扫描电镜着手，详细论述扫描电镜的基本原理，介绍场发射扫描电镜的新技术，通过实例介绍场发射扫描电镜的调试过程和工作参数选择，重点介绍场发射扫描电镜在材料、化学、生物等领域的应用。

感谢张德添和孙异临老师，每次和他们的相聚总是快乐和获益的。感谢北京师范大学的郑东老师，很多扫描电镜的新技术和新知识来自和他的深入交流。感谢安徽大学的林中清老师，和他讨论的一些关键性问题使我获益匪浅。最后感谢日立科学仪器（北京）有限公司，为本书的实操案例提供了丰富的素材。